目次

JN098111

第五部　鏡の国

第六部　ポストゲノム

＊訳注は、本文内は割注、原注内は〔　〕で示した。

上巻目次

ハヤカワ文庫 NF

〈NF572〉

遺伝子 —親密なる人類史—

〔下〕

シッダールタ・ムカジー

仲野 徹監修・田中 文訳

早川書房

8649

THE GENE
An Intimate History
by
Siddhartha Mukherjee

Japanese edition supervised by
Toru Nakano
Translated by
Fumi Tanaka
Published 2021 in Japan by
HAYAKAWA PUBLISHING, INC.
This book is published in Japan by
direct arrangement with
THE WYLIE AGENCY (UK) LTD.

遺伝子 ―親密なる人類史―
〔下〕

Picture research by Alexandra Truitt & Jerry Marshall,
www.pictureresearching.com.

1953年にケンブリッジでDNAの二重らせんモデルを示すジェームズ・ワトソン（左）とフランシス・クリック。AがTと、GがCと対になっていると気づいたことによって、ワトソンとクリックはDNAの構造を解明することができた。 [© A. Barrington Brown/Science Source]

ナンシー・ウェクスラーの母親とおじはハンチントン病と診断された。ハンチントン病とは、自分の意思とは無関係に四肢をねじったり、手足をすばやく動かしたりする症状を特徴とする、死を招く神経変性疾患である。ウェクスラーはその診断をきっかけに、ハンチントン病の原因遺伝子を見つけるための個人的な探索を開始した。ハンチントン病の患者の集団がベネズエラの村に存在することを知った彼女は、その村の患者全員が、ハンチントン病を患っていたひとりの祖先の子孫である可能性を突き止めた。ハンチントン病は、近代の遺伝子マッピングによって単一の遺伝子に明確に関連づけられた、最初のヒトの疾患のひとつである。

［Photo by Acey Harper/The LIFE Images Collection/Getty Images］

1950年代、ボルティモアのムーア診療所で、ヴィクター・マキューズィックはヒトの遺伝子変異の膨大なカタログをつくり、「低身長症」というひとつの表現型がいくつかの異なる遺伝子の変異によってもたらされることを発見した。反対に、ひとつの遺伝子の変異によって、さまざまな表現型がもたらされることもわかった。

［Alan Mason Chesney Medical Archives. The John Hopkins Medical Institutions. Victor Almon McKusick Collection. Reproduced with permission of Betty Malashuk］

ハーブ・ボイヤー（左）とロバート・スワンソンは1976年に、遺伝子から薬をつくるための会社、ジェネンテック社を創設した。黒板の図には、組み換えDNAを使ってインスリンを製造する計画が示されている。組み換えDNAをもとにした最初のタンパク質は、スワンソンが用心深く見守るなか、巨大な細菌培養器の中で生み出された。 ［Genentech archives］

DNA解読用のジェルを調べるフレデリック・サンガー。サンガーが開発したDNA解読（遺伝子のA、C、T、Gという塩基の文字を正確に読む）技術によって、遺伝子についての理解が一気に進み、ヒトゲノム計画の土台ができた。

［Courtesy of MRC Laboratory of Molecular Biology］

1970年代、遺伝学会に抗議する学生たち。遺伝子塩基配列決定、遺伝子クローニング、組み換えDNAなどの新技術が開発されたことで、「完璧な人種」をつくるために新しい形の優生学が使われるのではないかという懸念が生まれた。ナチスの優生学が人々の脳裏から消えることはなかった。

［Courtesy of the National Institutes of Health］

1975年のアシロマ会議の一コマ。ポール・バーグがマクシーン・シンガーとノートン・ジンダーに話しかけ、シドニー・ブレナーがメモをとっている。遺伝子ハイブリッド（組み換えDNA）をつくり、細胞を使ってそうしたハイブリッドを無数につくる（遺伝子クローニング）技術が開発されたことを受けて、バーグたちは、危険性が十分に検証されるまでは、ある種の組み換えDNA研究を「一時中断」すべきだと提言した。

［Courtesy of the National Library of Medicine］

ヒトゲノムの概要配列を発表する2001年2月の《サイエンス》の表紙。
［© Photography by Ann Elliott Cutting. From *Science*, 16 Feb 2001. Vol. 291 No. 5507. Reprinted with permission from AAAS］

1999年、死の数カ月前に、フィラデルフィアでポーズをとるジェシー・ゲルシンガー。ゲルシンガーは遺伝子治療による臨床試験を受けた最初の患者のひとりだった。治療には、正常な遺伝子を肝臓へと運ぶようにデザインされたウイルスが使われたが、ゲルシンガーはそのウイルスに対して激しい免疫反応を起こし、多臓器不全のために亡くなった。「バイオテクノロジーがもたらした（ゲルシンガーの）死」によって、遺伝子治療臨床試験の安全性を確保すべきだという意見が国じゅうでわき起こった。
［© Mickie Gelsinger via MBR/KRT/Newscom］

2000年6月26日、ホワイトハウスにてヒトゲノムの概要配列の解読が完了したことを発表するクレイグ・ベンター（左）、ビル・クリントン大統領、フランシス・コリンズ。［© AP Photo/Ron Edmonds］

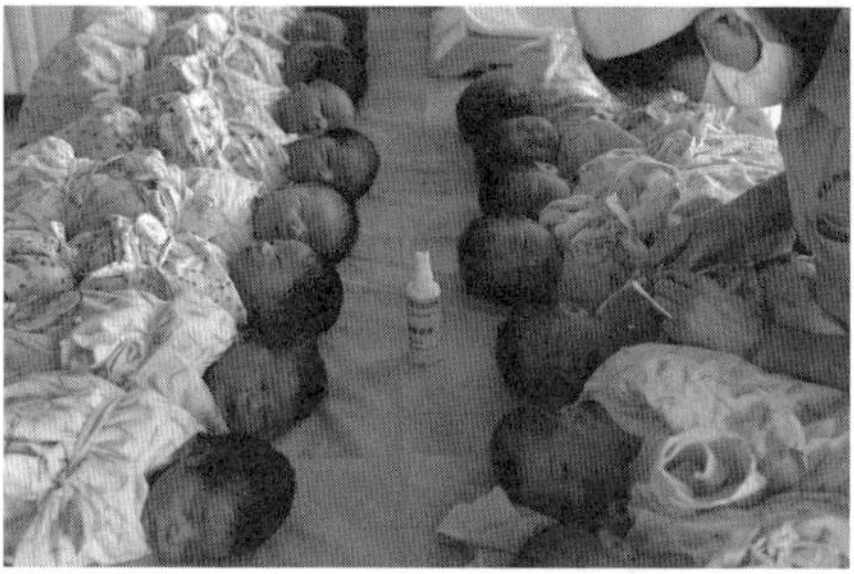

ヒトゲノムを改変するという繊細な技術がなくとも、子宮内で胎児ゲノムを調べることが可能になり、世界じゅうで胎児の選別がおこなわれるようになった。中国とインドの一部の地域では、羊水検査によって胎児の性別を調べ、女児のみを堕胎するという操作がおこなわれており、その結果、男性1.0に対して女性が0.8と、男女比に偏りが生じ、人口や家族構成に前例のない変化が起きている。［© Stringer/Reuters/Corbis］

遺伝情報を解析して塩基配列に関連づけることができるスーパーコンピューターに連結された、より迅速かつより正確な遺伝子配列解読の機械（灰色の箱のような容器の中に入っている）を使えば、今ではひとりの人間のヒトゲノムを数カ月で解読できるようになった。この技術を応用したものは、胚や胎児のゲノム解読に用いることができるため、子供が将来発症する疾患の着床前診断や出生前診断が可能になった。

［© David Parker/Science Source］

カリフォルニア大学バークレー校の生物学者でRNA研究者のジェニファー・ダウドナ（右）は、ねらった場所の遺伝子改変を可能にするシステムの開発者のひとりである。そうしたシステムは原理上、ヒトゲノムの「編集」に使うことができるが、現段階ではまだ完璧ではなく、安全性と正確さを評価する必要がある。精子や卵子のゲノムのねらった場所が改変されたならば、改変された遺伝子を持つ人間の誕生の前段階となるだろう。

［UC-Berkeley Public Affairs］

第四部　「人間の正しい研究題目は人間である」

人類遺伝学（一九七〇～二〇〇五）

神の謎を解くなどと思ひあがるな。
人間の正しい研究題目は人間である。[*1]

——アレグザンダー・ポウプ『人間論』

人間がこうも美しいとは！　ああ、すばらしい新世界だわ、
こういう人たちがいるとは！[*2]

——ウィリアム・シェイクスピア
『テンペスト（第五幕第一場）』

父の苦難

アルバニー　父親の苦難がどうして解った？
エドガー　ずっとその面倒を見ておりましたので。*1
——ウィリアム・シェイクスピア『リア王（第五幕第三場）』

二〇一四年の春、父が転倒した。お気に入りのロッキングチェアに座っていたときに後ろに傾けすぎて椅子から落ちたのだ。その椅子は父が地元の大工に注文してつくらせた不格好で不安定な代物だった（大工は椅子を揺らすしくみを思いついたものの、椅子が傾きすぎるのを止めるしくみを備えつけていなかった）。ベランダで突っ伏している父を見つけたのは母だった。まるで折れた枝のように、手が体の下に不自然な角度で押し込まれており、右肩は血に浸かっていた。シャツを頭から脱がせることができずに、母はシャツをハサミで切った。その間、父は傷の痛みと、まだきれいなシャツが目の前で切られていくのを見守るしかない深い苦しみのために叫んでいた。急患室に向かう車の中で、父は「シャツを切らずにすむ方法を考えるべきだった」と母に不平を言った。いつもの言い争いだった。息子が五人いるにもかかわらず一度に五枚のシャツを持っていたことがなかった自分の母親なら、シャツを切らずにすむ方法を見つけたはずだと言いたかったのだ。インド・パキスタン分離の混乱から人を引き離すことはできても、その人の心から分離の記憶を消すことはできない。

父は額を深く切っており、右肩を骨折していた。父は私と同じく、ひどい患者だった。衝動的で、疑い深く、向こう見ずで、部屋に閉じ込められていることに不安を抱き、もう回復したとすぐに思い込むタイプだ。私は父を見舞うためにインドに飛んだ。空港から家にたどり着いたときにはすでに夜遅く、父はベッドに横になったまま、ぼんやりと天井を見ていた。急に歳を取ったように見えた。私は父に、今日の日付を尋ねた。

「四月二四日」と父は正しい答えを言った。

「何年？」

「一九四六年」と父は言い、すぐに訂正した。記憶を探り、「二〇〇六年？」と。

頼りない記憶だった。私は父に今は二〇一四年だと言い、そして、一九四六年というのはまたべつの大惨事が起きた年だということに気づいた。ラジェッシュが死んだ年だ。

母の看病の甲斐あって、父は数日で回復した。意識の清明さが戻り、長期記憶もいくらかは回復したが、短期記憶は著しく障害されたままだった。やがて私たちはロッキングチェア事件は思ったほど単純なものではなかったのだと考えるようになった。父は後ろに体を傾けたのではなく、椅子から立ち上がろうとしてバランスを崩し、姿勢を立て直すことができないまま、前のめりに倒れたのだ。私は父に部屋の中を歩いてみるように言い、父がごくわずかに足を引きずっていることに気づいた。まるで両足が鉄でできており、床が磁石になってしまったかのように、父の動き方はどこかロボットじみていて、ぎこちなかった。「すばやく方向転換してみて」と私が言うと、父はまた前のめりに転びそうになった。

その日の夜遅く、べつの屈辱的な出来事が起こった。父が寝床を濡らしたのだ。私は洗面所で父を見つけた。下着を握ったまままきまり悪そうな表情を浮かべ、途方に暮れていた。旧約聖書では、夜明けの薄明かりのなか、泥酔し、裸で性器を露出したまま畑で眠っている父ノアを見つけたハムの子孫は呪われる。その物語の現代版では、客用の洗面所の薄明かりのなか、認知症の父親の裸の姿を息子が見つけ、自分自身の未来の呪いが照らし出されるのを目の当たりにする。

尿失禁はしばらく前からあったようだった。最初の症状は、膀胱《ぼうこう》が半分ほど満たされるともう尿が我慢できなくなるという尿意切迫だったが、やがて寝床を濡らすようになったという。父は医師に相談したものの、真剣に取り合ってもらえず、肥大した前立腺のせいだろうと言われた。歳のせいだろうと。父は八二歳だった。年寄りというのは転ぶものだし、記憶を失うものだし、寝床を濡らすものだ。

翌週、脳のMRI検査のあとで父のすべての症状を説明する診断名が明らかになった瞬間、私たちは恥じ入った。MRIでは、液体（髄液）で満たされた脳内の空洞、すなわち脳室が広がり、脳の組織が端に押しやられているような所見が見られた。正常圧水頭症（NPH）と呼ばれるそうした状態は、脳のまわりの髄液の流れが障害されて、脳室が拡大することで引き起こされると考えられている。神経内科医は「脳圧が亢進」したような状態だと説明した。NPHの主症状は歩行障害、尿失禁、認知症の三つであり、それらは昔から不可解な三徴候として知られていた。父の転倒は事故ではなかった。父は病気だったのだ。

その後の数カ月で、私はその病気についてありとあらゆることを学んだ。病気の原因はいまだ不明だが、遺伝性がある。あるタイプの水頭症はX染色体に関連しており、男性に多く発症する。二十代から三十代の若い男性に発症する家系もあれば、高齢者だけに発症する家系もある。遺伝性が強い家系もあれば、ごくまれにしか罹患《りかん》者が現れない家系もある。報告されている家族性の水頭症の最年少の患者は四歳から五歳で、最年長は七十代から八十代である。

要するに、遺伝性疾患である可能性がとても高いということだ。鎌状赤血球症や血友病と同じ意味での「遺伝性」ではない。この異様な病気へのかかりやすさを決めているのは一個の遺伝子ではないからだ。ヒトの発生過程では、ちょうどショウジョウバエの翅《はね》の形が複数の染色体上の複数の遺伝子によって指定されているように、複数の染色体上の複数の遺伝子が脳の水路の形を決めている。これらの遺伝子のいくつかは脳室の水路や管の解剖学的な形状を指定し（「パターン形成」遺伝子がショウジョウバエの器官や構造を指定しているのと同じである）、またべつの遺伝子は脳室から脳室へ髄液を送る分子の連絡路をコードし、さらにべつの遺伝子は、脳から血液への、あるいは血液から脳への髄液の吸収を調節するタンパク質をコードしている。脳も水路も頭蓋骨という限られたスペースの中に収まっているため、頭蓋骨の大きさや形を決める遺伝子もまた、そうした水路の脳内での割合に間接的な影響を与えている。

こうした遺伝子のどれが変化しても、水路や脳室の生理機能が変化し、その結果、髄液の流れ方が変わる。加えて、老化や頭部外傷などの環境の影響がさらなる複雑さの層を差しはさむ。このように、この病気をひとつの遺伝子だけに一対一で結びつけることはできないし、たとえNPHの原因となるすべて遺伝子をそっくり受け継いだとしても、病気が発症するには、環境の誘因や偶然の出来事が必要だ（父の場合には、誘因は老化だった可能性が高い）。しかしたとえば髄液の吸収を特定の速度に調節する遺伝子と、水路を特定のサイズにする遺伝子などの遺伝子のセットを受け継いだなら、その病気にかかる危険性は高くなるかもしれない。まさにデルポイの船のような病気である。病気を決定づけているのは一個の遺伝子ではなく、遺伝子同士の関係性や、遺伝子と環境の関係性なのだ。

「胚に形や機能を与えるのに必要な情報を、生物はどのようにして子孫に伝えるのか？」とアリストテレスは問うた。エンドウや、ショウジョウバエや、アカパンカビといったモデル生物を介してその問いに対する答えが観察され、その結果、近代遺伝学という分野が始まった。そして最終的に、私たちは生態系の情報の流れを二五頁の図のように理解するようになった。それは画期的な図式である。

父の病気が新たなレンズを提供し、私たちはそのレンズをとおして、遺伝情報がひとつの個体の形や機能や運命にどのような影響を与えるのかを観察する。父の転倒は父の遺伝子がもたらしたものなのだろうか？　その答えはイエスでもあり、ノーでもある。父の遺伝子はある結果を生みやすくする傾向をつくったものの、結果そのものをつくったわけではない。父の転倒は環境がもたらしたものなのだろうか？　その答えもまた、イエスでも

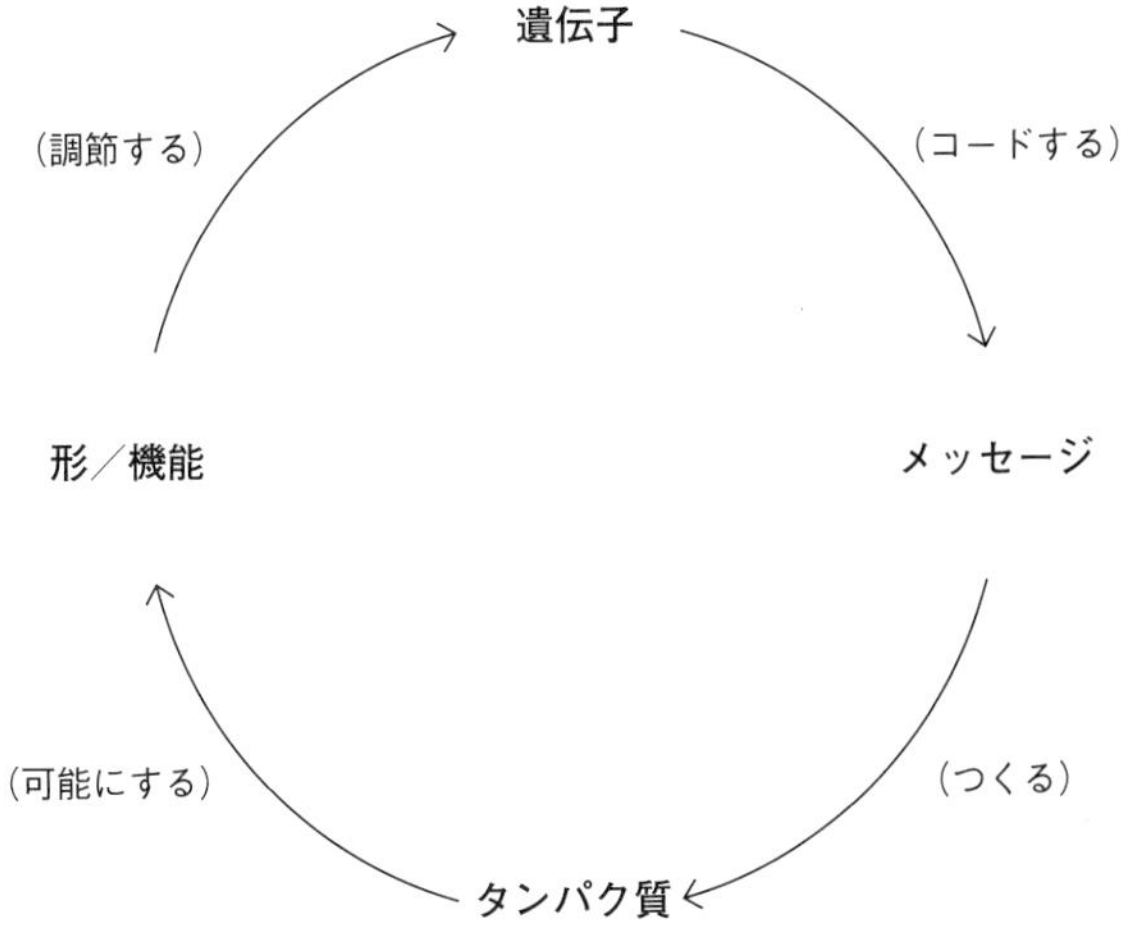

あり、ノーでもある。結局のところ、椅子が原因だったのだから。だが父はその同じ椅子に一〇年間、なんの問題もなく座っていた。病気が父を（文字どおり）転落させるまでは。それは偶然だったのだろうか？　答えはイエスだ。ある角度で動くある家具が自分を放り投げるなんて、誰が予想しただろう？　事故だったのだろうか？　確かにそうだ。だが実際には、身体的な不安定さが転倒を避けがたいものにしたのはまちがいない。

　単純な生物からヒトへと研究の対象が移行したことによって、遺伝学は遺伝や、情報の流れや、機能や、運命といったものの性質についての新しい考え方と対峙しなければならなくなった。遺伝子はいかにして環境と交差し、その結果、正常と異常をもたらしているのだろう？　さらに言えば、そもそも異常ではなく正常であるというのはどういうことなのだろう？　遺伝子の多様性がどのようにしてヒトの形や機能の多様性をもたらしているのだろう？　なぜたったひとつの結果に複数の遺伝子が影響しているのだろう？　ヒトはなぜこうも均一であると同時に、なぜこうも多様なのだろう？　遺伝子の変異や多型はいかにして共通の生理機能を維持し、それと同時に、独特の病理を生み出すのだろう？

診療所の誕生

私はまず、あらゆるヒトの病気は遺伝性であるという前提から出発する。*[1]

——ポール・バーグ

ベセスダでニーレンバーグと彼の同僚たちがDNAの「三文字暗号」を解読してから数カ月後の一九六二年、《ニューヨーク・タイムズ》は人類遺伝学の爆発的な未来についての記事を掲載した。*[2] その記事には、暗号が「解読された」今、ヒトの遺伝子を自在に操作することが可能になったと書かれていた。「〝遺伝暗号が解読された〟ことによって、近い将来、生物学的〝爆弾〟が爆発するだろう。そうした爆弾の中には、原子爆弾に匹敵するほど大きな意味を持つものが存在するだろう。考え方の根拠を形づくり……がんや、多くの悲劇的な遺伝性疾患など、現在は治療法のない病気の治療に発展するものがあるかもしれない」

しかし懐疑的な人々が冷め切っていたとしても、それは無理もないことだった。というのも、人類遺伝学の生物学的「爆弾」はそれまでのところがっかりするほど迫力がなかったからだ。エイヴリーの実験、DNAの構造の解明、遺伝子制御と修復のメカニズムの解明といった、一九四三年から一九六二年にかけての分子生物学のおそるべき成長スパートによって、遺伝子の詳しいメカニズムがしだいに明らかになってきたものの、遺伝子が人間の世界に触れたことはほとんどなかった。一方では、ナチスの優生学者たちが人類遺伝学の土壌をあまりに徹底的に焼き尽くしたために、遺伝学という分野からは科学的な正当性も厳正さも失われてしまい、また一方では、細菌、ショウジョウバエ、線虫などの単純なモデル生物のほうがヒトよりはるかに実験で扱いやすいことが判明していた。トマス・モーガンは、一九三四年に遺伝学への功績を讃えられてノーベル賞を受賞し、授賞式に出席するためにストックホルムを訪れた際、自分の研究と医学との関連性について辛辣《しんらつ》に否定した。「遺伝学が医学に与えたいちばん重要な貢献は、私の考えでは、知性だ」[*3]「知性」という言葉に込められていたのは称賛ではなく、侮辱だった。遺伝学が近い将来、人間の健康になんらかの影響をおよぼす可能性は皆無だとモーガンは考えていたのだ。モーガンにとっては、「医者が遺伝学者の友人に電話をかけて相談するかもしれない」などということは、愚かで途方もないファンタジーだった。

だが人間の世界への遺伝学の進出、というよりも再進出は、医学的な必要性がもたらしたものだった。一九四七年、ボルティモアのジョンズ・ホプキンズ大学の若き内科医ヴィクター・マキューズィックは、ある十代の患者を診察した。[*4] 患者の唇と舌には色素沈着が見られ、腸管に多数のポリープができていた。マキューズィックは好奇心を覚えた。家族の他のメンバーにも同じ症状があり、さらに、同様の症状が家族性に見られる事例は文献でも報告されていた。マキューズィックは《ニューイングランド・ジャーナル・オブ・メディシン》でこの症例について報告し、舌の色素沈着、ポリープ、腸管閉塞、がんといったさまざまな症状はすべて一個の遺伝子の変異が原因なのではないかと論じた。[*5]

マキューズィックはこの症例（最初の症例を報告した臨床医の名前を取って、のちにポイツ・ジェガーズ症候群と名づけられた）に出会ったことをきっかけに、生涯にわたって遺伝学と人間の病気の関係について研究することになる。彼はまず、遺伝子が最も単純かつ最も強力な影響をおよぼしている人間の病気の研究から始めた。ひとつの遺伝子がひとつの病気を引き起こしている場合だ。そうしたまれな病気の中でも、家族性の発症パターンが最もはっきりとしているのは忘れがたい病、そう、イギリス王室の血友病と、アフリカとカリブ海地域の家系で見られる鎌状赤血球症だった。ジョンズ・ホプキンズ大学の医学図書館の古い文献を探しているうちに、マキューズィックは、ロンドンの医師が一九〇〇年代初頭に、一個の遺伝子変異を原因とする人間の病気の最初の症例を報告していたことを発見した。

一八九九年、イギリスの病理学者アーチボールド・ガロッドは、生まれて数日で発症する奇妙な家族性の疾患を報告した。[*6] ガロッドが初めてその疾患の患者に出会ったのはロンドンのシック病院でのことで、その男の赤ん坊のおむつは、生まれて数時間のうちに尿で黒っぽく染まった。ガロッドが同じ症状の患者やその親戚を綿密にたどっていった結果、それが遺伝性の疾患であり、大人になっても症状が続くことがわかった。大人の患者では汗が黒味を帯び、シャツの腕に黒っぽい茶色の染みの線ができた。耳垢《あか》すら、まるでさびるかのように、空気に触れると赤くなった。

ガロッドは、こうした患者ではなんらかの遺伝性の因子が変化しているにちがいないと考えた。黒い尿の男の子では生まれつき特定の遺伝単位が変化しており、その結果、細胞の代謝機能が変化し、結果的に、尿の組成が変わってしまったにちがいなかった。ガロッドは「肥満という現象や、髪や皮膚や目の色の多様性」はどれも、人体に「化学的な多様性」をもたらす遺伝単位の多様性によって説明づけられると書いており、[*7] その先見の明には驚かされる。「遺伝子」という概念がイギリスのベイトソンによってようやく再発見されつつあったそのとき（「遺伝子」という言葉がつくられる一〇年近く前だ）、ガロッドはすでに人間の遺伝子という概念を思いつき、遺伝単位にコードされた「化学的な多様性」として人間の多様性を説明したのだ。ガロッドは遺伝子が私たちを人間にしており、突然変異がわれわれのちがいを生んでいると考えた。

ガロッドの仕事に影響を受けたマキューズィックは、ヒトの遺伝性疾患のカタログづくりを始めた。「表現型と遺伝形質と病気の百科事典」だ。彼の前に風変わりな宇宙が広がった。ひとつの遺伝子を原因とする人間の病気は予想以上に多く、予想以上に風変わりだった。一八九〇年代にフランスの小児科医が初めて報告したマルファン症候群では、骨格や血管の構造を正常に保つ遺伝子が変異していた。患者はきわめて背が高く、腕や指が長く、大動脈の破裂や心臓の弁の異常によって急死することが多かった（診断こそされていないものの、エイブラハム・リンカーンはマルファン症候群だったと主張する医学史家は何十年も前からいた）。[*8]骨を形成し、強くするタンパク質であるコラーゲンの遺伝子変異によって引き起こされる骨形成不全症の家系もあった。この病気の子供は生まれつき骨がもろく、まるで乾いたしっくいのようにほんの少しの刺激で砕けてしまい、何もしなくても骨折したり、ある朝目が覚めると肋骨が何本も折れていたりした（しばしば児童虐待と誤解され、警察の捜査が終わったあとでようやく、医学的な関心が向けられた）。一九五七年、マキューズィックはジョンズ・ホプキンズ病院にムーア診療所をつくった。慢性疾患の治療に生涯を費やしたジョゼフ・アール・ムーアという名のボルティモアの医師にちなんで名づけられた、遺伝性疾患を専門に扱う診療所だ。

マキューズィックは遺伝性の症候群の生き字引となった。腸管から塩素イオンが大量に失われるために、難治性の下痢と栄養失調に見舞われる患者がいた。二〇歳で心臓発作を起こす男性がいた。統合失調症や、うつ病や、あるいは攻撃性の高い家系があった。翼状《よくじょう》頸《けい》の子供、指の数が多い子供、魚のようなにおいがする子供。一九八〇年代半ばには、マキューズィックと彼の大学院生は、人間の疾患に関与している二三三九個の遺伝子と、一個の遺伝子の変異が関係している三七〇〇の疾患の目録をつくっていた。[*9] 一九九八年に出版された第一二版では、マキューズィックはじつに、形質や病気（軽度のものもあれば、命に関わるものもあった）に関連する一万二〇〇〇もの遺伝子を報告していた。[*10]

一個の遺伝子の異常により発症する病気、すなわち「単一遺伝子」疾患の分類が成功したことで自信を得たマキューズィックと学生たちは、今度は複数の遺伝子の異常を原因とする病気、つまり「多因子」疾患の分類に乗り出した。多因子遺伝性疾患にはふたつのタイプがあることに彼らは気づいた。ひとつめのタイプは、染色体が余分に存在することで発症する疾患であり、一八六〇年代に初めて報告されたダウン症候群は、二一番染色体が一本余分に存在するために発症する先天性の症候群である。[†] 二一番染色体には三百余りの遺伝子が存在しており、この余分な染色体によって複数の器官が影響を受ける。ダウン症候群の患者は平らな鼻梁、幅広の顔、小さな顎《あご》、目頭を覆う皮膚のひだといった顔貌の特徴があり、認知障害、心臓疾患、難聴、不妊を伴う場合が多く、血液のがんを発症しやすい。しかし、ダウン症候群の最も顕著な特徴は、まるで余分な染色体を受け継いだことによって残虐性や悪意を失ってしまったかのように、気質がきわめておだやかだという点かもしれない（遺伝型が気質や人格に影響を与えるという事実に疑いを抱いている人も、ダウン症候群の子供と会ってみたら納得がいくはずだ）。

ふたつめのタイプの多因子遺伝性疾患は最も複雑なもので、ゲノム全体に散らばっている複数の遺伝子の異常で発症する。まれな症候群である前述のふたつのタイプとはちがい、このタイプの疾患には糖尿病、冠動脈疾患、高血圧、統合失調症、うつ病、不妊、肥満など、私たちになじみのある、ごく一般的な慢性疾患が含まれる。

そうした病気はひとつの遺伝子がひとつの疾患を引き起こすというパラダイムの対極にあり、多数の遺伝子が多数の疾患を引き起こしている。たとえば高血圧には何千ものタイ

† 一九五八年にジェローム・ルジューヌが、ダウン症候群では二一番染色体が通常の二本ではなく三本存在することを発見した。

プがあり、血圧と血管の状態にわずかな効果をおよぼす何百もの遺伝子が影響している。マルファン症候群やダウン症候群などの場合には、一個の強力な突然変異や一本の染色体の異常が発症の必要十分条件だったが、こうした疾患の場合には、個々の遺伝子の影響があいまいになり、食事、年齢、喫煙、栄養、出生前の暴露といった環境因子の影響がより強くなる。表現型は多様かつ連続的で、遺伝のパターンは複雑であり、これらの疾患の発症に遺伝子がはたす役割というのは、多くの引き金のついた銃のひとつの引き金のようなものにすぎない。必要ではあるが、十分ではないのだ。

マキューーズィックによる遺伝性疾患の分類から、四つの重要な見識が生まれた。マキューズィックがまず気づいたのは、一個の遺伝子の変異によって、さまざまな器官にさまざまな症状が出るということだった。たとえばマルファン症候群では、線維状の構造タンパク質を指定する一個の遺伝子の変異によって、腱、軟骨、骨、靭帯といった全身の結合組織が変化するため、患者では関節や背骨に明白な異常が見られる。表面上はわかりにくいかもしれないが、心血管系にも異常が見られる。腱や軟骨を支えているのと同じ構造タンパク質が大きな動脈や心臓の弁も支えているために、そのタンパク質を指定する遺伝子の異常によって、心不全や大動脈の破裂が引き起こされ、患者はしばしば、血管の破裂によって若くして亡くなる。

　マキューズィックが次に気づいたのは、驚くべきことに、まったくの逆もまた真実だということだった。複数の遺伝子がたったひとつの生理機能に影響を与えている場合もあったのだ。たとえば血圧は、さまざまな遺伝子ネットワークによって調節されており、そうしたネットワークの一部に異常が生じても、あるいは大部分に異常が生じても、その結果として引き起こされるのは同じ病気、つまり高血圧である。「高血圧は遺伝性疾患である」という発言は完全に正しいが、「高血圧の遺伝子は存在しない」とつけ加えるのもまた正しい。まるで糸の束が人形の腕をコントロールするように、多くの遺伝子が体内の血圧を引っぱったり押したりしており、どの糸の長さを変えても、人形の形状は変わってしまうのだ。

　マキューズィックの三つめの見識は、人間の病気における遺伝子の「浸透率」と「発現度」に関するものだった。ショウジョウバエの遺伝学者と線虫の生物学者は、ある遺伝子が発現するかどうかは環境の誘因や、偶然によることを発見した。たとえば、ショウジョウバエの複眼を細くする遺伝子は気温に依存して発現し、線虫の腸管の形状を変化させる遺伝子は二〇パーセントの線虫でしか発現しない。「不完全浸透」というのは、変異体をつくり出すはずの遺伝子変異がゲノム上に存在しているものの、その変異が身体的・形態的な特性へと浸透する能力は完全ではないという意味である。

マキューズィックは人間の疾患で不完全浸透が見られる例をいくつか発見した。なかにはティ・サックス病のように浸透率が一〇〇パーセント近い疾患もあり、その場合には、遺伝子変異を受け継いだならほぼ確実に病気を発症する。だがそれ以外の人間の疾患では、疾患に対する遺伝子の実際の影響はもっと複雑だ。後述する乳がんの場合には、ＢＲＣＡ１という遺伝子の変異を受け継ぐと乳がんのリスクが劇的に高まるが、その遺伝子変異を持つすべての女性が発症するわけではなく、ＢＲＣＡ１の異なる変異がそれぞれ異なる浸透率を持っている。出血性疾患である血友病が遺伝子異常によって引き起こされるのは確かだが、血友病患者の症状の重症度には幅があり、致死的な大出血が月に一度の頻度で起きる患者もいれば、めったに出血しない患者もいる。

四つめは本書にとってあまりに重要な見識であるため、他の三つとは分けた。ショウジョウバエの遺伝学者であるテオドシウス・ドブジャンスキーと同様にマキューズィックも、変異とは単なる多様性にすぎないことを理解していた。そんなことは自明の理に聞こえるかもしれない。だが、そこには本質的で深遠な真実がある。マキューズィックは、変異というのは統計学的な実体であって、病理学的な実体でもなければ、道徳的な実体でもないのだということに気づいた。変異は病気を意味しているわけでもなければ、機能の獲得や喪失を指定しているわけでもない。正式には、変異というのは基準からの逸脱によってのみ定義されている（「変異型」の対義語は「正常型」ではなく「野生型」、つまり野生の集団で最も多く見られる型である）。このように、変異とは絶対的な概念というよりもむしろ、統計学的な概念なのだ。小人の国にパラシュートで降り立った長身の男性は変異体であり、こげ茶色の髪の人ばかりの国で生まれた金髪の子供も変異体だ。そしてそのどちらも、マルファン症候群ではない「正常な」子供ばかりの国にいるマルファン症候群の子供が「変異体」であるのとまったく同じ意味で「変異体」なのだ。

変異体も変異も、それ自体は病気や体の不調についての真の情報を何ひとつ提供することはできない。病気というのはむしろ、遺伝的に受け継がれた個人の特質全体と、その個人のまわりの環境とのあいだの（変異と、その人物の状況と、生存や成功というその人物の目標とのあいだの）不調和によって引き起こされる特定の不具合として定義される。最終的に病気を引き起こすのは変異ではなく、ミスマッチなのだ。

ミスマッチはときに深刻で消耗性となる。そのような症例では、病気とはつまり機能の不具合だ。何日も部屋の隅で体を揺らしたり、潰瘍ができるまで皮膚を引っかいたりする重度の自閉症の子供が遺伝的に受け継いだ不運な特質は、ほぼすべての環境や目標と食いちがっている。だがべつのめずらしいタイプの自閉症の子供はたいていの状況で機能することができ、ある状況（たとえば、チェスや、記憶コンテストなど）では過度に機能的になる。そうした子供の場合には、病気は状況次第であり、子供の持つ特定の遺伝型とその子を取り巻く特定の状況とのあいだの不調和にはっきりと依存している。「ミスマッチ」の性質すら変異する。環境は絶えず変化しているために、それに合わせて病気の定義も変化しなければならないからだ。盲人しかいない国では目が見える男は王になるが、その国に目つぶしの有毒な光をあふれさせたなら、王国はふたたび盲人のものになる。

異常ではなく機能の不具合に注目するというマキューズィックの考え方は、彼のクリニックでの患者の治療で実現した。たとえば低身長の患者は、低身長の患者が経験する特定の不具合への対処法についての訓練を受けた遺伝カウンセラーや、神経内科医や、整形外科医や、看護師や、精神科医からなるチームによる治療を受け、変形が生じた場合に備えて、手術も検討された。目標は「正常」を取り戻すことではなく、活力や、元気や、機能を取り戻すことだった。

マキューズィックはヒト病理学という分野の中で、近代遺伝学の基盤となる原則を再発見した。野生のショウジョウバエと同じくヒトでも、遺伝的な多様性があふれていた。ここでもまた、遺伝的な多型と、環境と、遺伝子と環境との関係という三つの要素の相互作用の結果、表現型（この場合は「病気」）が生み出されていた。ショウジョウバエの場合と同じくヒトでも、不完全浸透する遺伝子があり、遺伝子ごとに発現度が大きく異なっていた。ひとつの遺伝子が多くの疾患を引き起こす場合もあれば、ひとつの疾患が多くの遺伝子によって引き起こされる場合もあった。「健康」とは絶対的なものだが、健康の欠如、つまり一般にいう「病気」とは個体と環境との相対的なミスマッチで定義されるものなのだ。

「不完全な世界はわれわれの天国[*11]」と詩人のウォレス・スティーヴンズは書いているが、人間の世界に遺伝学が誕生したことでもたらされた直接の教訓があったとすれば、これである。不完全な世界はわれわれの天国でもあり、それと同時に、われわれの現世でもある。ヒトの遺伝的多様性と、そうした多様性がヒトの病理学に与える影響の深さは予想を超えるものであり、驚きだった。世界は広大で、多様性に満ちていた。遺伝的多様性はごく自然な状態であり、どこか遠くの孤立した穴の中ではなく、そこらじゅうにあふれていた。一見したところ均一な集団は実のところ、不均一であり、私たちが注目してきた変異体というのは実のところ、私たち自身だった。

「突然変異体《ミュータント》」の認知度が上がってきたことを最も如実に表していたのは、アメリカ人の不安と空想の確かなバロメーターである連載漫画だった。一九六〇年代初頭、人間のミュータントが漫画のキャラクターの世界にいきなりあふれた。マーベル・コミックは一九六一年一一月、ロケットの中で放射線を浴びて変異し、超能力を持つようになった四人の宇宙飛行士（瓶の中に閉じ込められたハーマン・マラーのショウジョウバエのようだ）を主人公とする『ファンタスティック・フォー』を刊行した。[*12] 『ファンタスティック・フォー』のヒットに続いて『スパイダーマン』がさらなる大ヒットを記録した。「とてつもない量の放射能[*13]」を吸収したクモにかまれた若き科学の達人、ピーター・パーカーが主人公のスーパーヒーロー物語だ。変異したクモの遺伝子はおそらく水平伝播によって、ピーターの体に取り込まれ（エイヴリーの形質転換実験のヒト版である）、その結果、ピーターは「敏捷性とクモ形綱動物にふさわしい力」を授かった。

『スパイダーマン』と『ファンタスティック・フォー』がこのように、ミュータントのスーパーヒーローをアメリカの大衆に紹介した一方で、一九六三年九月に連載が始まった『X-メン』はミュータントの物語を心理学的な視点から描いている。[*14] それまでの作品とはちがって、『X-メン』の中心的なプロットはミュータントと正常な人間との対立だ。「正常な人間（ノーマル）」はミュータントに対して危惧を抱き、一方のミュータントも監視と暴動を恐れて、ミュータントを保護し、超能力の正しい使い方を教えるための「恵まれし子らの学園」という名の閉ざされた施設（漫画本のミュータントのためのムーア診療所のようなものだ）に身を隠していた。『X-メン』の最も注目すべき点は、多種多様な（出し入れ自在な鋭い金属の爪を持つオオカミ男や、天気を自在に操る女などの）ミュータントを次々と登場させた点ではなく、被害者と加害者を逆転させた点にある。五〇年代の漫画ではたいてい、怪物の恐ろしい暴虐行為から逃げたり隠れたりするのは人間のほうだったが、『X-メン』ではミュータントのほうが、正常な人間の恐ろしい暴動行為から逃げたり隠れたりするのだ。

一九六六年の春、不完全さ、変異、正常に対するこうした不安が漫画のページから飛び出して、六〇×六〇センチメートルの培養器の中に入った。[15]精神遅滞の遺伝について研究していたふたりの科学者、マーク・スティールとロイ・ブレッグが、妊娠中の女性の羊膜に針を刺して、胎児の細胞を含む羊水を数ミリリットル吸引した。そしてシャーレで胎児の細胞を培養し、染色体を染めて顕微鏡下で観察したのだ。

目新しい技術は何も使われていなかった。羊水から得られた胎児細胞が胎児の性別（XX染色体かXY染色体か）を判定するために初めて調べられたのは一九五六年[16]のことであり、一八九〇年代初頭には羊水を安全に吸引できるようになっていた。染色体の染色にしても、ウニを使ったボヴェリの最初の実験にまでさかのぼる古くからの技術だ。しかし人類遺伝学の前線は、こうした手技に伴う利害関係を変化させた。ブレッグとスティールは、明確な染色体異常を原因とする遺伝性症候群（ダウン症候群、クラインフェルター症候群、ターナー症候群など）は子宮内で診断でき、胎児の染色体異常が見つかった場合には、妊婦の自由意思により妊娠を中断できることに気づいた。羊水穿刺《せんし》と妊娠中絶という、簡単なうえに比較的安全な二種類の医学的な手技を組み合わせたなら、それぞれの手技を足しただけではない、より大きな意味を持つ技術が誕生するはずだということに。

この手技をめぐる試練をくぐり抜けた最初の女性についてはほとんど知られていない。だが、症例報告というむき出しのスケッチのような形で、恐ろしい選択を迫られた若い母親たちの悲しみや、当惑や、一時的救済についての物語が残されている。一九六八年四月、二九歳の女性J・Gはブルックリンにあるニューヨーク州立大学ダウンステート医療センターで診察を受けた。彼女の家系には遺伝性のダウン症候群の患者が数人おり、祖母と母親は保因者だった。六年前、J・Gは妊娠後期でダウン症候群の女児を流産し、一九六三年の夏に健康な女児を出産した。二年後の一九六五年の春、今度は男児を出産したが、男児には精神遅滞が見られ、心臓に穴がふたつ開いていた。男児は深刻な先天異常を伴うダウン症候群と診断され、五歳半で亡くなった。そのつかの間の人生は大変苦しいものであり、男の子は先天性の異常を治すためのむずかしい手術を受けたあと、心臓発作のために集中治療室で息を引き取った。

四度目の妊娠が五カ月目に入ったころ、J・Gは産科医のもとを訪れて、出生前診断を受けたいと申し出た。悲しい記憶が頭から離れなかったからだ。四月初めに羊水穿刺を受けたものの、検査がうまくいかず、妊娠後期が近づいた四月二九日に二度目の羊水穿刺を受けた。今度は、培養器の中で胎児細胞が増殖し、染色体分析の結果、男の胎児はダウン症候群であるとわかった。

一九六八年五月三一日、人工妊娠中絶が医学的に許容される最後の週に、J・Gは中絶を決意した。*17 六月二日、胎児遺体の娩出による中絶がおこなわれた。胎児にはダウン症候群の主な特徴があった。母親は「合併症もなく手術に耐えた」と症例報告には書かれており、二日後には退院した。母親や家族についてのそれ以上の情報はなく、遺伝子検査の結果だけにもとづいた最初の「治療的中絶」は秘密と、苦悩と、深い悲しみに包まれたまま、人類の歴史のひとつになった。

出生前診断と妊娠中絶の水門は一九七三年の夏、予期せぬ大渦巻きによって開けられた。一九六九年九月、テキサス州でカーニバルの客引きとして働いていた二一歳のノーマ・マコービーは三人目の子供を妊娠した。*18 貧しく、住む場所も仕事もないことが多かった彼女は、望まない子供の中絶をしようと考えたが、中絶手術を合法的に、さらに言うならば、清潔におこなえる病院を見つけることができなかった。本人がのちに明かしたところによれば、彼女が見つけたのは人気《ひとけ》のないビルの中にある秘密の診療所で、「汚れた器具が部屋じゅうに散乱し……床には乾いた血がこびりついていた[*19]」

一九七〇年、ふたりの弁護士が、母体の生命を保護するために必要な場合を除いて妊娠中絶を禁止したテキサス州法は違憲であり、マコービーには中絶手術を受ける法的な権利があるとして、テキサス州ダラス郡の地方検事ヘンリー・ウェイドを相手取って訴訟を起こした。マコービーは裁判に際して、ジェーン・ロウという平凡な偽名を使った。一九七〇年、ロウ対ウェイド事件はテキサス州地方裁判所を経て、合衆国最高裁判所に上告された。

合衆国最高裁判所での口頭弁論は一九七一年と一九七二年に開かれ、一九七三年一月、合衆国最高裁判所はマコービーの訴えを認める歴史的な判決をくだした。最高裁判所陪席判事のヘンリー・ブラックマンが多数意見を執筆し、中絶を禁じるテキサス州法は違憲であると判示した。女性のプライバシーの権利には「妊娠中絶をおこなうかどうかを決定する権利も含まれる」とブラックマンは書いている[*20]。

だが「女性のプライバシーの権利」は絶対的なものではなかった。妊娠中の女性の権利と、しだいに「人」になっていく胎児とのあいだのバランスをどうにか取ろうと、最高裁判所は妊娠期間による規定を定めた。それによれば、妊娠前期では中絶を禁止することはできないが、胎児が成熟し、「人」になっていくにつれ、中絶を制限しなければならないとされていた。妊娠期間を三分割することに生物学的な根拠はなかったが、法的には必要であり、法学者のアレクサンダー・ビッケルは「最初の三カ月間にあたる妊娠初期では、個人（つまり、母親）の利益が社会の利益より優先され、医療上の要件だけを定めることができる。妊娠中期も同様だが、妊娠後期では社会の利益が優先される」[*21]と述べている。

ロウ対ウェイド事件によって解き放たれた力によって、医学はたちまち影響を受けた。ロウ対ウェイド事件をきっかけに、女性たちは子供を産むかどうかを決める権利を得たが、医学もまた、胎児ゲノムを制御する大きな力を手に入れた。[*22]ロウ対ウェイド事件の前は、出生前診断は不確かな領域に位置していた。羊水検査自体は違法ではなかったが、妊娠中絶についての正確な法的基準は不明のままだったからだ。妊娠前期と中期での中絶が合法化され、医学的な判断が最優先されることになった結果、出生前診断はアメリカじゅうの診療所や病院に広がった。遺伝子が「実用的な価値」を持つようになったのだ。

遺伝子診断と中絶の拡大がいかに大きな影響をもたらしたかはすぐに明らかになった。いくつかの州では、一九七一年から七七年のあいだにダウン症候群の出生率が二〇パーセントから四〇パーセントも減少した。[*23] 一九七八年には、ニューヨーク市のハイリスク妊婦のうち中絶をおこなった例は、満期まで妊娠を継続した例よりも多かった。[†] 一九七〇年代半ばまでには、一〇〇種類近くの染色体異常と二三種類の代謝疾患が遺伝子検査によって出生前に診断されるようになっていた。[*24] ターナー症候群や、クラインフェルター症候群、テイ・サックス病、ゴーシェ病などだ。「(医学は) 数百種類の既知の遺伝性疾患の危険因子をくまなく検査しながら[*25]」進んでいる、とある遺伝学者は書いている。また、ある歴史学者は「遺伝子診断は医療産業になった。遺伝子異常を持つ胎児の選択的な中絶は、ゲノム医療がおこなう主要な介入になった」と述べている。

人間の遺伝子に介入できる能力を持ったことで浮き立った遺伝学者は、自らの過去を書きなおしはじめた。ロウ対ウェイド事件の数カ月後の一九七三年にマキューズィックが出版した、遺伝医学の教科書の新版[*26]の「遺伝性疾患の出生前診断」という章で、小児科医のジョゼフ・ダンシスは次のように書いている。[*27]

近年、医師と一般市民のあいだでは、単に子供を誕生させるだけでなく、社会や親や自分自身にとっての重荷にならないような子供を誕生させなければならないという思いが広がっている。「生まれる権利」には、幸福で有用な人生を送るチャンスを十分に持つ権利という条件がついている。こうした考え方の変化はとりわけ、妊娠中絶を制限する法律の改定や廃止に向けた動きの広がりに顕著に表れている。

ダンシスはおだやかに、だが巧みに歴史を逆行させた。ダンシスが述べたように、妊娠中絶を支持する動きによって、医師には遺伝性疾患を患う胎児の命を終わらせる権限が与えられた。だがその結果、人類遺伝学は前進したわけではなく、むしろ、妊娠中絶支持運動というカートを嫌々引きずることになった。重症の先天性疾患の治療に対する「考え方」を変え、その結果、中絶に対するスタンスを和らげることによって。ダンシスは続けた。「原則的に、どのような疾患であれ、遺伝子との関連が十分に認められるものは、出生前診断と選択的妊娠中絶によって介入することができる。〝生まれる権利〟は〝しかるべき遺伝子を持って生まれる権利〟と言い換えることができるかもしれない」

一九六九年六月、ヘティ・パークという名前の女性が小児多発性嚢胞腎《のうほうじん》を患う女児を出

† 中絶の合法化によって、世界的にも出生前診断が急増した。一九六七年、イギリスの議会条例によって中絶が合法化されると、一九七〇年代には出生前診断と中絶の施行率が激増した。

産した。[28] 赤ん坊の腎臓には奇形があり、子供は生まれて五時間で亡くなった。パークは悲嘆に暮れ、夫と一緒にロングアイランドの産科医ハーバート・チェッシンに相談した。チェッシンは、赤ん坊の病気は遺伝性ではないというまちがった思い込みにもとづく判断を下して（実際には、小児多発性嚢胞腎は嚢胞性線維症と同じく、両親から受け継いだふたつの遺伝子異常によって引き起こされる）ふたりを安心させ、帰宅させた。チェッシンによれば、夫婦が同じ病気の子供を出産する可能性はほとんどないか、まったくないということだった。一九七〇年、パークはチェッシンの助言にしたがってふたたび妊娠し、女児を出産した。残念ながら、ローラ・パークと名づけられたその女の子も生まれつき多発性嚢胞腎を患っており、入院を繰り返した末に、腎不全の合併症によって二歳半で亡くなった。

一九七九年、ジョゼフ・ダンシスのような意見が医学文献や一般向けの雑誌などに定期的に登場しはじめるなか、パーク夫妻は、誤った医学的助言を与えたとしてハーバート・チェッシンを訴えた。生まれてくる子供が遺伝的に多発性嚢胞腎を患う可能性が高いと知っていたならば、ローラを妊娠することはなかった、娘は誤った正常予測の犠牲者だったとふたりは主張した。もしかしたら、この訴訟の最も驚くべき特徴は、加えられた危害の性質だったかもしれない。医療過誤をめぐるそれまでの裁判では、被告（通常は医師）はたいてい、医療ミスによって死をもたらしたことを非難された。だがパーク夫妻は、かかりつけの産科医であるチェッシンが、それと同等だがまったく逆の罪を負っていると主張していた。「医療ミスによって生をもたらした」罪だ。裁判所はパーク夫妻の訴えを認める画期的な判決をくだした。「子供に奇形があることが合理的に確立された場合には、両親にはその子供を産まない選択をする権利がある」と判事は述べた。あるコメンテーターは次のように指摘した。[*29]「裁判所は、子供が（遺伝子）異常を持たずに生まれてくる権利は基本的権利であると断言した」

「介入しろ、介入しろ、介入しろ」

何千年ものあいだ、たいていの人々は自分たちが冒している危険性に気づかずに赤ん坊をもうけてきた。われわれは今、遺伝的な展望を真剣に見据えたうえで行動しなければならない時期に来ている……われわれは初めて、医療についてそのように考えなければならなくなった。[*1]

——ジェラルド・リーチ
「よりよい人間を増やす（*Breeding Better People*）」一九七〇年

どんな新生児であれ、遺伝的に受け継がれた特質についての検査に合格するまでは、人間だと宣言されるべきではない。[*2]

——フランシス・クリック

ジョゼフ・ダンシスは過去を書きなおしただけではなく、未来を宣言してもいた。すべての親は「社会の重荷にならないような」赤ん坊を産む義務を負っているという主張や、「遺伝子異常」を持たずに生まれてくる権利は基本的権利だという彼の途方もない主張をざっと読んだだけで、誰もがその中に復活の産声を聞いたことだろう。言い方こそ礼儀正しかったが、彼の主張はまちがいなく、二〇世紀後半という時代によみがえった優生学だった。一九一〇年、イギリスの優生学者シドニー・ウェブは「介入しろ、介入しろ、介入しろ」と駆り立てた。それから六十年余りたった今、妊娠中絶の合法化と遺伝子解析技術の発展により、人間に対する新しい種類の遺伝的「介入」、つまり新しい形の優生学の正式な枠組みができあがった。

これは昔のナチスの優生学とはちがう、と擁護者はすぐに指摘した。一九二〇年代のアメリカの優生学や、より毒性の強い一九三〇年代のヨーロッパの優生学とはちがって、強制的な断種もおこなわれなければ、強制収容やガス室での処刑もおこなわれなかった。女性たちがバージニア州のコロニーに連れていかれることもなかった。その場しのぎの判定員である医師が女性を「白痴」、「痴愚」、「魯鈍《ろどん》」に分類することを求められもしなければ、個人の好みにもとづいて好ましい染色体の数が決められたりもしなかった。胎児の選択の基盤となる遺伝子検査は客観的であり、標準化されており、科学的に厳密なのだ。検査結果と医学的な症候群の発症との関係はほぼ絶対的だった。二一番染色体を一本余分に持つすべての子供がダウン症候群の主要な症状のうち、少なくともいくつかを持っていたし、X染色体が一本しかないすべての女児がターナー症候群の主要な症状のうち、少なくともいくつかを持っていた。最も重要なことは、出生前診断であれ、選択的な中絶であれ、国の命令や中央からの指令でおこなわれるわけではなく、完全なる自由選択でおこなわれるという点だった。検査を受けるか受けないか、結果を教えてもらうかもらわないか、胎児の遺伝子異常が見つかったあとで中絶するか妊娠を継続するかを女性は選択することができた。これは優生学の慈悲深い生まれ変わりであり、擁護者たちはそれを「新優生学」あるいは「ニュージェニックス」と名づけた。

新優生学が古い優生学と決定的にちがっているのは、遺伝子を選択するという点だった。ゴールトンや、プリディをはじめとするアメリカの優生学者や、ナチスの優生学者にとって、遺伝的な選択を確かなものにするための唯一の方法は身体的・精神的特徴、すなわち表現型を選択するという方法だった。しかしそうした特徴は複雑であり、遺伝子との関係も簡単にはわからなかった。たとえば「知能」にも遺伝子が関与している可能性はあったが、「知能」というのはむしろ遺伝子、環境、遺伝子と環境の相互作用、誘因、偶然、機会が組み合わさった結果だということは明らかだった。要するに「知能」を選択したからといって、必ずしも知能の遺伝子が選択されるわけではないということだ。「裕福さ」を選択したからといって、富を蓄えられる性質を確実に選択できるわけではないのと同じように。

擁護者は、ゴールトンやプリディの方法と比べて新優生学が大きく進歩したところは、科学者が今では、根本的な遺伝的決定因子の代用として表現型を選択しているわけではないという点だと強調した。胎児の遺伝子を調べることによって、科学者は今では、遺伝子を直接選択できるようになったのだ。

熱心な支持者の多くにとっては、新優生学とは、過去の恐ろしい殻を脱ぎ捨てて、科学的な蛹《さなぎ》から新たに出現した分野だった。そしてその範囲は一九七〇年代半ばにさらに広がった。出生前診断と選択的中絶はある種の遺伝性疾患を持つ人間を生み出さないようにする方法である「消極的優生学」の民営化された形をつくった。だがこの「消極的優生学」はそれと同じくらい包括的で自由な「積極的優生学」、すなわち好ましい遺伝的特質を持つ人間を増やすための方法を推進したいという欲求を伴っていた。遺伝学者のロバート・シンスハイマーは「古い優生学は現存する遺伝子プールの中の最良の遺伝子を数的に増やすことしかできなかったが、新しい優生学は原理上、すべての不適格者を遺伝的に最高レベルの者へと転換することができる」[3]と書いている。

飛散防止サングラスを開発した企業家で大富豪のロバート・グレアムは一九八〇年、カリフォルニアで精子バンクを創設した。[4]精子バンクには「最も知能が高い」男性たちの精子が保存されており、健康で知性的な女性と人工授精させる場合に限って、そこの精子を入手できるとされていた。「胚選択の貯蔵庫」と呼ばれたその精子バンクは、世界じゅうのノーベル賞受賞者の精子を集めることを試みた。シリコン・トランジスターを発明した物理学者のウィリアム・ショックレーは精子の寄付に応じたわずかな科学者のひとりだ。[5]予想どおり、グレアムは自分の精子もバンクに加えた。ストックホルムのノーベル委員会にはいまだに認知されていないものの、自分は「未来のノーベル賞受賞者」であり、出番を待つ天才だと思っていたからだ。しかしグレアムの抱いていた夢がどれほど熱いものだったとしても、彼の低温の理想郷が大衆に歓迎されることはなく、その後の一〇年間で「貯蔵庫」に保管された精子から誕生した子供はわずか一五人だった。それらの子供たちの長期的な功績についてはほとんどわかっていない。だがこれまでのところ、ノーベル賞を受賞した者はいないようだ。

グレアムの「天才バンク」は冷笑の対象となり、結局、閉鎖されたものの、科学者の中には、「胚選択」の推進という「精子バンク」の理念を称賛する者もいた。どの親にも、自分の子供の遺伝的な決定因子を選択する自由があると考えていたからだ。選ばれた遺伝的天才をつくるための精子バンクというのは明らかに幼稚な考えだったが、精子の中の「天才の遺伝子」を選択するという考えは、将来の展望として完全に支持できるものだとみなしたのだ。

しかし特定の優れた遺伝型を持つ精子（ついでにいえば、卵子）をどのように選択すればいいのだろう？ ヒトゲノムに新しい遺伝物質を導入することはできるだろうか？ 積極的優生学を可能にする技術の正確な輪郭はまだ見えてこなかったが、それは単なる技術的なハードルにすぎず、近い将来、乗り越えられるはずだと考える科学者もいた。遺伝学者のハーマン・マラー、進化生物学者のエルンスト・マイヤーとジュリアン・ハクスリー、集団生物学者のジェームズ・クローは積極的優生学の最も熱心な支持者だった。優生学が誕生するまでは、人間の有益な遺伝型を選択する唯一のメカニズムはマルサスとダーウィンの厳しい論理にもとづく自然選択だった。つまり、生き残りをかけた闘いと、生存者の出現までのうんざりするほどに遅々としたプロセスだ。クローは「（自然選択は）残酷で、ミスも多く、非効率的だ」[*6]と書いている。一方、人為的な遺伝子の選択と操作は、「健康や、知能や、幸福」にもとづいておこなわれるものであり、多くの科学者、知識人、作家、哲学者がそれを支持した。フランシス・クリックとジェームズ・ワトソンも強く支持していた。アメリカ国立衛生研究所（NIH）所長ジェームズ・シャノンは米国連邦議会に「（遺伝子スクリーニングは）医療専門家にとっての道徳的義務というだけでなく、重大な社会的責任でもある」*7と説いた。

新優生学に対するアメリカの国内外での注目度が高まるにつれ、その創始者たちはこの新しい動きを醜い過去、とりわけ、ナチス優生学のヒトラーの影から引き離そうと果敢に挑んだ。ドイツの優生学は科学的無知と政治的不合理というふたつの重大な過ちのためにナチスの恐怖の奈落に落ちたのだと新優生学者は論じた。偽物の科学が偽物の政治を支え、偽物の政治が偽物の科学を育てたのだと。一方、新優生学者は科学的な厳密さと選択というふたつの磁石のような価値観にしがみつくことで、こうした落とし穴を回避する。

科学的な厳密さに固執すれば、新優生学がナチス優生学の倒錯に汚染されることはない、と彼らは考えた。遺伝型は国からの干渉や命令を受けることなく、厳密な科学的基準にもとづいて客観的に評価される。そして、どの段階でも個人の選択の自由は守られており、出生前診断や中絶などの優生学的な選択をするかどうかは完全に個人の自由である。

それでも、批判的な人々の目には、新優生学もまた、優生学を呪われたものにしたのと同じ根本的な欠陥に満ちているように見えた。十分に予想できたことだが、新優生学に対する最も強い批判は、新優生学に息を吹き込んだまさにその分野である人類遺伝学の中から現れた。マキューズィックと彼の同僚の症例研究から、ヒトの遺伝子と病気との相互作用というのは、新優生学が予測しているよりもはるかに複雑だということがしだいにはっきりしてきた。それは、ダウン症候群と低身長症の症例の研究からも明らかだった。ダウン症候群は染色体異常が明確で発見しやすく、遺伝子異常と医学的な症状との関連性がはっきりしているために、出生前診断と中絶は正当な選択のように思えた。しかしそんなダウン症候群ですら、低身長症の場合と同様に、同じ変異を持つ個々の患者のちがいは驚くべきものだった。ダウン症候群の患者の大半は身体、発達、認知機能の障害を持っていたが、なかにはそうした機能の障害が軽い患者がいるのはまぎれもない事実であり、そうした患者は最小限の介入を必要とするだけでほぼ自立した生活を送ることができた。染色体が一本まるごと多いという、ヒトの細胞で起こりうる最も重大な遺伝子異常ですら、障害の唯一の決定因子とはならないのだ。そうした異常もまた、他の遺伝子と関連しあっているうえに、環境の影響によって変化したり、ゲノム全体による修正を受けたりしている。遺伝的な疾患と遺伝的な健康とは、隣り合う不連続なふたつの国ではない。健康と病気とはむしろ、連続するふたつの王国であって、両国を隔てるのは薄い、しばしば透明な国境なのだ。

　統合失調症や自閉症などの多因子遺伝性疾患の場合には、状況はもっと複雑である。統合失調症には遺伝子が強く関係していることが知られていたが、初期の研究により、複数の染色体上の複数の遺伝子が発病に密接に関わっていることがわかった。ではどうすれば消極的選択によって、こうした決定因子を残らず根絶させられるのだろう？　ある遺伝的・環境的な状況においては精神疾患を引き起こす遺伝子が、べつの状況では高い能力を生み出すとしたらどうだろう？　皮肉なことに、グレアムの天才バンクの最も卓越したドナーだったウィリアム・ショックレーも、偏執病、攻撃性、社会からの引きこもりといった問題を抱えており、数人の伝記作家により、彼が高機能自閉症だった可能性が指摘されている。グレアムの精子バンクをくまなく探して選ばれた「天才の精子」が将来的に、べつの状況では疾患を引き起こす遺伝子を持つことがわかったら（あるいは反対に、「疾患遺伝子」が天才をつくる遺伝子でもあることがわかったら）？

遺伝学にはびこる「過度の信念」と人間の選別への遺伝学の無差別の適用によって、いわゆる「遺伝子産業」複合体が誕生するはずだとマキューズィックは確信していた。彼は次のように語っている。「任期の終わりが近づいたころ、アイゼンハワー大統領は軍産複合体の危険性を警告した。われわれもまた、遺伝子産業複合体の潜在的な危険性について警告すべきである。推定上の良質な遺伝子や悪質な遺伝子の検査がより簡単におこなえるようになれば、商業部門やマディソン街の宣伝係はそこらじゅうの夫婦をつかまえて、価値判断にもとづいて配偶子を選択すべきだと言うはずだ。そして、さりげない、いや、ときにあからさまなプレッシャーをかけてくるはずだ[*8]」

一九七六年にはマキューズィックのこうした懸念はまだ理論上の話にすぎないように思われた。遺伝子が関与している人間の疾患のリストは急激に増えていたものの、実際の遺伝子はほとんど特定されていなかったからだ。一九七〇年代後半に遺伝子クローニングと遺伝子解読の技術が開発されたことによって、そのような遺伝子の特定や、発病を予測する遺伝子検査も夢ではなくなった。しかしヒトのゲノムには三〇億もの塩基対《つい》がある一方で、病気に関連する変異はゲノム中のたった一組の塩基対の変化しかもたらさない場合が多い。そのような変異を見つけるためにゲノムの全遺伝子をクローニングして解読するのは不可能であり、疾患遺伝子を見つけるためには、まずはその遺伝子のゲノム上のおおよその位置を突き止めなければならない。だがそれこそまさに、その時点で欠けていた技術だった。病気に関連する遺伝子はたくさんあるように思えたが、人間のゲノムという広大な領域でそれを見つける簡単な方法はなかった。ある遺伝学者が言っていたように、人類遺伝学は「干し草の中の一針問題[*9]」に突きあたっていたのだ。

一九七八年に起きた偶然の出会いが、人類遺伝学の「干し草の中の一針」問題を解決し、その結果、遺伝学者は人間の疾患遺伝子の位置を突き止めてクローニングすることができるようになった。その出会いとそれに続く発見は、ヒトゲノム研究における大きな転換点となった。

ダンサーたちの村、モグラの地図

神に御栄えあらんことを　斑《まだら》のもののために[*1]

——ジェラード・マンリ・ホプキンズ『美しきまだら』

私たちはいきなり、ふたりの女性に出くわした。母親と娘だ。どちらも長身で、骸骨のように痩せており、どちらもお辞儀をしたり、身をよじったり、顔をしかめたりしていた。[*2]

——ジョージ・ハンチントン

一九七八年、ふたりの遺伝学者、マサチューセッツ工科大学のデイヴィッド・ボットスタインとスタンフォード大学のロン・デイヴィスは、ユタ大学の博士号審査委員会で審査委員をつとめるためにソルトレークシティを訪れた。[*3]ユタ大学の委員会はソルトレークシティから数キロ離れたワサッチ山脈のアルタで開かれた。メモを取りながら発表を聴いていたボットスタインとデイヴィスはどちらも、ある発表にとりわけ興味を覚えた。大学院生のケリー・クラヴィッツと彼の指導教官のマーク・スコルニックが、遺伝性疾患であるヘモクロマトーシスの原因遺伝子の染色体上の位置を苦労して突き止めていたのだ。大昔から医師たちに知られていたヘモクロマトーシスは、腸管からの鉄の吸収を調節する遺伝子の変異を原因とする。ヘモクロマトーシスの患者は膨大な量の鉄を吸収し、その結果、各臓器の細胞に鉄が沈着し、臓器の機能が徐々に障害されていく。肝臓は大量の鉄で窒息し、膵臓は機能しなくなる。皮膚はブロンズ色になり、その後、灰色になる。まるで『オズの魔法使い』のブリキの木こりのように、体はだんだん無機物に近づいていき、最終的に、組織の変性と臓器不全が引き起こされて患者は死に至る。

クラヴィッツとスコルニックが埋めたいと考えていたのは、遺伝学の根本的な概念上の隙間だった。一九七〇年代半ばまでに、ヘモクロマトーシスや、血友病や、鎌状赤血球症をはじめとする何千もの遺伝性疾患が特定されていたが、病気が遺伝性だとわかったところで、その病気を引き起こしている実際の遺伝子が見つかったわけではなかった。たとえば、ヘモクロマトーシスの遺伝パターンからは、その病気に関与しているのはひとつの遺伝子であり、その遺伝子の変異は劣性であること、つまり発病には両親から受け継いだ遺伝子が両方とも変異している必要があることがはっきりと示されていた。だが遺伝パターンがわかっても、ヘモクロマトーシス遺伝子の正体も、その遺伝子がどんな機能を持っているのかも不明のままだった。

クラヴィッツとスコルニックはヘモクロマトーシス遺伝子を特定するための独創的な方法を提唱していた。遺伝子を見つけるための最初のステップは、その遺伝子の染色体上の位置を突き止めて、その「地図をつくる」ことだった。遺伝子の位置を染色体上の特定の領域にまで絞り込めば、あとは標準的なクローニング技術を使って遺伝子を単離できる。それからその遺伝子を解読し、機能を調べればいいのだ。クラヴィッツとスコルニックは、ヘモクロマトーシス遺伝子の位置を突き止めるためには、どの遺伝子にも共通する性質を利用すればいいと考えた。遺伝子同士が染色体上でつながっているという性質だ。

ここで思考実験をしてみよう。ヘモクロマトーシス遺伝子が七番染色体上にあって、毛髪の性状（まっすぐか、縮れているか、巻き毛か、ウェーブしているか）を決める遺伝子が同じ染色体上のすぐ隣にあると仮定する。進化の歴史のはるか昔に、ある巻き毛の男性のヘモクロマトーシス遺伝子が変異したとする。この遺伝子が親から子へと受け継がれるたびに、巻き毛の遺伝子も一緒に受け継がれる。どちらも同じ染色体上に存在しており、染色体というのはめったにちぎれたりしないために、この二種類の遺伝子は必然的にいつも一緒に動くからだ。ふたつの遺伝子の関連は一世代ではまだはっきりしないが、何代も経るうちに、統計学的なパターンが浮かび上がってくる。この家系の巻き毛の子供がヘモクロマトーシスにかかる傾向にあるというパターンだ。

クラヴィッツとスコルニックはこの論理を有効に利用した。ユタ州のモルモン教徒の家系を多世代にわたって調べ、その結果、ヘモクロマトーシス遺伝子が免疫反応に関与している遺伝子（何百もの多型として存在する）に関連していることを突き止めたのだ。[*4] ふたりはすでに、以前の研究からその免疫反応遺伝子が六番染色体上に存在していることを知っていたため、ヘモクロマトーシス遺伝子も六番染色体上に存在しているにちがいないと考えた。

注意深い読者なら、これはずいぶん偏った例だと反論されるかもしれない。ヘモクロマトーシス遺伝子はたまたま、簡単に特定できるうえに個体差の多い遺伝子と同じ染色体上で都合よく関連していたが、そのような場合はきわめてめずらしいのではないか、と。スコルニックが追い求めている遺伝子が、特定が容易な免疫反応タンパク質をコードする遺伝子と偶然にもぴたりと接していたということは幸運な例外だった。ほかのどの遺伝子についても、これと同じようなことが可能になるためには、いくつもの多型として存在するうえに簡単に見つけられるマーカーのようなひもがヒトのゲノムに散らばっていなければならないのではないだろうか？　染色体上には一マイルごとに明かりの灯った道標が立っていなければならないのでは？

だがボットスタインは、そのような道標が存在することを知っていた。何世紀にもわたる進化の過程で、ヒトのゲノムは十分に変化し、DNAの塩基配列に何千ものわずかな個体差が生じていた。「DNA多型（さまざまな形）」と呼ばれるこうした個体差は、対立遺伝子や変異のようなものだが、それ自身は必ずしも遺伝子の中に存在しているわけではなく、遺伝子と遺伝子のあいだの長いDNAや、イントロンの中に存在している場合もある。

人間の目の色や皮膚の色というのは多種多様だが、DNA多型はそれらの分子バージョンのようなものだと考えていい。たとえば、ある家系は染色体の特定の位置にAC|AAGTCCという配列を持つが、べつの家系は同じ位置にAG|AAGTCCという配列を持ち、両者では一塩基のちがいがある。† 毛髪の色や免疫反応とはちがって、そうした多型は表現

† 一九七八年、べつのふたりの研究者、Y・ワイ・カンとアンドレー・ドージーが鎌状赤血球症遺伝子の近くにDNA多型を見つけ、それを目印に、鎌状赤血球症遺伝子の遺伝パターンを追いかけた。[*5] メイナード・オルソンらも一九七〇年代後半に、DNA多型を用いた遺伝子地図づくりについて説明している。

型や遺伝子の機能を変化させることがないために、人間の目には見えない。したがって標準的な生物学的・身体的形質から見極めることはできないが、分子的な技術を使うことによって識別できる。たとえば、AC|AAGを認識して切断するが、AG|AAGは認識しないDNA切断酵素（制限酵素）を使えば、塩基配列のちがいを区別できるのだ。

ボットスタインとデイヴィスが一九七〇年代に酵母と細菌のゲノム上にDNA多型を初めて発見したとき、彼らはそれをどう利用すればいいかわからなかった。[*6] ふたりは同じ時期に、人間のゲノムでもDNA多型が散在しているのを見つけていたが、人間のゲノムにはどの程度のDNA多型が存在するのかも、どこに存在するのかもわからなかった。詩人のルイス・マクネイスはかつて「多様な物事がもたらす、酔っぱらったような」感覚について書いている。[*7] 酔いしれた人類遺伝学者はもしかしたら、ゲノム上にわずかな分子的多様性が不規則に（そばかすのように）ちりばめられているという考えにある種の喜びを感じたかもしれない。だが、この情報が役に立つとはとうてい思えなかった。この現象は完璧に美しいと同時に、なんの役にも立たない可能性があった。そばかすの地図のように。

だがユタ州でのその朝、クラヴィッツの発表を聴いていたボットスタインの頭に、ある魅力的な考えが浮かんだ。もしそのような多型の道標がヒトのゲノムに存在するとしたら、遺伝形質を多型のひとつに一対一で関連づけることによって、どんな遺伝子の染色体上の位置も突き止められるのではないか。そばかすの地図は役立たずではなかった。遺伝子の配置を表すのに使うことができるのだから。DNA多型はゲノムに内在するGPSのようなものであり、遺伝子の位置は多型のひとつとの関連性によってピンポイントで示すことができる。昼食の時間がやってくるころには、ボットスタインはあまりの興奮でくらくらしていた。スコルニックがヘモクロマトーシス遺伝子の地図をつくるために一〇年近くもかけて免疫反応マーカーを探していると知ったボットスタインは、彼に言った。「私たちのマーカーをあげますよ……ゲノムじゅうに散らばったマーカーです」*8

人間の遺伝子地図をつくるうえで重要なのは、遺伝子を見つけることではなく、人間を見つけることだとボットスタインは気づいた。どんなものであれ、あるひとつの遺伝形質を受け継いでいる十分に大きな規模の家系が見つかり、ゲノムじゅうに散在している多型マーカーとその形質とを関連づけることができたなら、遺伝子地図を簡単につくれるはずだった。ある家系の中で囊胞性線維症を患っている人全員が、あるDNA多型マーカー（たとえば、七番染色体の端に存在する多型X遺伝子）を必ず「一緒に受け継いでいる」としたら、囊胞性線維症の遺伝子がそのすぐそばに存在していることがわかるからだ。

ボットスタイン、デイヴィス、スコルニック、そして人類遺伝学者のレイ・ホワイトは、遺伝子地図づくりについてのこの考えを一九八〇年に《アメリカン・ジャーナル・オブ・ヒューマン・ジェネティクス》に発表した。「ヒトゲノムの遺伝子……地図の新しい基礎的構造について説明する」[*9]とボットスタインは書いている。それは、あまり知名度の高くない雑誌の真ん中あたりに押し込まれた一風変わった論文で、統計データや数学の方程式の脚注がついた、メンデルの古典的論文を彷彿《ほうふつ》とさせるものだった。

このデータの持つ意味が完全に理解されるまでにはしばらく時間がかかった。前述したように、遺伝学の重要な概念はつねに移行する。形質の統計的な分析から遺伝の単位へ、遺伝子からDNAへ、といった具合に。ボットスタインもまた、決定的な概念上の移行をした。受け継がれる生物学的な性質としての遺伝子から、遺伝子の染色体上の物理的な位置へと。

一九七八年、心理学者のナンシー・ウェクスラーは、レイ・ホワイトと、マサチューセッツ工科大学の遺伝学者デイヴィッド・ハウスマンとの手紙のやりとりで、ボットスタインの遺伝子地図づくりについての説を知った。彼女がその話に興味をひかれたのは、ある辛い理由があったからだ。ウェクスラーが二二歳だった一九六八年、母親のレオノーレ・ウェクスラーはロサンゼルスの通りをふらふらと歩いて横断し、警察に厳しく注意された。

レオノーレはときおり不可解なうつ症状に襲われることがあったが、病気とはみなされていなかった。かつてニューヨークのスウィング・バンドのメンバーだったレオノーレの兄弟、ポールとシーモアは一九五〇年代にハンチントン病というまれな遺伝性の症候群と診断されていた。手品をすることが好きだったセールスマンの兄のジェシーも、手品の最中に指が勝手に動くことに気づき、やはりハンチントン病と診断された。彼らの父親のエイブラハム・サビンは一九二九年にハンチントン病のために亡くなっていた。一九六八年五月、レオノーレは神経内科医を受診し、ハンチントン病と診断された。

一八七〇年代に初めてこの病気の症状を報告したロングアイランドの医師の名前がつけられたハンチントン病はかつて、ハンチントン舞踏《ぶとう》病（Huntington's chorea）と呼ばれていた（*chorea* とは「踊り」を意味するギリシャ語である）。だがこの場合の「踊り」はもちろん、普通の踊りとはまったくちがう。それは脳の機能が障害されたために起きる不吉な症状であり、楽しさのかけらもない病的なパロディーだ。優性遺伝子である（ひとつの遺伝子だけで発症する）変異したハンチントン病遺伝子を受け継いだ患者は、三十代から四十代までは気分にむらがあったり、引きこもったりしやすい傾向にはあるものの、神経学的には正常だ。その後、見過ごしてしまいそうなほどかすかな不規則運動が現れる。しだいに物を握るのがむずかしくなり、ワイングラスや腕時計が指のあいだから落ち、やがて顔面や四肢のすばやい動きが現れる。最終的には、あたかも悪魔の音楽に合わせているかのように、自分の意思とは関係なく、体が勝手に「踊り」出す。手脚がねじれるように、円を描くように勝手に動き、途中にスタッカートやリズミカルな振動が差しはさまれる。「まるで巨大な操り人形のショーを見ているかのようだった……患者は目には見えない人形師にぐいぐい引っぱられているかのようだった」[*10]。末期になると認知機能が大きく低下し、運動機能はほぼ完全に失われ、患者は栄養失調や、認知症や、感染症のために亡くなる。しかし「踊り」は最後まで止まらない。

ハンチントン病の残酷さのひとつは、発症が遅いという点だ。ハンチントン病の遺伝子を受け継いだ者は、三十代か四十代になって初めて、つまり子供を持ったあとに初めて自分の運命を知る。だからこそ、この病は存在しつづけているのだ。ハンチントン病のすべての患者がハンチントン病遺伝子の正常なコピーと変異したコピーを持っているために、その子供がハンチントン病にかかる確率はつねに五〇パーセントだ。ナンシー・ウェクスラーの言葉を借りるなら[*11]、そのような子供たちにとって、人生はまるで「残酷なルーレットのようなものであり、発病を待つゲームのようなもの」[*12]だ。こうした宙ぶらりんの状態の恐怖について、ある患者は次のように書いている。「どこでグレーゾーンが終わって、もっと暗い運命が始まるのかわからなかった……だから私は病気が発症したらどうしようとか、その衝撃はどんなものだろうかと考えながら、恐ろしい待機ゲームをしていた[13]」

ナンシーの父親で、ロサンゼルスで臨床心理士として働いていたミルトン・ウェクスラーは一九六八年、妻の病気についてふたりの娘に打ち明けた[14]。ナンシーとアリスにはまだなんの症状も出ていなかったが、同じ病気を受け継いでいる確率はどちらの場合も五〇パーセントだった。だが、受け継いでいるかどうかを調べる遺伝子検査は存在しなかった。「おまえたちが同じ病気を発症する可能性は、それぞれ二分の一だ」とミルトン・ウェクスラーは娘たちに言った。「もし発症したなら、おまえたちの娘も二分の一の確率で同じ病気を発症することになる[15]」

「わたしたちはお互いにしがみついて泣いた」とナンシーは回想している。「病気がやってきて、わたしを殺すのをただ待っているしかないなんて、耐えられなかった」

その年、ミルトン・ウェクスラーは〈遺伝性疾患基金〉という名の非営利組織を立ち上げた[16]。ハンチントン病などのまれな遺伝性疾患の研究に資金を提供するための組織だ。ハンチントン病の遺伝子を見つけることが診断や治療、そして完治に向けた第一歩になるはずだとウェクスラーは考えていた。そうすれば娘たちも病気を予測し、計画を立てることができる。

その間にも、レオノーレ・ウェクスラーは病気の深い裂け目に落ちていった。ろれつがまわらなくなった。「新しい靴を買っても、母に履かせるとすぐに擦り切れた」と彼女の娘は回想している。「介護施設では、母はベッドと壁のあいだの狭い隙間に置かれた椅子に座っていた。それ以外のどこに椅子を置いても、絶えず体が動いているせいで椅子はだんだん壁に近づいていって、最後にはしっくいの壁に頭を打ちつけるようになったから……わたしたちは母の体重を増やそうとした。理由はわからないけれど、ハンチントン病の患者は体重が重いときのほうが症状が軽かったの。でもずっと動いているせいで、結局、痩せてしまったけれど……母は一度、茶目っ気たっぷりな笑みを浮かべて、ターキッシュ・ディライトをたったの三〇分で二〇〇グラムもうれしそうにたいらげたことがあったけど、それでも体重は増えなかった。わたしのほうは太ったけれど。母の相手をするためにたくさん食べたから。泣かないようにするために[*17]」

一九七八年の五月一四日、母の日に、レオノーレは亡くなった。[*18] 一九七九年の一〇月、〈遺伝性疾患基金〉のナンシー・ウェクスラー、デイヴィッド・ハウスマン、レイ・ホワイト、デイヴィッド・ボットスタインが遺伝子地図づくりのための最良の戦略について話し合うために、NIHでワークショップを開いた。[*19] ボットスタインの遺伝子地図づくりの方法は、いまだに理論上のものにすぎず（それまでのところ、その方法を用いて位置が突き止められたヒトの遺伝子はなかった)、その方法でハンチントン病の遺伝子の位置を突き止められる可能性はほとんどなかった。結局のところ、ボットスタインの方法は疾患とマーカーとの関連性に決定的に依存していたからだ。患者が多ければ多いほど関連性は強くなり、遺伝子地図は正確なものになるが、ハンチントン病の患者はアメリカで数万人しかおらず、それも各地に散らばっていたために、この方法はハンチントン病にはまったく向いていないと思われた。

それでも、ナンシー・ウェクスラーは遺伝子地図のイメージを頭の中から消すことができなかった。数年前、ミルトン・ウェクスラーはベネズエラの神経内科医から、ベネズエラのマラカイボ湖畔の隣り合うふたつの村、バランキタスとラグネタスでは、ハンチントン病の患者が驚くほど多いという話を聞いた。その神経内科医が撮影した白黒のホームビデオの中には、一〇人以上の村人が通りをさまよっている姿や、人々の四肢が不随意に動いている様子が映っていた。その村にはまちがいなく、ハンチントン病の患者が大勢いた。ボットスタインの方法が役立つチャンスが少しでもあるならば、ベネズエラ人集団の遺伝子を手に入れなければならないとナンシー・ウェクスラーは考えた。彼女の家族の病気の遺伝子が見つかる可能性が高いのは、ロサンゼルスから数千キロも離れたバランキタスだった。

一九七九年七月、ナンシー・ウェクスラーはハンチントン病遺伝子をつかまえるためにベネズエラに向けて旅立った。「これまでの人生で、何かが絶対に正しいと確信したことは数回しかなかったけれど、そんなときには、じっとしてはいられなかった[*20]」と彼女は書いている。

バランキタス村を訪れた旅行者は最初、村人には何も変わったところはないと思う。[*21]埃《ほこり》っぽい道を男が歩き、その後ろを上半身裸の子供たちが続いている。花柄のワンピースを着た黒髪の痩せた女性がブリキ屋根の小屋から姿を現し、市場へ向かう。ふたりの男が向かい合って座り、会話をしながらトランプをしている。

しかしそんな第一印象はすぐに変わる。男の歩き方がどこかひどく不自然なのだ。数歩歩くたびに、体がいきなりすばやく動き、片手が宙に弧を描く。びくっとして横に跳び、それからまた態勢を立て直す。ときどき、顔の筋肉がゆがんでしかめっ面になる。女性の両手もまた、ねじれたり、よじれたりしながら、体のまわりの透明な半円をたどる。女性はひどく痩せていて、よだれを垂らしている。認知症も進行しているようだ。会話をしているふたりの男たちのひとりが突如、乱暴に片腕を投げ出し、それからまた、まるで何事もなかったかのように会話を始める。

一九五〇年代に初めてバランキタスを訪れたベネズエラの神経内科医アメリコ・ネグレテは、アルコール依存症患者ばかりの村に出くわしたのだと思った。[*22] だがすぐにまちがいだと気づいた。認知症や、顔のけいれんや、筋肉の萎縮や、不随意運動という症状を示しているすべての男女が遺伝性の神経疾患であるハンチントン病を患っていたのだ。アメリカでは、ハンチントン病はきわめてまれであり、患者は一万人にひとりしかいないが、バランキタスのある領域と、隣村のラグネタスではそれとは対照的に、二〇人にひとり以上の男女が患者だった。[*23]

一九七九年七月、ナンシー・ウェクスラーはマラカイボに到着した。地元の人を八人雇って、湖沿いのバリオ（貧困地区）を訪ね、ハンチントン病の患者と健康な人々の家系図をつくっていった（ウェクスラーは臨床心理士だったが、そのころまでにはハンチントン病をはじめとする神経変性疾患の世界的な第一人者になっていた）。「研究所としてはありえない場所だった」と彼女の助手は回想している。仮設の外来診療施設がつくられ、神経内科医はそこで診断したり、それぞれの症状を記録したり、患者に情報や支持療法を提供したりした。ウェクスラーはとりわけ、変異したハンチントン病遺伝子をふたつ受け継いでいる患者、つまり「ホモ接合体[*24]」に興味を覚えていた。そのような患者を見つけるためには、両親がふたりともハンチントン病を患う家族を見つける必要があった。ある朝、地元の漁師が重要な知らせをもたらした。湖沿いに二時間ほど行ったところにボート小屋があって、そこに暮らす大勢の家族が病気にかかっている。湖を渡ってその村まで行ってみたいかい？

もちろん、行ってみたかった。翌日、ウェクスラーとアシスタントふたりはボートに乗って「水上の村」と呼ばれる高床式家屋の並ぶ村に向けて出発した。うだるような暑さのなか、三人はよどんだ水の上を何時間もかけて進んでいった。入り江を曲がったところで、茶色のワンピースを着た女性がポーチの上であぐらをかいて座っているのが見えた。女性はボートを見て驚き、立ち上がって家の中に入ろうとした。が、そこでいきなり、ハンチントン病に特徴的な舞踏《ぶとう》様のすばやい動きが現れた。自宅から一大陸隔てた場所で、ウェクスラーは胸が痛くなるほどに見覚えのある舞踏を目の当たりにしたのだ。「それはあまりに異様で、それでいてあまりになじみ深い光景だった」と彼女は回想している。「わたしは親近感と疎外感を同時に感じた。ほんとうに圧倒されたわ」[*25]

ほどなくして、ウェクスラーたちは村の中心部にたどり着いた。夫婦がそれぞれのハンモックに横になったまま、体を揺らし、踊っていた。夫婦には子供が一四人いた。ウェクスラーは子供たちと、さらにその子供たちについての情報を集め、家系図を広げていった。

数カ月後には、何百人ものハンチントン病の男女と子供のリストができあがっていた。その後の数カ月以内に、訓練を受けた看護師と医師のチームを連れてウェクスラーは村をふたたび訪れ、今度は人々の血液を採取した。根気強く血液を集め、人々の家系図を組み立てていった。*[26] 血液はその後、ボストンのマサチューセッツ総合病院のジェームズ・グゼラの研究室とインディアナ大学の集団遺伝学者マイケル・コネアリーのもとへ送られた。

ボストンのグゼラは血液細胞のDNAを精製して、いくつもの酵素で切断し、ハンチントン病に関連している可能性のあるDNA多型を探した。コネアリーのグループはそうして見つかったDNA多型とハンチントン病との統計学的な関連性を数値化するためにデータを分析した。三つのチームはいずれも、研究には時間がかかるだろうと踏んでいた。なにしろ、何千ものDNA多型をふるいにかけなければならなかったからだ。しかし、彼らの予想ははずれた。血液が到着してからかろうじて三年が過ぎた一九八三年に、グゼラのチームは、四番染色体上に存在するDNA多型のひとつがハンチントン病と驚くほど強く関連していることを発見したのだ。グゼラのチームはアメリカのある小規模なハンチントン病患者集団の血液も採取していたのだが、その集団でも、四番染色体上の道標と病気との関連性が見られた。*[27] ふたつの独立した家系が同じ関連性を示したことから、遺伝子の関連性はほぼ疑いの余地がなくなった。

一九八三年八月、ウェクスラー、グゼラ、コネアリーは《ネイチャー》に論文を発表し、その中で、ハンチントン病遺伝子が四番染色体上の遠くの前哨地のような領域（4p16.3）のどこかに存在することを明確に示した。[*28] それはゲノムの中でもとりわけ奇妙な領域だった。未知の遺伝子がいくつか存在しているだけで、それ以外にはタンパク質をコードしている領域がほとんどなかったからだ。遺伝学者のチームにとっては、まるで見捨てられた上陸拠点にボートがいきなりたどり着いたような感じだった。見渡すかぎり、なんの道しるべもなかった。

連鎖解析によってある遺伝子の染色体上の位置を突き止めるという作業は、宇宙から大都市へとズームインするのに似ている。その結果、遺伝子のより正確な位置はわかるが、遺伝子そのものを特定するまでの道のりはまだ遠い。次の段階としては、より多くの関連マーカーを使って、さらに狭い染色体上の領域へと遺伝子の位置を絞っていき、遺伝子地図をより緻密なものにしていかなければならない。区域から小区域へ、近隣からブロックへと。

最終段階は信じがたいほど骨の折れる作業だ。犯人と思われる遺伝子を含む染色体の領域を細かく分割し、そうしてできたＤＮＡ断片をヒトの細胞から単離して、酵母、あるいは細菌の染色体に挿入して無数のコピーをつくらせ（クローニング）、DNA断片のコピーを解読して解析し、そこに目的の遺伝子が含まれているかを調べる。この過程が何度も繰り返されるのだ。DNA断片が残らず解読されて再チェックされ、やがて、DNA断片から候補遺伝子が特定される。最後に、正常な人と患者で、その遺伝子を解読し、遺伝性疾患を患っている患者ではその遺伝子が変異していることを確認する。それはまるで、犯人を見つけ出すために家を一軒一軒まわるような作業だった。

一九九三年の寒々とした二月の朝、ジェームズ・グゼラのもとに彼の研究室のシニアポスドクからEメールが届いた。件名はひと言、「ビンゴ」。ついに目的の遺伝子が見つかったのだ。ハンチントン病遺伝子の四番染色体上の位置が突き止められた。一九八三年以来、第一線で活躍する六人の研究者と五八人の科学者からなる国際的なチーム（〈遺伝性疾患基金〉が立ち上げ、助成していた）が、四番染色体上のハンチントン病遺伝子をつかまえようと、気が滅入るような一〇年間を過ごしてきた。遺伝子を単離するためのあらゆる近道を試してはみたものの、どれもうまくいかず、最初のころの運はもう尽きはててしまったかのように思えた。失望感とともに、チームは遺伝子をひとつひとつあたっていくことにした。一九九二年、チームはある遺伝子に少しずつ照準を合わせていった。最初は

IT15（興味深い転写産物 interesting transcript 15）と呼ばれていたその遺伝子はのちに、ハンチンチン *Huntingtin* と改名された。

IT15は巨大なタンパク質をコードしていることがわかった。じつに三一四四個ものアミノ酸からなる生化学の巨獣で、ヒトの体のたいていのタンパク質よりも大きい（インスリンはわずか五一個のアミノ酸からなる）。その二月の朝、グゼラのポスドクは正常な人の集団とハンチントン病の患者の集団でIT15遺伝子を解読した。シークエンシング・ゲル上のバンドの数を数えた結果、患者と、その正常な親戚とのあいだに明確なちがいがあることがわかった。ついに、候補遺伝子が見つかったのだ。[29]

グゼラから電話がかかってきたとき、ウェクスラーはちょうど、血液サンプルを集めるためにふたたびベネズエラへたとうとしているところだった。彼女は胸がいっぱいになり、涙が止まらなくなった。「ついに見つかった。ついに」[30]と彼女はインタビュアーに語った。「まさしく〝夜への長い航路〟（劇作家ユージン・オニールの代表作。それぞれ問題を抱える四人の家族の長い一日を描いた物語）だった」

ハンチンチンタンパク質は神経細胞と精巣組織に存在し、マウスでは、脳の発達に必要なタンパク質であることが知られている。病気を引き起こす変異はかなり謎めいている。正常なハンチンチン遺伝子には、CAGCAGCAG……のように、CAGという三つの塩基が繰り返されている単調な部分があり、繰り返しの回数は平均で一七回である（一〇回の人もいれば、三五回の人もいる）。ハンチントン病患者で見つかる遺伝子変異は風変わりだ。たとえば鎌状赤血球症では、変異によってタンパク質のアミノ酸が一個変化しているのに対し、ハンチントン病の場合は、アミノ酸が一、二個増えるような変異ではなく、この繰り返し（リピート）の回数が増えている。正常の遺伝子では三五回以下なのに対し、変異遺伝子では四〇回以上となっているのだ。リピート数が多いために、ハンチンチンタンパク質は長くなる。この伸長した異常タンパク質が神経細胞に凝集して細胞内に蓄積し、その結果、神経細胞の死や機能不全が引き起こされる。

なぜこのような分子的な繰り返し、すなわちリピート数の変化が生じるのかは不明だ。遺伝子のコピーミスの可能性も示唆されており、DNAを複製する酵素がリピートに余分なCAGを加えてしまうのではないかと考えられている。子供がMississippi（ミシシッピ）と書こうとしてsを余分に書いてしまうように。ハンチントン病の遺伝についての著しい特徴は、「表現促進現象」と呼ばれる現象だ[*31]。ハンチントン病の家系では、遺伝子が親から子へと受け継がれる際に、リピート数が伸び、最終的に五〇から六〇に達する（一度Mississippiのスペルをまちがえた子供が、余分なsをさらにつけ加えていくような感じだ）。リピート数が長くなればなるほど若年で発症し、重症化することがわかっている。

ベネズエラでは、一二歳の少年や少女までもが発症しており、その中には七〇から八〇のリピート数を持つ患者もいる。

染色体上の物理的な位置にもとづいて遺伝子の地図を作成するというデイヴィスとボットスタインの方法（のちに、ポジショナルクローニングと名づけられた）は、人類遺伝学を大きく変容させることになった。一九八九年、その方法を用いて、肺、膵臓、胆管、腸管に病変を持つ重篤な疾患である嚢胞性線維症の原因遺伝子が特定された。ベネズエラの例を除いて、ハンチントン病を引き起こす遺伝子変異はきわめてまれなのに対し、嚢胞性線維症の原因となるCF遺伝子の変異を持つ人は多く、ヨーロッパでは二五人にひとりが保因者である。変異したCF遺伝子のコピーをひとつだけ持っていてもたいていは発病しないが、両親がどちらも保因者の場合には、その子供が変異したCF遺伝子のコピーをふたつ受け継ぐ確率は四分の一となる。変異したCF遺伝子をふたつ受け継いだ場合、その子供は死に至る可能性があるうえに、変異の中には浸透率が一〇〇パーセント近いものもある。一九八〇年代までは、変異したCF遺伝子のコピーをふたつ受け継いだ子供の平均寿命は二〇年だった。

何世紀ものあいだ、嚢胞性線維症は塩と分泌に関係しているのではないかと考えられてきた。スイスの子供の歌やゲームについて書かれた一八五七年の年鑑には、「眉毛にキスしたときに塩辛く感じる」子供の健康に注意するようにと書かれている。[*32] この疾患にかかった子供は汗腺から大量の塩分を分泌することが知られており、汗に濡れた服をワイヤにかけて乾かすと、まるで海水にさらされたようにワイヤがさびつくほどだった。肺の分泌液は著しく粘稠《ねんちゅう》で、そのせいで気道が閉塞した。痰の詰まった気道は細菌の温床になり、患者はたびたび重症の肺炎を患い、肺炎は最も多い死因のひとつだった。自分自身の分泌液に体が溺れそうになるという恐ろしい人生の先に待っていたのは、恐ろしい死だった。一五九五年、オランダのライデンの解剖学の教授がある子供の死について次のように記している。「心臓は心膜の中で緑色の有毒な液体に浮かんでいた。死因は、異様に膨張した膵臓だった……その少女はとても痩せていて、猩紅熱《しょうこうねつ》のために疲弊していた。変動する、持続性の高熱が見られた」。[*33] 彼が書いていたのはまちがいなく、嚢胞性線維症の症例だった。

一九八五年、トロントで研究していた人類遺伝学者のラップ・チー・ツイが、変異したCF遺伝子に連鎖している「無名のマーカー」（ボットスタインが提唱したところのDNA多型のひとつ）を見つけた。[*34] マーカーはすぐに、七番染色体上にあることが突き止められたが、CF遺伝子は七番染色体上の荒野のどこかに隠れたままだった。CF遺伝子を含む可能性のある領域をしだいに絞っていきながら、ツイは遺伝子を追いかけつづけた。ミシガン大学の人類遺伝学者フランシス・コリンズと、同じくトロントで研究しているジャック・リオダンも探索に加わった。コリンズは標準的な遺伝子探索の方法に巧みな修正を加えた。遺伝子の地図づくりでは、研究者はたいてい染色体に沿って「歩く」。小さな領域をクローニングしては、次の領域に進むといった具合に、隣接し、一部重複している領域を少しずつクローニングしていくのだ。それはとても骨の折れる作業であり、拳を隙間なく重ねながら少しずつロープをよじ登っていくようなものだ。しかしコリンズの方法によって、拳を隙間なく重ねるのではなく、ロープの遠くのほうを次々とつかみながら染色体を登ったり降りたりできるようになった。コリンズはその方法を染色体「ジャンピング」と名づけた。

一九八九年の春には、コリンズとツイとリオダンは、染色体ジャンピングを使って七番染色体の数個の候補遺伝子にまでCF遺伝子を絞り込んでいた。*35 残された仕事はそれらの遺伝子を解読してその正体を突き止め、CF遺伝子の機能を障害している変異を明らかにすることだった。その年の夏、土砂降りの夕方に、ベセスダで開催中の遺伝子地図づくりのワークショップに参加していたコリンズとツイは、ファックス機のそばに立ったまま、コリンズの研究室のポスドクから遺伝子解読の結果を知らせるファックスが送られてくるのを今か今かと待っていた。ATGCCGGTC……という塩基配列の書かれた紙が送り出されると、コリンズは新事実が明らかになっていくさまを見守った。嚢胞性線維症の子供では一貫して、ある一種類の遺伝子コピーが両方とも変異していたのに対し、その子供の無症状の両親では、そのコピーの片方だけに同じ変異が見られたのだ。

CF遺伝子は細胞膜を介した塩分の移動を調節している分子をコードしている。最も一般的な変異はDNAの三塩基の欠損で、その結果、CFタンパク質のアミノ酸が一個欠損する（遺伝子の言語では、塩基三つがアミノ酸一個を指定している）。この欠損のために、細胞膜を介する塩化物（塩化ナトリウム、つまり塩の構成成分である）の輸送ができない機能不全のタンパク質がつくられる。汗の中の塩分は体に再吸収されず、特徴的な塩辛い汗になる。水分と塩分の腸管への分泌も障害されるために、さまざまな腹部の症状が出る†（八七頁）。

人類遺伝学者にとって、CF遺伝子のクローニングは歴史的な達成だった。数カ月のうちに、変異した遺伝子のコピーの有無を調べる診断的な検査が誕生した。一九九〇年代初頭までには、両親が変異した遺伝子のコピーを保有しているかどうかを検査できるようになり、嚢胞性線維症が胎児の段階で診断されるようになった。その結果、両親は妊娠中絶を考慮したり、子供の初期症状を見逃さないように注意したりできるようになり、両親とも変異した遺伝子のコピーを少なくともひとつ持っている「保因者カップル」の場合には、子供をつくらないか、養子を取るか決めることができるようになった。両親に対する保因者検査と出生前診断を組み合わせた結果、変異コピーの保因者の最も多い集団において嚢胞性線維症の子供が生まれてくる頻度はここ一〇年で三〇パーセントから四〇パーセントも減少した[*36]。一九九三年、ニューヨークの病院は、アシュケナージ系ユダヤ人に対して、三つの遺伝性疾患、すなわち嚢胞性線維症、ゴーシェ病、テイ・サックス病のスクリーニング検査をおこなうという大規模なプログラムを開始した[*37]（アシュケナージ系ユダヤ人集団では、これら三疾患の原因となる変異遺伝子コピーの保因者が高頻度で存在することが知られている）。保因者検査を受けるかどうかも、出生前診断のために羊水検査を受けるかどうかも、胎児に異常が見つかった場合に妊娠中絶をおこなうかどうかも、すべて両親の自由意思に委ねられていた。その病院では、このプログラムの開始以来、それら三つの遺伝性疾患を患った子供はひとりも生まれていない。

バーグとジャクソンが最初の組み換えDNAを作製した一九七一年からハンチントン病の遺伝子が特定された一九九三年までのあいだに起きた遺伝学の変容を概念化することは重要である。一九五〇年代末までには、DNAが遺伝学の「主要な分子」だということはわかっていたものの、当時はまだ、DNAを解読したり、合成したり、改変したり、操作したりする方法は存在しなかった。数例の注目すべき例外はあったものの、それ以外は、人間の病気の遺伝的な基盤はほとんど知られておらず、鎌状赤血球症、サラセミア（地中海貧血）、血友病Bといったわずかな病気しか原因遺伝子と結びつけられてはいなかった。臨床的に可能な遺伝的介入は羊水穿刺と妊娠中絶だけであり、インスリンと凝固因子はそれぞれブタの臓器とヒトの血液から分離されていた。遺伝子工学によってつくられた薬は

† 変異したCF遺伝子を持つヨーロッパ人が多いのはなぜなのか。遺伝学者は長年のあいだ頭を悩ませてきた。囊胞性線維症がそれほど致死的な病気なら、なぜその遺伝子は進化の選択によって淘汰されなかったのだろう？　最近の研究から刺激的な説が生まれた。それは、変異したCF遺伝子はコレラ菌感染の際に選択的な利点をもたらすのではないか、というものだった。人間がコレラにかかると、重症の下痢によって水分と塩分が急速に失われ、脱水症状や代謝異常が引き起こされて死に至る。変異したCF遺伝子のコピーをひとつだけ持つ人は、細胞膜を介して水分と塩分を失わせる能力がわずかに障害されているために、コレラによる合併症が比較的軽くすむ（このことは、遺伝子組み換えマウスによって示されている）。ここでもまた、遺伝子変異は状況に依存した二重の効果を持っている。変異遺伝子をひとつだけ持つ場合には利点となり、ふたつ持つ場合には致死的となる。変異したCF遺伝子をひとつだけ持つ人々はおそらく、ヨーロッパでのコレラの流行を生き延びたのだろう。そのような男女が出会って子供をもうけたなら、変異CF遺伝子をふたつ受け継いだ子供（つまり囊胞性線維症の子供）が生まれる確率は四分の一となるが、それでも、選択的な利点が充分に強かったために、変異したCF遺伝子はヨーロッパの人々の中で存続することになったと考えられている。

存在しておらず、人間の遺伝子を人間の細胞以外の場所で意図的に発現させたことは一度もなかった。外来遺伝子によってある個体のゲノムを変化させたり、ある個体に本来備わっている遺伝子を意図的に変異させたりするといったようなことは、どんな技術をもってしても達成不可能に思えた。オックスフォード辞典には「バイオテクノロジー」という単語すら載っていなかった。

その二〇年後、遺伝学の景色は目を見張るほどに変化していた。人間の遺伝子の地図がつくられ、遺伝子が単離され、解読され、合成され、クローニングされ、組み換えられ、細菌に導入され、ウイルスのゲノムに入れられ、薬をつくるのに使われるようになっていた。物理学者で歴史学者のイーヴリン・フォックス・ケラーは次のように述べている。*38

「分子生物学者が自らDNAを操作できる技術を発見したのを機に、〝生まれ〟の不変性というわれわれの歴史的な感覚を決定的に変化させる技術的なノウハウが出現した。

それまでずっと、〝生まれ〟は運命を意味し、〝育ち〟は自由を意味すると考えられてきたが、今ではもう、そのふたつの役目が逆転したように思える……われわれは後者（つまり環境）よりも前者（つまり遺伝子）のほうを支配しようとしている。長期的な目標としてではなく、近い将来の展望として」

新たな発見が次々ともたらされる七〇年代の幕が開ける前年の一九六九年、遺伝学者のロバート・シンスハイマーが未来についてのエッセイを書いた。その中で彼は、遺伝子を合成し、解読し、操作する能力によって、「人類の歴史に新たな地平線[*39]」が現れるはずだと論じた。

「なかには笑みを浮かべ、これこそが完璧な人間という古い夢の新しいバージョンなのだと感じる者もいるだろう。確かにそうだ。が、それだけではない。人間の文化的な完璧さという古い夢はつねに、生まれつきの遺伝的な不完全さによって厳しく抑制されてきた……われわれは今、べつの道を垣間見ている。この驚くべき二〇億年の進化の産物を、現在のビジョンをはるかに超えて意図的に完璧にするという可能性を目にしているのだ[*40]」

しかし、こうした生物学的な革命を予期していた科学者の中には、それほど楽天的ではない者もいた。たとえば遺伝学者のＪ・Ｂ・Ｓ・ホールデンは一九二三年にこう述べている。いったん遺伝子を支配する力が利用されるようになったら、「どんな信条も、価値観も、制度も、確かなものではなくなる[*41]」

「ゲノムを捕まえる」

狩りに行こう、狩りに行こう！
キツネを捕まえて、カゴに入れよう、
そして逃がそう。

——一八世紀の子供の歌

われわれ自身のゲノムの塩基配列を読むというこの能力には、哲学的なパラドックスの要素が含まれている。知的な存在は自分自身をつくる仕様書を理解できるのだろうか？*1

——ジョン・サルストン

ルネサンスの造船学者はよく、新世界の発見へとつながった一四〇〇年代末から一五〇〇年代の大洋横断航海術の爆発的な成長を促した技術とはなんだったのかを議論した。ある陣営が主張するように、それはガレオン船や、大型武装商船や、フライトなどのより大きな船をつくる能力だったのだろうか？　それとも、べつの陣営が主張するように、優れた天体観測器や、航海士のコンパスや、初期の六分儀などの新しい航海技術の発明だったのだろうか？

科学や技術の歴史でも、飛躍的な前進はふたつの基本的な形でもたらされるように思われる。ひとつめは、規模の変化であり、その場合は、大きさや規模が変化しただけで重要な前進がもたらされる（あるエンジニアの有名な言葉にあるように、月ロケットは巨大なジェット機を空に向かって垂直に飛ばしただけである）。ふたつめは概念の変化であり、その場合には、斬新な概念や考えが登場したために前進がもたらされる。実際には、これらふたつのどちらかだけが起きているわけではなく、ふたつの要因が互いの影響を増強しあっている。規模の変化は概念の変化を可能にし、新しい概念は新しい規模を必要とする。顕微鏡は肉眼では見えない世界への扉を開け、細胞や細胞小器官が見えるようになった結果、細胞の構造や生理機能についての疑問が生まれた。そして、細胞内区画の構造や機能を理解するために、さらに強力な顕微鏡が必要になった。

一九七〇年半ばから一九八〇年半ばにかけて、遺伝学者は遺伝子クローニング、遺伝子地図づくり、分断遺伝子（イントロンによって遺伝情報が分断されている遺伝子）、遺伝子工学、遺伝子調節の新しいモードなど、さまざまな概念の変化を目の当たりにしたが、規模の変化を目にすることはなかった。数十年のあいだに、何百もの遺伝子がその機能的な性質にもとづいて単離され、解読され、クローニングされたが、ある生物のすべての遺伝子を網羅したカタログは存在しなかった。原理上は、生物のゲノム全体を解読する技術はすでに開発されていたにもかかわらず、それに費やされる膨大な労力を前に、科学者たちは尻込みしていたのだ。フレデリック・サンガーが一九七七年にΦX《ファイエックス》ウイルスの五三八六塩基対からなるゲノムの解読に成功した際には、その数が遺伝子解読能力の限界を示していた。[*2] ヒトのゲノムは三〇億九五六七万七四一二塩基対からなる。[*3] 規模の変化はじつに五七万四〇〇〇倍だった。

人間の疾患関連遺伝子が単離されたことをきっかけに、網羅的な遺伝子解読の潜在的な利点が浮き彫りになった。一九九〇年代初頭には、人間の重要な遺伝子の地図がつくられたり、特定されたりしていることを大衆紙が称賛していたが、その最中ですら、遺伝学者や患者はひそかに、そのプロセスがいかに非効率的でいかに大変かという点について懸念を口にしていた。ハンチントン病を例に挙げてみても、ひとりの患者（ナンシー・ウェクスラーの母）から原因遺伝子に到達するまでには、二五年もかかった（ハンチントンによる最初の症例報告から数えたなら、じつに一二一年ということになる)。遺伝性乳がんは古代から知られていたが、最も一般的な乳がん関連遺伝子であるBRCA1遺伝子がようやく特定されたのは一九九四年のことだった。[*4] 嚢胞性線維症遺伝子を単離するのに使われた染色体ジャンピングなどの新技術をもってしても、遺伝子を発見し、その位置を突き止めるまでには膨大な時間を要したのだ。[*5] 線虫の研究をしていた生物学者のジョン・サルストンはこう指摘している。「十分な数の並外れた頭脳の持ち主がヒトの遺伝子を見つけようと努力しているが、もしかしたら彼らは、重要かもしれない短い塩基配列についてあれこれ考えることにばかり時間を浪費しているのかもしれない[*6]」。遺伝子をひとつずつ単離していくというアプローチは、いずれ行き詰まるのではないかとサルストンは心配していたのだ。

ジェームズ・ワトソンもこうした「単一遺伝子」遺伝学のペースの遅さについては同じいら立ちを感じていた。「組み換えDNA技術の非常に大きな力をもってしても、一九八〇年代半ばにはまだ、病気の原因遺伝子を単離するということは、人間の能力を超えていた[*7]」ワトソンが模索していたのは、ヒトゲノム全体を解読すること、つまり一番目のヌクレオチドから最後のヌクレオチドまで、三〇億塩基対の塩基配列をすべて決定することだった。その塩基配列の中には既知のヒトの遺伝子が残らず発見されるはずだった。遺伝コードも、調節領域の塩基配列も、イントロンも、エクソンも、遺伝子間の長いDNA配列も。さらに、その塩基配列は将来発見される遺伝子のアノテーション（ゲノムの塩基配列に遺伝子の位置と機能を関連づけること）のためのテンプレートの役割もはたすはずだと彼は考えた。たとえば、遺伝学者が乳がんのリスクを高める新しい遺伝子を発見した場合には、ヒトゲノムのマスター配列上にその遺伝子を位置づけることによって、その正確な位置と塩基配列を決定することができるようになる。そしてその三〇億塩基対の塩基配列はまた、「正常な」テンプレートとしても使われ、異常な遺伝子（変異した遺伝子）にそれと比較したアノテーションをつけることができる。たとえば、乳がんを発症した女性と、発症していない女性とのあいだで乳がん関連遺伝子を比較することによって、疾患を引き起こしている突然変異の位置を突き止めることができるのだ。

ヒトゲノム全体の解読を可能にする機動力は、がんと統合失調症というふたつの病の発生メカニズムについての理解が深まったことでもたらされた。一度に遺伝子をひとつずつ特定するというアプローチは確かに、嚢胞性線維症やハンチントン病などの「単一遺伝子疾患」の場合にはうまくいったが、人間の病気のほとんどは単一の遺伝子の変異だけを原因としているわけではない。たいていの病気は遺伝子の病気ではなく、ゲノムの病気なのだ。そうした病気のリスクはヒトゲノムに広く散在する複数の遺伝子が決定しているため、単一の遺伝子の働きのみで病気を理解することはできない。複数の独立した遺伝子同士の相互作用を理解することでようやく、病気を理解し、診断し、予測できるのだ。

典型的なゲノムの病気は、がんだ。がんの発症に遺伝子が関わっていることがわかったのは、一世紀以上前のことで、一八七二年にブラジルの眼科医イラーリオ・ジ・ゴーバイアが、数世代にわたって網膜芽細胞腫というめずらしい目のがんに苦しめられてきた家系について報告したのがきっかけだった。[*8] 家族というのは通常、遺伝子だけではなく、悪癖や、悪い食習慣や、神経細胞や、強迫観念や、環境や、行動様式も共有している。だが、その家系での網膜芽細胞腫の出現パターンからは、遺伝子が原因であることが示唆された。ジ・ゴーバイアは、このめずらしい目の腫瘍の原因は「遺伝因子」であると論じた。その七年前、地球の反対側に住むメンデルという無名の植物学者がエンドウの遺伝因子についての論文を発表していたが、ジ・ゴーバイアはメンデルの論文にも、「遺伝子」という言葉にも出会うことはなかった。

ジ・ゴーバイアが網膜芽細胞腫の家系について報告してから一世紀が経過した一九七〇年代末には、科学者たちは、がんというのは増殖を制御する遺伝子に突然変異が起きた正常細胞から出現するという、不安をかき立てられる認識にたどり着いていた。[†](九七頁) 正常な細胞では、これらの遺伝子が増殖を強力に制御しているために、皮膚に傷ができた場合でも、いったん傷が治癒すれば、治癒過程は終了する。治癒過程が終了せずにやがて腫瘍ができることはないのだ（遺伝学の言語を用いるならば、遺伝子が傷の中の細胞にいつ増殖を開始すればいいか、そしていつ増殖をやめればいいか教えるからだ）。しかしがん細胞ではどういうわけか、こうした経路が障害されていることに遺伝学者は気づいた。増殖を開始させる遺伝子のスイッチはずっと「オン」のままであり、増殖を止める遺伝子のスイッチはずっと「オフ」のままだったのだ。細胞の代謝やアイデンティティを変化させる遺伝子が障害されているために、細胞は増殖をどうやめればいいかわからなくなっていた。

腫瘍生物学者のハロルド・ヴァーマスはがんを「われわれ自身のゆがんだバージョン」と呼んだ。その言葉のとおり、がんというのは内因性の遺伝子経路が変化した結果だという事実が判明したことによって、科学者たちは猛烈に不安をかき立てられた。何十年ものあいだずっと、科学者たちはウイルスや細菌などのなんらかの病原体ががんの普遍的な原因であることを望んでいた。そうすれば、ワクチンや抗生物質によってがんを撲滅できる可能性があったからだ。しかし、がん遺伝子と正常な遺伝子とが密接に関係していることがわかり、その結果、腫瘍生物学の中心的な難題が生まれた。どうすれば正常な増殖を混乱させることなく、変異遺伝子だけを「オフ」の状態に戻したり、「オン」の状態に戻したりできるだろう？　これこそががん治療の究極の目標であり、永遠のファンタジーであり、そして、最も深い謎だった。それは今も同じである。

正常細胞は四つのメカニズムを介して、がんを引き起こすような突然変異を獲得する。ひとつめは、煙草の煙、紫外線、X線といった、DNAを攻撃してその化学構造を変化させるような環境因子による場合だ。ふたつめは、細胞分裂の際に自然に生じるミスだ（細胞内でDNAが複製されるたびに、コピーミスが生じる可能性がある。たとえば、AがTやGやCに置き換わってしまうような場合だ）。三つめは、変異したがん遺伝子が両親から子へと受け継がれる場合であり、その結果、網膜芽細胞腫や乳がんといった遺伝性のが

† がんは内因性のヒトの遺伝子の異常によって引き起こされるという認識に至るまでの紆余曲折の知性の旅は、それだけで一冊の本になる。それは、まちがった手がかりや、長く苦しい歩みや、ひらめきによる近道がちりばめられた旅だった。

一九七〇年代に支配的だった発がんについての理論は、ほとんどのがんはウイルスによって引き起こされるというものだった。カリフォルニア大学サンフランシスコ校のハロルド・ヴァーマス、J・マイケル・ビショップをはじめとする数人の科学者がおこなった先駆的な実験によって、こうしたウイルスはたいていの場合、「がん原遺伝子」と呼ばれる細胞の遺伝子を変化させることによってがんを発生させているという驚くべき事実が明らかになった。要するに、脆弱性はあらかじめヒトのゲノムに存在しているということだった。そうした遺伝子に突然変異が起き、その結果、無制御の増殖が解き放たれ、がんが発生するのだ。

んが発生する。四つめは、微生物界のプロの遺伝子の運び手であり交換者であるウイルスを介して、遺伝子が細胞内に持ち込まれる場合だ。それら四つのどの場合でも、引き起こされる病理学的過程は同じである。増殖をつかさどる遺伝子経路が不適切に活性化されたり不活性化されたりして、結果的にがんに特徴的な無制御で悪性の細胞分裂が起きるのだ。

人類の歴史の中で最も基本的な病気のひとつが、進化と遺伝というふたつの最も基本的な生物学的プロセスの障害を原因としているのは偶然ではない。がんは進化と遺伝の論理をふたつとも利用している。そう、メンデルとダーウィンの病理学的な収束なのだ。がん細胞は突然変異、生存、自然選択、増殖を介して出現し、遺伝子を介して、その悪性増殖の仕様書を娘細胞に受け渡す。生物学者が一九八〇年代初頭に気づいたように、がんというのはすなわち、「新しい」タイプの遺伝性疾患であり、遺伝と、進化と、環境と、偶然がすべて組み合わさった結果なのだ。

それでは、典型的なヒトのがんの発生にはいくつの遺伝子が関与しているのだろうか？がんひとつにつき、遺伝子ひとつが関与しているのだろうか？　それとも一〇個くらい？あるいは、一〇〇個？　一九九〇年代末、ジョンズ・ホプキンズ大学の腫瘍遺伝学者バート・フォーゲルシュタインは、ヒトのがんに関与するほぼすべての遺伝子の網羅的なカタログを作成することに決めた。フォーゲルシュタインはすでに、がんは段階的に発生することを発見しており、その段階的な過程において、一個の細胞の中で数十もの突然変異がしだいに蓄積していくことを突き止めていた。[*9] 細胞は一遺伝子ごとに、ゆっくりとがんに近づいていくのだ。一個、二個、四個……やがては数十個の突然変異が蓄積し、その結果、制御された成長から無制御の成長へと細胞の生理機能を変化させる。

腫瘍遺伝学者はそうしたデータから、がんを理解し、診断し、治療するには一遺伝子ごとに突き止めていく方法では不十分だということをはっきりと認識した。がんの基本的な性質は、途方もない遺伝的多様性だった。同じ女性の両方の乳房から同時に摘出されたそれぞれの乳がんの標本には、もう一方とはまったく異なる突然変異が含まれている可能性があり、そのため、がんの増殖のしかたも、進行のスピードも、化学療法への反応の具合も異なる可能性があった。がんを理解するためには、生物学者はがん細胞のゲノム全体を評価しなければならないのだ。

がんの生理機能や多様性を理解するためには個々のがん遺伝子だけでなく、がんのゲノム全体を解読しなければならないのだとしたら、まずは正常なゲノムを解読する必要があることは明白だった。ヒトのゲノムは、がんのゲノムの正常な対照物である。遺伝子変異というのは、正常、つまり「野生型」の対照物との比較でのみ説明することができる。正常を表すテンプレートがなければ、がんの基本的な生物学が解明される望みはほとんどなかった。

がんと同じく、遺伝性の精神疾患にも数十の遺伝子が関与していることが明らかになりつつあった。一九八四年七月の午後、ジェームズ・ハバティという名の男がサンディエゴのマクドナルドにふらりと入ってきて、二一人を射殺するという事件が起きた。[*10] ハバティは以前から妄想や幻覚などの症状に襲われていることが知られており、その事件をきっかけに、アメリカじゅうの人々が統合失調症に対して高い関心を抱くようになった。事件の前日、ハバティは精神科病院に電話をかけ、苦しげな口調で、助けてほしいというメッセージを受付係に託し、電話のそばで何時間も待った。だが結局、電話はかかってこなかった。受付係は彼の名前のスペルをまちがえたうえに、電話番号をメモしなかったのだ。翌朝、妄想にとらわれたまま、弾丸を装塡して毛布でくるんだセミオートマチックを手に、ハバティは「人狩りをしてくる」と娘に言い残して家を出た。

ハバティ事件が起きたのは、統合失調症を遺伝子に関連づける大規模な全米科学アカデミー（NAS）の研究データが発表されてから七カ月後のことだった。NASは、一八九〇年代にゴールトンが、そして一九四〇年代にナチスの遺伝学者が開発した双生児研究をもとに、一卵性双生児では統合失調症の一致率がじつに三〇パーセントから四〇パーセントにも達することを示した。[11] 一九八二年に発表されたアーヴィン・ゴッテスマンの研究では、一卵性双生児での一致率は四〇パーセントから六〇パーセントというさらに衝撃的な数字で、双子のうちのひとりが統合失調症と診断された場合には、もうひとりも統合失調症を発症する率は一般の人に比べて五〇倍も高いとされていた。[12] 最も重症なタイプの統合失調症の場合には、一卵性双生児での一致率は七五パーセントから九〇パーセントで、一卵性双生児のひとりがそうしたタイプの統合失調症を発症した場合にはほぼ必ず、もうひとりも同じ疾患を発症することをゴッテスマンは発見した。[13] 一卵性双生児でのこの高い一致率から示唆されたのは、統合失調症は遺伝的な影響を強く受けているということだった。だが注目すべきことに、ＮＡＳの研究でも、ゴッテスマンの研究でも、二卵性双生児の場合には、一致率は約一〇パーセントと低かった。

　遺伝学者は、そのような遺伝パターンには疾患に対する遺伝の影響についての重要なヒントが隠されていると考える。たとえば統合失調症が一個の遺伝子の、浸透率の高い優性な変異によって引き起こされると仮定しよう。一卵性双生児のうちのひとりがその変異遺伝子を受け継いだなら、もうひとりのほうも必ず同じ遺伝子を受け継ぐため、どちらも統合失調症を発症し、双子での一致率は一〇〇パーセントに近づく。二卵性双生児や普通の兄弟姉妹《けいていしまい》の場合には、もうひとりがその遺伝子を受け継ぐ確率は約二分の一となり、一致率は五〇パーセントまで低下する。

次に、それとは対照的に、統合失調症は単一の疾患ではなく、一群の疾患だと仮定してみよう。脳の認知機能をつかさどる部位は複雑なエンジンのようなものである。エンジンは一本の中央車軸と一個のメインギアボックス、そして何十ものより小さなピストンとガスケットからなり、そうした各部分によってエンジンの働きがコントロールされ、微調整されている。中央車軸が壊れ、メインギアボックスが割れたなら、「認知のエンジン」全体が働かなくなる。それが、重症なタイプの統合失調症である。神経のコミュニケーションと発達をつかさどる遺伝子における、浸透率の高い変異がいくつか組み合わさった結果、中央車軸とメインギアボックスが壊れ、その結果、認知機能の深刻な障害がもたらされるのだ。一卵性双生児はまったく同じゲノムを受け継ぐため、ふたりとも中央車軸とメインギアボックスの遺伝子変異を受け継ぐことになる。さらに、この変異は浸透率が高いため、一卵性双生児での一致率はやはり一〇〇パーセント近くなる。

次に、小さなガスケットや点火プラグやピストンがいくつか働かなくなっても認知のエンジンが機能不全に陥ると想像してみよう。この場合には、認知のエンジンは完全には壊れない。不吉な音を立てはするものの、その機能障害は状況しだいで変わり、たとえば、冬になると悪化したりする。軽度の統合失調症というのはそのようなものである。認知のメカニズム全体に対してよりあいまいな制御をおこなっているガスケット、ピストン、点火プラグの遺伝子の浸透率の低い変異の組み合わせによって引き起こされるのだ。

　ここでもやはり、同じゲノムを持つ一卵性双生児はふたりとも、たとえば、五つの遺伝子変異をすべて受け継ぐ。だが浸透率が低く、誘因は状況に依存するため、一卵性双生児での一致率はわずか三〇パーセントから五〇パーセントにまで低下する。一方、二卵性双生児や兄弟は、これらの遺伝子変異のうち数個しか共有しない。メンデルの遺伝の法則によれば、五つの遺伝子変異を兄弟ふたりがそっくり受け継ぐことはめったにないため、二卵性双生児や兄弟での一致率は、五パーセントから一〇パーセントとさらに低くなる。

　この遺伝のパターンは、統合失調症でより一般的に見られる。一卵性双生児での一致率が五〇パーセントしかないという事実、つまり双子のうちのひとりが発症した場合にもうひとりも発症する確率が五〇パーセントしかないという事実は、病気の発症には素因だけでなく、なんらかの他の誘因（環境要因や偶然の出来事）が必要だということをはっきりと示している。しかし、両親のどちらかが統合失調症の場合、子供が生後すぐに統合失調症の患者のいない家庭に養子に出されたとしても、依然として一五パーセントから二〇パーセントの確率で（一般の人の二〇倍の確率で）統合失調症を発症することが知られており、その事実は、遺伝子の影響が強力かつ自律的であることを示している。こうしたパターンから、統合失調症は複数の変異と、複数の遺伝子と、潜在的な環境因子や偶然の誘因が関与した複雑な多因子遺伝性疾患であることが強く示唆される。がんをはじめとする他の多因子遺伝性疾患と同じく、遺伝子をひとつずつ特定していくというやり方では、統合失調症の生理学を解き明かすのは不可能なのだ。

一九八五年夏に政治学者のジェームズ・Q・ウィルソンと行動生物学者のリチャード・ハーンスタインの共著『犯罪と人間の性質――犯罪の原因についての決定的研究（*Crime and Human Nature: The Definitive Study of the Causes of Crime*）』が出版されたことを機に、遺伝、精神疾患、犯罪についての人々の不安がいっそうあおられた。[*14] ウィルソンとハーンスタインはその本の中で、ある特定の精神疾患（とくに暴力的で破壊的なタイプの統合失調症）が犯罪者で高頻度に見られることを示し、犯罪者にはそうした精神疾患が遺伝的に染み込んでいる可能性が高いと論じた。そうした疾患こそが犯罪行動の原因である可能性が高いと。さらに、依存症や暴力にも遺伝が強く関与している可能性があると主張し、彼らのその仮説が、大衆の想像力を鷲づかみにした。戦後のアカデミックな犯罪学では、犯罪の「環境」理論が優勢だった。犯罪者というのは「悪い友人と、悪い家族と、悪いレッテル」[15]の悪影響によって生み出されるという考えだ。ウィルソンとハーンスタインはそれらの要因の影響を認めたうえで、物議を醸す四番目の要因をつけ加えた。つまり、「悪い遺伝子」だ。汚染されているのは土壌ではなく、種子のほうだと彼らはほのめかした。『犯罪と人間の性質』はメディアで一大センセーションを巻き起こし、《ニューヨーク・タイムズ》、《ニューズウィーク》、《サイエンス》を含む二〇もの有名紙誌で取り上げられ、いくつもの書評が載った。《タイム》は次のような見出しを掲げ、その本質的なメッセージを強調した。「犯罪者はつくられるのではなく、生まれるのか？」《ニューズウィーク》の署名入り記事はさらに大胆な主張をしていた。「犯罪者は生まれ、育てられる」

しかし一方で、ウィルソンとハーンスタインの本には批判が集中した。統合失調症の遺伝説を頑なに信じている人々ですら、病因については未知の部分がまだ多いことを認めたうえで、後天的な影響が発症の主な誘因であると認めざるをえなかったからだ（一卵性双生児での一致率が一〇〇パーセントではなく、五〇パーセントなのはそのためだった）。さらに、病気の恐ろしい影の下で暮らしている大多数の統合失調症患者には犯罪歴がないという事実もまた、認めざるをえなかった。

しかし暴力と犯罪に対する恐怖に包まれていた一九八〇年代の大衆にとっては、ヒトのゲノムには医学的な病気だけでなく、逸脱行動や、アルコール依存症や、暴力や、道徳的堕落や、倒錯や、薬物依存症などの社会的な病の答えも含まれているという考えは非常に魅惑的だった。《ボルティモア・サン》紙に掲載されたインタビューの中で、ある脳神経外科医は「罪を犯しやすい傾向の人間」（ハバティのような）を見つけ出して隔離し、実際に罪を犯す前に治療することも可能だと語っている。要するに、罪を犯す前の人間に遺伝子プロファイリングをおこなうのだ。ある精神疾患の遺伝学者は、社会的な病の原因となる遺伝子の特定によって、犯罪や、責任や、刑罰についての人々の会話が受ける影響について、次のようにコメントしている。「（遺伝学との）関連性は明白である……将来的に、（犯罪の治療の）一面が生物学的なものになるはずだと考えないとしたら、単純すぎるというものだ」

こうした大げさな言葉や期待を背景に、ヒトゲノム解読についての初めての検討会議が開かれたものの、その結果は驚くほど意気消沈させられるものだった。一九八四年の夏、米国エネルギー省（ＤＯＥ）の科学分野管理統括者であるチャールズ・デリシが、ヒトゲノム解読の技術的な実現可能性について話し合うための専門家会議を開いた。一九八〇年代初頭以来、ＤＯＥの研究者たちは、放射線のヒト遺伝子に対する影響について研究してきた。一九四五年の広島と長崎への原爆投下によって何十万人もの日本人がさまざまな線量の放射線を浴びたが、それらの人々の中には、幼少期に被曝し、当時、四十代から五十代になっている人々が約一万二〇〇〇人いた。そのような人々では、突然変異が何個起きたのか、どの遺伝子に、どのくらいの時間をかけて起きたのか、といった点を調べるのがそれらの研究の目的だった。しかし放射線による突然変異はゲノム全体にランダムに起きた可能性が高いため、一遺伝子ずつのアプローチは役に立たなかった。一九八四年一二月、ゲノム全体の解読によって、被曝した子供の遺伝子の変化を調べられるか検討するための科学者会議が新たに開かれた。[*16] 開催地はユタ州のアルタ。ボットスタインとデイヴィスが連鎖とＤＮＡ多型を用いてヒト遺伝子の位置を突き止めるという考えを思いついた山あいの町だった。

表面上は、アルタ会議は途方もない大失敗だった。科学者たちは単に、一九八〇年代半ばの遺伝子解読技術というのは、ヒトゲノム全体にわたって突然変異の位置を突き止めるにはほど遠いものだということを認識しただけだった。しかしアルタ会議をきっかけに、網羅的な遺伝子解読についての会話が活発化したのは確かだった。一九八五年五月にはサンタクルーズで、一九八六年三月にはサンタフェで、ゲノム解読についての会議が開かれた。こうした一連の会議の中で最も重要だったのはおそらく、一九八六年の晩夏にジェームズ・ワトソンがコールド・スプリング・ハーバー研究所で開いた、「ホモサピエンスの分子生物学」という刺激的なタイトルがつけられた会議だろう。アシロマ会議の場合と同じく、研究所のキャンパスの静けさ（おだやかな入り江、澄んだ水面に映るなだらかな起伏のある丘）と、そこで闘わされた議論の激しさが著しい対照をなしていた。

会議で発表された数々の新しい研究がいきなり、ゲノム解読は技術的に可能なものだという印象を与えた。最も重要な技術的前進をもたらしたのはおそらく、遺伝子複製を研究している生化学者のキャリー・マリスだろう。[*17] 遺伝子を解読するためには、出発材料として十分な量のDNAを手に入れることが不可欠だった。一個の細菌は無数に増殖できるため、解読するのに十分な量の細菌DNAを供給することができる。一方、ヒトの細胞を無数に増やすのはむずかしかった。マリスは巧妙な近道を発見した。DNAポリメラーゼを使って、試験管内でヒトの遺伝子のコピーをつくり、そのコピーをもとにしてコピーのコピーを複数つくり、複数のコピーからさらにコピーをつくるというサイクルを何十回も繰り返すというやり方だ。一回の複製サイクルごとにDNAが増幅されていき、もとの遺伝子が指数関数的に増えていく。その技術は最終的にポリメラーゼ連鎖反応（PCR）と名づけられ、ヒトゲノム計画において重要な役割をはたすことになった。

数学者から生物学者に転向したエリック・ランダーは、複雑な多因子性の遺伝性疾患に関与する遺伝子を見つけるための新しい数学的な方法について発表し、カリフォルニア工科大学のリロイ・フッドはサンガーのDNA解読法を一〇倍から二〇倍速くおこなえる半自動の機械について説明した。

DNA解読のパイオニアであるウォルター・ギルバートはナプキンの端を使って費用と人員について算出し、その結果、ヒトDNAの三〇億塩基対を解読するためには、五万人年を要し、三〇億ドルの費用がかかることがわかった。*18 一塩基対につき、一ドルである。ギルバートが彼らしい堂々とした足取りでフロアを横切って黒板に数字を書き込むと、聴講者のあいだで激しい論争がわき起こった。「ギルバートの数字」（驚くほど正確であることがのちに判明する）はゲノム計画を具体的な現実へと引き下げた。実際、大局的に見たならば、その費用はとりわけ膨大というわけでもなかった。アポロ計画では、そのピーク時には四〇万人が採用されており、累積費用は一〇〇〇億ドルにまで達したが、ギルバートの予測が正しければ、月面着陸の三〇分の一以下の費用でヒトゲノムを手に入れられるのだ。シドニー・ブレナーはのちに、ヒトゲノム解読を制限するものは結局のところ、費用でも技術でもなく、作業の恐るべき単調さだろうと冗談を言った。もしかしたらゲノム解読は犯罪者や受刑者に与えられる刑罰になるかもしれない。強盗には一〇〇〇万塩基、殺人には二〇〇万塩基、謀殺には一〇〇〇万塩基といったように。

その晩、入り江が夕闇に包まれるころ、ワトソンは数人の科学者に自らが直面している個人的な危機について話した。会議の前夜の五月二七日、一五歳の息子ルーファス・ワトソンがホワイトプレインズの精神科施設から逃げ出した。しばらくのちに、ルーファスは森の中の線路脇をさまよっているところを発見されて保護され、施設に戻された。その数カ月前にも、ワールドトレードセンターから飛び降りるために窓を割ろうとしたことがあった。ルーファスは結局、統合失調症と診断された。統合失調症には遺伝的な原因があると固く信じていたワトソンは、ヒトゲノム計画の重要性を文字どおり、身に染みて感じていた。統合失調症の動物モデルは存在せず、病気に明らかに連鎖している遺伝子多型も見つかっていなかったために、遺伝学者は原因遺伝子を特定できずにいた。「ルーファスに人生を与えられる唯一の方法は、彼がなぜ病気なのかを理解することだ。そのためにはゲノムを捕まえるしかないんだ[*19]」

では、どのゲノムを「捕まえ」たらいいのだろう？　サルストンを含む何人かの科学者は、段階的なアプローチを提唱した。パン酵母や、線虫や、ショウジョウバエなどの単純な生物から出発し、徐々に複雑さとサイズのはしごを登っていき、最終的にヒトのゲノムへと到達するというやり方だ。しかしワトソンをはじめとする他の科学者たちは、ヒトのゲノムまでいきなりジャンプしたいと望んでいた。長い内部討論のあと、科学者たちは妥協案に達し、まずは線虫やショウジョウバエなどの単純な生物のゲノム解読から始めることになった。計画にはそれぞれの生物の名前がつけられ、「線虫ゲノム計画」や「ショウジョウバエゲノム計画」と呼ばれることになり、それらの計画をとおして、遺伝子解読の技術を微調整していくことが決まった。さらに、それと並行してヒト遺伝子解読もおこない、単純なゲノムから学んだ内容を、より大きくて複雑なヒトのゲノムに適用していくことになった。ヒトゲノムの全塩基配列の解読というこの大規模な試みは「ヒトゲノム計画」と名づけられた。

その間にも、国立衛生研究所（NIH）および米国エネルギー省（DOE）は、ヒトゲノム計画の支配権をめぐって争っていた。一九八九年、数回の議会公聴会のあとで、ふたつめの妥協案が成立し、NIHがヒトゲノム計画の公式な「主導機関」となる一方で、DOEが財源を供給し、戦略管理をおこなうことに決まった。[*20] ワトソンがプロジェクトのトップに任命された。ほどなく各国から協力者が集まり、イギリスの医学研究評議会（MRC）とウェルカム・トラスト、フランス、日本、中国、ドイツの科学者もプロジェクトに参加することになった。

一九八九年一月、ベセスダのNIHのキャンパスの隅にあるビルディング三一の会議室に、諮問委員会の一二人のメンバーが集まった。[*21] アシロマ・モラトリアムの内容の作成に助力した遺伝学者のノートン・ジンダーが議長をつとめた。「今日から始動する」とジンダーは宣言した。「われわれは今から、ヒト生物学の終わりなき研究を開始しようとしている。それがどんな研究になろうと、きわめて貴重な試みであり、冒険になることはまちがいない。そして研究が終わったとき、われわれ以外の誰かが座って、こう言うはずだ。〝ようやく始められる〟」[*22]

ヒトゲノム計画が始動する前夜の一九八三年一月二八日、ペンシルヴェニア州ウェインズボロの老人ホームで、キャリー・バックが息を引き取った。[*23] 七六歳だった。彼女の誕生と死はまるでブックエンドのように、ほぼ一世紀近い遺伝子の世紀を挟んでいた。彼女の世代の人々は、遺伝学の科学的な復活や、人々の会話の中に遺伝学が押し入ってくるさまを目撃した。遺伝学が社会工学や優生学へとゆがめられていくさまも、戦後、遺伝学が「新しい」生物学の中心的テーマとして出現するさまも目の当たりにした。ヒトの生理学と病理学への遺伝学の影響や、病気を理解するうえでの遺伝学の持つ強力な説明力や、運命やアイデンティティや選択という問題との遺伝学の避けがたい交差を目撃した。キャリー・バックは、強力な新しい科学についての誤解が生んだ初期の犠牲者のひとりであり、そしてまた、その同じ新しい科学が医学や、文化や、社会についてのわれわれの理解を変えるさまを見守ったひとりだった。

ならば、彼女の「遺伝的な魯鈍《ろどん》」についてはどうなのか？　最高裁の命令による断種手術がおこなわれてから三年後の一九三〇年、キャリー・バックはバージニア州立コロニーから出て、バージニア州ブランド郡のある家族の家で働くことになった。彼女のひとり娘で、かつて裁判所の検査を受けて「魯鈍」と診断されたヴィヴィアン・ドブズは、腸炎のために一九三二年に亡くなった。*24 八年という短い人生において、ヴィヴィアンは学校では並の成績を取っていた。たとえば一年生のときには、おこないがAで、スペリングがBで、苦手だった算数はCだった。一九三一年四月には、優等生名簿に彼女の名前が載った。学校の通信簿の記録からは、ヴィヴィアンは陽気で明るい楽天的な子供であり、成績は他の子に比べてよくもなければ悪くもなかったことがわかる。ヴィヴィアンについてのどんな話にも、裁判所でキャリー・バックの運命を確定した遺伝的な精神疾患や魯鈍の傾向をうかがわせるものはなかった。

地理学者

地理学者もアフリカの地図を描くときには、
空間を埋めるために野蛮人の絵を描いたり、
人が住めないような高地には、
町がないのでゾウを描いたりする。*1
——ジョナサン・スウィフト『詩について（On Poetry）』

人類の最も崇高な事業のひとつであるはずのヒトゲノム計画は、だんだん泥仕合のようになってきた。*2

——ジャスティン・ギリス、二〇〇〇年

ヒトゲノム計画にとっての最初の驚きは遺伝子とはまったく無関係なものだったと言っ

ても差しつかえないだろう。一九八九年、ワトソンとジンダー率いる研究者たちがヒトゲノム計画の始動に向けて準備を整えていたころ、NIHのほぼ無名の神経生物学者クレイグ・ベンターがゲノム解読への近道となる方法を考案した。[*3]

ベトナム戦争帰りの退役軍人であるベンターは、ひたむきだが好戦的でけんかっ早い男だった。大学生のころはサーフィンとセーリングに夢中で、勉強にはあまり興味がなく、成績もぱっとしなかった。だが彼には、未知のプロジェクトに向かって突進する才能があった。ベトナムから帰還すると、神経生物学の訓練を受け、長いあいだアドレナリンの研究にたずさわった。NIHで働いていた一九八〇年代半ばに、ヒトの脳に発現する遺伝子の解読に興味を抱いた。一九八六年、リロイ・フッドが塩基配列を高速で解読する装置であるシークエンサーを開発中だと知ると、自分の研究室用に初期の型を一台購入した。[*4]シークエンサーが到着すると、ベンターはそれを「木箱の中に入った私の未来」[*5]と呼んだ。機械をいじるのがエンジニア並みに得意で、溶液を混ぜるのが生化学者並みに好きだった彼は、数カ月のうちに、半自動シークエンサーを使った高速ゲノム解読のエキスパートになっていた。

ベンターのゲノム解読の戦略は、徹底的な単純化だった。ヒトのゲノムには言うまでもなく遺伝子が含まれているが、遺伝子の含まれない膨大な領域も存在する。遺伝子と遺伝子のあいだのこの長いDNA配列は「遺伝子間DNA」と呼ばれ、たとえるならば、カナダの町と町をつなぐ長いハイウェイのようなものだ。フィル・シャープとリチャード・ロバーツが示したように、遺伝子の内部にも「イントロン」という長い詰め物のような配列が存在し、それによってタンパク質をコードしている部分が分断されている。

遺伝子間DNAとイントロン（遺伝子と遺伝子のあいだのスペーサーと遺伝子内の詰め物）はタンパク質をコードしていない。[†] それらの領域には、時間と空間の中で遺伝子の発現を調節したり、連係させたりするための情報が含まれている（遺伝子に付加されている「オン」と「オフ」のスイッチをコードしている）部分もあるが、それ以外の部分は今のところ、なんの機能もコードしていないと考えられている。ヒトのゲノムは次のような文にたとえることができる。

This ...... is the ...... str ... uc ... ture ... ,,, ... of ... your ... (... gen ... ome ...) ...

「これが……ヒトの……（……ゲ……ノム……）……の構……造……、、、………です…」

この文では単語が遺伝子に相当し、省略記号（…）がスペーサーや詰め物に相当し、句読点が遺伝子調節配列に相当する。

ベンターが提案した最初の近道はヒトゲノムのスペーサーと詰め物を無視することだった。遺伝子間DNAやイントロンにはタンパク質の情報が含まれていない。したがって、タンパク質をコードしている「発現する」部分だけに集中したらどうだろう、と彼は考え、さらなる近道のためにこう提案した。遺伝子断片だけを解読したならば、そうした発現する部分をより速く調べることができるのではないだろうか？　ベンターは、断片化された遺伝子だけを解読するというこの方法はうまくいくと確信し、脳組織から得られた何百もの遺伝子断片の解読を開始した。

† 遺伝子のすぐ近くにあるプロモーターと呼ばれるDNA領域は、遺伝子の「オン」スイッチの働きをしており、その塩基配列は遺伝子をいつ、どこで発現するかという情報をコードしている（そのため、ヘモグロビンは赤血球でしかスイッチがオンにならない）。反対に、いつ、どこで遺伝子のスイッチを「オフ」にするかという情報をコードしているDNA領域もある（そのため、ラクトースが主な栄養源になるまでは、細菌のラクトース消化遺伝子はオフになっている）。最初に細菌で発見されたこの遺伝子の「オン・オフ」スイッチというシステムが生物界全体に共通するシステムだということは驚くべきことだ。

ここでもまたゲノムを文章にたとえてみると、ベンターは一文に含まれる単語の断片に相当するもの（「構」、「造」、「ヒトの」、「ゲ」、「ノム」）をヒトのゲノム内で探すことに決めたのだ。この方法では、文全体の意味はわからないが、断片から情報を推測することは可能であり、その結果、ヒト遺伝子の重要な要素について理解できるようになるのではないかと考えたのである。

ワトソンはあきれた。ベンターの「遺伝子断片」戦略は確かに、より迅速で、よりコストがかからない方法ではあったが、いかにもいいかげんで、不完全な戦略に思えたからだ。その方法では、ゲノムの断片的な情報しかわからないではないか。[†]その後、異例の展開があり、対立はいっそう深まった。一九九一年の夏、ベンターのグループがヒトの脳の遺伝子断片の解読を開始したところ、NIHの技術移転局からベンターに、脳の新しい遺伝子断片の特許を取得してはどうかとの打診があったのだ。[*6] ワトソンはあまりの矛盾に当惑した。NIHのある部門が発見しようと努力し、そして誰でも自由に入手できるものにしようとしているまさにその情報の独占権を、べつの部門が申請しようとしているとは。

しかし、いったいどんな理論を用いたなら、遺伝子の（ベンターの場合には、「発現する」断片の）特許を取得できるのだろうか？　スタンフォード大学のボイヤーとコーエンは、DNAを「組み換える」ことによってハイブリッドDNAをつくる方法の特許を取得した。ジェネンテック社は、インスリンなどのタンパク質を細菌で発現させる過程の特許を得た。バイオテクノロジー企業のアムジェン社は一九八四年、組み換えDNAを用いたエリスロポエチン（赤血球の産生を促進するホルモン）の単離の特許を申請した[*7]が、その特許ですら、注意深く読んだなら、エリスロポエチンという明確な機能を持つ特異なタンパク質の生産と単離の手法についてのものだった。いまだかつて、遺伝子や遺伝情報の特許を取得した者はいなかった。ヒトの遺伝子というのは、鼻や左腕といった他のどの身体部分とも同じく、根本的に特許性がないのだろうか？　それとも、新たに発見された遺伝情報というのはまったく新しいものであるために、そうした情報には所有権や特許を与えることができるのだろうか？　サルストンは遺伝子特許という考えに断固反対していた。「特許というのは発明を保護するためのものである（少なくとも私はそう信じていた）[*8]」と彼は書いている。「（遺伝子断片）の発見にはなんの〝発明〟も関与していない。その

† タンパク質をコードしている部分の塩基配列だけを解読するというベンターの戦略は最終的に、遺伝学者を大いに助けることになった。ベンターの方法を用いれば、ゲノム上の「発現する」部分が明らかになるため、遺伝学者たちは、そうした発現する部分をゲノム全体と照らし合わせて、そこに注釈をつけることができるようになったのだ。

どこに特許性があるというのだろう？」またある研究者は「汚いやり方で手っ取り早く財産を得ようとしている」[9]と軽蔑《けいべつ》をにじませて書いている。

ベンターの遺伝子特許をめぐる論争はしだいに激しさを増していった。というのも、彼がおこなっていたのは遺伝子断片のランダムな解読だけであり、遺伝子の機能は不明のままだったからだ。ベンターのやり方では、遺伝子の不完全な断片が解読される場合が多く、そこに含まれる情報はどうしても不明瞭になった。ときに、遺伝子の機能が推定できるほど長い断片が解読されることもあったが、たいていは、そうした断片から遺伝情報を明確に解析するのは不可能だった。「尻尾を描写するだけで、ゾウの特許を取得することなんてできるだろうか？　もっといえば、尻尾の不連続な三つの部分を描写するだけで、ゾウの特許を取るなんてことが可能だろうか？」[10]とエリック・ランダーは主張した。ゲノム計画についての議会公聴会で、ワトソンは激しい口調で怒りを爆発させ、ベンターの実験なら「サルでも」できると主張した。イギリスの遺伝学者ウォルター・ボドマーは、アメリカで遺伝子断片の特許が認められたなら、それに対抗してイギリスでも、特許を獲得しようとする動きが起きるはずであり、そうなれば数週間のうちに、ゲノムはアメリカとイギリスとドイツの旗が立てられた一〇〇〇ものコロニーに細分化されてしまうだろうと警告した。[11]

一九九二年六月一〇日、はてしない論争にうんざりしたベンターはＮＩＨを離れ、遺伝子解読をおこなうための研究所を立ち上げた。彼は最初、その研究所を「ゲノム科学研究所（Institute for Genome Research）」と名づけたが、すぐに、その名前の欠点に気づいた。その名前の頭字語であるＩＧＯＲ（イゴール）というのは不吉なことに、フランケンシュタインの助手をつとめた斜視の執事の名前だったのだ。そこでベンターは *The* Institute for Genomic Research*12（略してＴＩＧＲ）へと改名した。

論文上は（少なくとも、科学論文上は）、ＴＩＧＲは目を見張るような成功を収めた。ベンターはバート・フォーゲルシュタインやケン・キンズラーなどの優れた科学者と共同で、がんに関与している新たな遺伝子を発見した。だがそれよりも重要だったのは、ベンターがゲノム解読の技術的な限界に挑みつづけていたことだ。彼は比類ないほどに批判に敏感だったが、それと同時に、比類ないほどにすばやく批判に応じた。一九九三年、彼は遺伝子断片から遺伝子全体へと、そしてゲノムへと、解読の範囲を拡大し、そしてノーベル賞を受賞した細菌学者のハミルトン・スミスという新たな協力者を得て、ヒトの致死的な肺炎の原因菌であるインフルエンザ菌の全ゲノムの塩基配列を解読しようと決意した。*13

ベンターの戦略は、脳で用いた遺伝子断片アプローチを拡大したものだった。が、そこに重要な工夫を加えた。今回は、まずはショットガンのような道具を使って細菌のゲノムを無数の短い断片に切断し、その何十万もの断片をランダムに解読する。そして重複している部分をヒントにして断片をつないでいき、最終的にゲノム全体の塩基配列を決定するというやり方を用いることにしたのだ。今度もまた文にたとえてみると、*stru, uctu, ucture* という単語の断片を使ってひとつの単語を組み立てるのに似ている。コンピューターが重複部分をヒントにして断片をつなぎ合わせ、*structure*（構造）という完全な単語にするのだ。

問題を解く鍵は、重複した塩基配列の存在にあった。重複部分が存在しないか、あるいは単語の断片のいくつかが欠けていたら、正しい単語につなぎ合わせることはできない。だがベンターは、このアプローチを使えばゲノムの大部分を細かく分断したあとでふたたびつなぎ合わせることができると確信していた。それはいわばハンプティ・ダンプティ戦略だった。王様の家来が全員でピースを組み立てて、ジグソーパズルを解くのだ（イギリスの童謡集マザーグースより）。「全ゲノムショットガン法」と呼ばれるこの技術は、遺伝子解読の生みの親であるフレデリック・サンガーが一九八〇年代に用いたものだった。だがインフルエンザ菌に対するベンターの攻撃は、それまでにないほど野心的に、この方法を利用するものだった。

一九九三年の冬、ベンターとスミスはインフルエンザ菌プロジェクトを開始し、一九九五年の七月までには完了させていた。「最終的な論文に仕上げるまでに、四〇もの草稿を書いた*[14]」とベンターはのちに書いている。「歴史的な論文になることはわかっていたので、できるだけ完璧なものにしたかったのだ」

確かに、驚異的な論文だった。スタンフォード大学の遺伝学者ルーシー・シャピロは、研究所のメンバーと一緒にインフルエンザ菌のゲノムについてベンターの論文を徹夜で読んだときのことについてこう書いている。「生きている種の完全な遺伝子をひと目見た瞬間、鳥肌が立った*[15]」そのゲノムには、エネルギーを生み出す遺伝子も、細胞壁のタンパク質をつくる遺伝子も、タンパク質を合成したり、栄養を調節したり、免疫系から逃れたりするための遺伝子も含まれていた。サンガー自身もベンターに手紙を書き、「すばらしい」と讃えた。

ベンターがＴＩＧＲで細菌のゲノムの解読をしているあいだにも、ヒトゲノム計画はその内部構造を劇的に変化させていた。一九九三年、ワトソンはＮＩＨの所長とのあいだで一悶着《もんちゃく》あったあと、ヒトゲノム計画の主任の座を退いた。そしてその後任を、一九八九年に嚢胞性線維症遺伝子のクローニングに成功したことで知られるミシガン大学の遺伝学者、フランシス・コリンズがただちにつとめることになった。

ヒトゲノム計画が一九九三年にコリンズを見つけることができなかったなら、彼のような人物をこしらえなければならなかったはずだ。コリンズはもうほとんど超自然的といっていいほどに、この独特の挑戦にうってつけの人物だった。バージニア州出身の敬虔なキリスト教徒であるコリンズは、優れたコミュニケーション能力を持つ管理者であり、一流の科学者だった。思慮深く、慎重で、駆け引きがうまかった。風に向かってつねに傾いている小型ヨットのようなベンターとは対照的に、コリンズは大洋を横断する定期便のようであり、彼のまわりに波風が立つことはめったになかった。TIGRがインフルエンザ菌のゲノムに向かって轟音を立てながら突進していた一九九五年、ヒトゲノム計画がひたすら集中していたのは、遺伝子解読の基本的な技術を洗練させることだった。遺伝子をずたずたに切り刻み、ランダムに解読し、のちにそのデータをつなぎ合わせるというTIGRの戦略とは対照的に、ゲノム計画はより秩序立ったやり方を選んだ。ゲノムの断片を系統的に組み立て、物理的な地図をつくる（「誰の隣に誰が座る？」）というやり方だ。各遺伝子断片のアイデンティティと重複部分を確かめながら、それぞれの断片をゲノム地図の位置にもとづいて順番に解読していくのだ。

ヒトゲノム計画の初期のリーダーたちにとっては、断片ごとの復元というこのやり方こそが唯一の理にかなった戦略に思えた。数学者から生物学者に転向し、さらに、遺伝子解読の専門家となったエリック・ランダーは、美的感覚にもとづく嫌悪感を抱くほどに、全ゲノムショットガン法に反対していた。だが完全な形のゲノムを、まるで代数の問題を解くようにして少しずつ解読していくという考えのほうは気に入った。彼が心配していたのは、ベンターの戦略では、ゲノムの中に必ず深い穴が残るはずだということだった。ランダーは次のように述べている。「ある単語を取り出して、それをばらばらにし、断片からふたたび単語を組み立てるとする。この場合、断片を残らず見つけられるか、どの断片にも重複部分があるならうまくいくが、文字がいくつかなくなっていたらどうなるだろう？　手に入るアルファベットを使って組み立てた単語が、本来の単語と正反対の意味を持つようになってしまったら？　〝profundity（深遠さ）〟という単語の中の〝p……u……n……y（つまらない）〟という文字しか見つけられなかったら？」[*16]

各国の研究者が協力する公的プロジェクトであるヒトゲノム計画の支持者たちはまた、中途半端に解読されたゲノムのもたらす偽の陶酔について心配していた。ゲノムの中の一〇パーセントの塩基配列が解読されぬままに残ったら、全塩基配列が解読されることは永久になくなるかもしれない、と。「ヒトゲノム計画の真の挑戦はゲノム解読を開始することではなかった。ゲノム解読を終えることだった……もしわれわれが、ゲノムに穴が残っているにもかかわらず解読が完了したような気分になってしまったら、その後はもう、忍耐強く解読を完了させようと思う者はいなくなるだろう。科学者たちは拍手をして手の埃を払い、背中をたたき合って次の実験に向かうはずだ。草稿は永久に草稿のままになるのだ」とランダーはのちに語っている。[*17]

ゲノム地図にもとづいた断片ごとの復元はより多くの資金、より大規模なインフラ投資、さらには、ゲノム研究者に欠けていた資質、すなわち忍耐力を必要とした。マサチューセッツ工科大学のゲノム研究者のランダーは数学者、化学者、エンジニア、そして二十代のカフェイン中毒のコンピューターハッカーのグループからなる若き科学者の最強チームをつくっており、ワシントン大学の数学者フィル・グリーンはゲノムを系統的に解読していくためのアルゴリズムを開発していた。ウェルカム・トラストから資金提供されたイギリスのチームは、分析と復元の方法を独自に開発していた。こうして、世界じゅうで一〇以上のチームがデータを集めたり復元したりする作業にたずさわっていた。

一九九八年五月、じっとしていることのないベンターがまたも、いきなり風上へと針路変更した。TIGRの全ゲノムショットガン法は確かに成功したが、ベンターはなおも、研究所の組織構造の中でいら立っていた。TIGRはヒトゲノムサイエンス（HGS）という名の営利目的の企業に属する非営利団体として、いわば奇妙なハイブリッドとして設立された。[18] ベンターはこのマトリョーシカ的な組織構造をナンセンスだと感じており、上司とひっきりなしに口論した挙げ句、ついにTIGRとの関係を断ち切る決意をした。ヒトゲノム解読だけを集中しておこなう新しい会社を設立し、「加速する（accelerate）」という言葉を縮めて、セレーラ（Celera）社と名づけた。

ヒトゲノム計画の主要な会議がコールド・スプリング・ハーバー研究所で開かれる一週間前、ベンターは飛行機の乗り継ぎの合間に、ダラス空港のレッドカーペットラウンジでコリンズと会った。ベンターはこともなげにこう言った。セレーラ社はショットガン法を用いて、前例のないスピードでヒトゲノム解読をおこなうつもりだ。最も処理能力の高いシークエンサーをすでに二〇〇台購入しており、記録的な速さで解読を終えるために、それらをフル回転させる準備を整えている。ベンターは、解読で得られたほとんどの情報を公共データとして入手可能にすることに同意してはいたものの、そこに威嚇的な条件をつけていた。乳がんや、統合失調症や、糖尿病などの治療薬の標的となりえる最も重要な三〇〇個の遺伝子については、セレーラ社がその特許を申請するという条件だ。さらにベンターは、ヒトのゲノム全体の復元を二〇〇一年までに（公的資金を受けたヒトゲノム計画の目標より四年も早く）終えるという野心的な目標を伝え、そしていきなり立ち上がって、カリフォルニア行きの飛行機に乗った。
ベンターの計画に刺激されて、ウェルカム・トラストは公的プロジェクトであるヒトゲノム計画に提供する資金を倍増した。議会もまた、連邦政府資金の水門を開け、七つのアメリカの研究所にゲノム解読の助成金として総額六〇〇〇万ドルを送った。メイナード・オルソンとロバート・ウォーターストンがヒトゲノム計画の戦略リーダーおよびコーディネーターとなり、ゲノムの系統的な復元をおこなうための重要な助言をした。

一九九八年一二月、線虫ゲノム計画が決定的な勝利を収めた。*19 線虫ゲノム解読をおこなっていたジョン・サルストン、ロバート・ウォーターストンをはじめとする研究者が、ヒトゲノム計画の研究者が用いている断片ごとの復元というやり方で、線虫（シー・エレガンス）ゲノムの全塩基配列を解読したと発表したのだ。

一九九五年に解読されたインフルエンザ菌のゲノムが遺伝学者たちを驚嘆と感服でひざまずかせたとしたら、初めて解読された多細胞生物のゲノムである線虫のゲノムは、彼らに平身低頭を求めるものだった。線虫はインフルエンザ菌に比べてはるかに複雑で、そして、はるかに人間に近い生物だった。線虫には口も、腸管も、筋肉も、神経系も、さらには原始的な脳まであった。線虫は触れ、感じ、動くことができた。有害な刺激から頭をそらすこともできたし、仲間とつき合うこともできた。食糧がなくなれば不安のようなものを感じ、交尾の際にはかすかな喜びを感じている可能性もあった。

シー・エレガンスは一万八八九一個の遺伝子を持つことが判明した。† 線虫の遺伝子がコードしているタンパク質の三六パーセントについては、ヒトでも同様のタンパク質が見つかっていた。だが残りの約一万個の遺伝子については、ヒトの遺伝子に類似のものは見つかっておらず、それらは線虫に特有のものである可能性があった。というよりもむしろ、その事実は、ヒトの遺伝子には未知の部分がまだ多く残されているということを示していた（それらの多くの遺伝子について、ヒトでも類似の遺伝子があることがのちに判明す

† どんな生物であれ、その生物が持つ遺伝子の数を予測するのはむずかしく、それぞれの遺伝子の性質や構造についての基本的な予測が必要とされる。全ゲノム解読がおこなわれる前は、遺伝子はそれぞれの機能によって特定されていた。しかし全ゲノム解読というのは、個々の遺伝子の機能を考慮せずにおこなわれており、百科事典の中のすべての単語や文字を、それらの単語や文字が何を意味しているのか調べることなしに特定するようなものだ。ゲノムの塩基配列を調べ、遺伝子のように見えるＤＮＡの塩基配列（つまり、制御領域の塩基配列が含まれており、ＲＮＡをコードしている部分や、他の生物で見つかった遺伝子に似ている配列を持つ部分）を特定することで遺伝子の数を予測する。しかし、遺伝子の構造や機能がより詳しくわかるにつれて、線虫の遺伝子の数も変化してきている。線虫は現在、一万九五〇〇の遺伝子を持つと考えられているが、遺伝子についての理解が深まれば、将来的にその数も変わる可能性がある。

る)。注目すべき点は、タンパク質をコードしている線虫の遺伝子のうち、細菌の遺伝子に類似しているものは一〇パーセントしかなかったということだ。すなわち、線虫のゲノムの九〇パーセントは複雑な生体構成のためのものであり、その事実は、太古の昔に単細胞の祖先から多細胞生物をつくり出した進化的イノベーションの強力な力を示していた。

ヒトの遺伝子の場合と同じく、ひとつの線虫遺伝子が複数の機能を持っている。たとえばceh-13という遺伝子は、発達中の神経細胞の位置を決めたり、細胞を線虫の体の前部へと移動させたり、線虫の陰門が正しく形成されるように導いたりしている。[*20] 反対に、複数の遺伝子がひとつの「機能」を指定している場合もあり、たとえば線虫の口の形成には、複数の遺伝子の協調的な働きが必要とされる。

一万以上の新しい機能を持つ一万以上の新しいタンパク質が発見されたという事実だけで、線虫ゲノム計画がいかに斬新なものかが十分に示された。しかし線虫ゲノムの最も驚くべき特徴は、タンパク質をコードしている遺伝子だけではなく、RNAメッセージはつくるがタンパク質をつくらない遺伝子が数多く発見されたことだった。こうした遺伝子は(タンパク質をコードしていないことから)「非コードRNA遺伝子」と呼ばれる。非コードRNA遺伝子はゲノム上のいくつかの特定の染色体上に集まっていた。ゲノム全体で何百個、あるいは何千個もあり、そのうちのいくつかについて機能が判明した。たとえば、タンパク質をつくる巨大な細胞内マシーンであるリボソームに存在するRNAは、タンパク質の合成を助けることがわかった。さらには、驚くべき特異性で遺伝子の発現を調節するマイクロRNAと呼ばれる微小なRNAをコードしている遺伝子も見つかった。しかし、多くの非コードRNA遺伝子の機能は不明のままであり、なかには誤って定義されているものもあった。それらはゲノム上の暗黒物質ではなく、影の物質だった。遺伝学者の目には見えるが、その機能も重要性も不明のままだったのだ。

それでは、遺伝子とはなんなのだろう？　一八六五年にメンデルが「遺伝子」を発見したとき、彼はそれを抽象的な現象としてしか理解できなかった。花の色や種子の形状などの目に見えるひとつの性質（表現型）を指定する、世代から世代へと破壊されることなく伝わる個別的な決定因子としてだ。その後、モーガンとマラーが、遺伝子とは染色体上に存在する物理的な、物質的構造物だということを示してメンデルの概念を深めた。エイヴリーは、遺伝物質の化学的な正体を突き止めることによって、遺伝子についての理解を前進させた。遺伝情報の運び手はDNAだったのだ。そしてワトソン、クリック、ウィルキンズ、フランクリンが、DNAは二本の相補的な鎖からなるらせん構造であることを突き止めた。

一九三〇年代には、ビードルとテータムが、遺伝子はタンパク質の構造を指定することによって「機能する」ことを発見し、遺伝子が作用するメカニズムを解明した。さらにブレナーとジャコブが、遺伝情報をタンパク質へと翻訳するのに必要な中間のメッセンジャーであるRNAコピーを発見した。またモノーとジャコブは、遺伝子はそれぞれについている調節スイッチを使って、RNAメッセージの量を増やしたり減らしたりし、そうすることでオンになったりオフになったりすることを示し、遺伝子の動的な概念を深めた。

線虫ゲノムの全塩基配列が解読されたことで、遺伝子の概念についての理解が広がり、そして修正された。遺伝子は確かに生物の機能を指定しているが、一個の遺伝子がひとつ以上の機能を指定できることがわかったのだ。さらに、遺伝子は必ずしもタンパク質をつくるための情報を提供しているわけではなく、RNAだけをコードし、タンパク質をコードしていないものもあることがわかった。また、遺伝子は必ずしも連続するDNA鎖ではなく、いくつかの部分に分断されていることもわかった。遺伝子には調節領域が付加されているが、その領域は必ずしも遺伝子のすぐそばにあるわけではないことも判明した。

線虫ゲノムの解読によってすでに、個体レベルの生物学の未知の宇宙への扉が開いた。永久に再帰的な（見出し語をつねにアップデートしなければならない）百科事典のように、ゲノム解読は遺伝子についてのわれわれの概念を変え、その結果、ゲノムそのものについての概念も変えた。

一九九八年一二月、一ミリに満たない線虫の拡大写真が表紙を飾る《サイエンス》の特別号でシー・エレガンスのゲノムが発表されると、世界じゅうの科学者が感嘆した。[*21] そのゲノムはまた、ヒトゲノム計画の正当性の強力な裏づけとなった。線虫のゲノムが発表されてから数カ月後、ランダーが心躍るニュースをもたらした。ヒトゲノム計画のもとで、ヒトゲノムの四分の一の塩基配列の解読が終わったのだ。マサチューセッツ州ケンブリッジのケンダルスクエア近くの工業地帯にある、金庫を思わせる暗く乾いた倉庫で、一二五台もの巨大な灰色の箱のような半自動式シークエンサーが、DNAの文字を毎秒約二〇〇個のスピードで読んでいた[*22]（サンガーが三年かけてようやく解読したウイルスの塩基配列なら、二五秒で読めたはずだ）。ヒトの二二番染色体全体の塩基配列の解読はすでに終わっており、あとは最終確認を待つばかりだった。一九九九年一〇月、ヒトゲノム計画は記念すべき解読のランドマーク、つまり三〇億塩基対のうちの一〇億塩基対目（G－Cであることが判明した）を通過した。[*23]

セレーラ社のほうも、この熾烈な競争で後れをとる気はなかった。個人投資家からの資金で潤うと、解読スピードを二倍にあげた。線虫ゲノムの《サイエンス》での発表から九カ月後の一九九九年九月一七日、セレーラ社はマイアミのフォンテンブロー・ホテルで大規模なゲノム会議を開き、戦略的なカウンターパンチを食らわせた。キイロショウジョウバエのゲノム解読を完了したと発表したのだ。[*24] ショウジョウバエ遺伝学者のジェラルド・ルービンや、バークレーとヨーロッパの遺伝学者チームの協力を得て、ベンターのチームはじつに一一カ月という記録的な速さで復元を終えていた。それは、それまでのどんな遺伝子解読プロジェクトよりも速いスピードだった。ベンターとルービン、そしてマーク・アダムズが登壇して発表すると、すさまじい進展がもたらされたことが明らかになった。トマス・モーガンがショウジョウバエの研究を始めてから九〇年後には、ショウジョウバエの二五〇〇個の遺伝子が特定されていたのだが、セレーラ社が発表したゲノムの概要には、その二五〇〇個の遺伝子がすべて含まれていたばかりでなく、新たに発見された一万五〇〇〇個もの遺伝子が一挙につけ加えられていたのだ。発表の後、聴講者が畏敬の念とともに静まり返っていると、ベンターはなんのためらいもなくライバルに一撃を加えた。「ああ、話は変わりますが、われわれはついこのあいだ、ヒトのDNAの解読を始めました。どうやら（技術的なハードルは）ショウジョウバエのときよりも低そうです」

二〇〇〇年三月、《サイエンス》の新たな特別号でショウジョウバエのゲノム配列が発表された。[*25] 今回表紙を飾ったのは、一九三四年に描かれた雄と雌のショウジョウバエの絵だった。全ゲノムショットガン法の最も厳しい批判者ですら、今回発表されたデータの質の高さと深遠さを目の当たりにして、考えを改めた。配列中にいくつかの重要な空隙を残してはいたものの、セレーラ社はショットガン戦略によって、ショウジョウバエゲノムの重要な部分の配列を完全に決定することに成功していたのだ。ヒトと線虫とショウジョウバエを比較した結果、好奇心をそそられるようなパターンがいくつか明らかになった。疾患に関与していることが知られている二八九個のヒトの遺伝子[*26]のうち、一七七個（六〇パーセント以上）について、類似の遺伝子がショウジョウバエで見つかったのだ[*27]。ショウジョウバエのゲノムには鎌状赤血球症や血友病の遺伝子は存在しないが（ショウジョウバエは赤血球を持たないし、凝血塊もつくらない）、大腸がん、乳がん、テイ・サックス病、筋ジストロフィー、嚢胞性線維症、アルツハイマー病、パーキンソン病、糖尿病に関係する遺伝子や、それらの遺伝子に類似した遺伝子が存在していた。四本の脚と、ふたつの翅と、何百万年もの進化のプロセスによって隔てられていたものの、ショウジョウバエとヒトは同じ主要経路や遺伝子ネットワークを持っていた。ウィリアム・ブレイクが一七九四年に「蠅《ハエ》」という詩の中で書いているように、小さなハエは「私のような人間[*28]」だとわかったのだ。

ショウジョウバエゲノムについて最も当惑させられる点は、その大きさだった。というよりも、より正確には、「大きさは関係ない」という諺《ことわざ》どおりだったことだ。最も熟練したショウジョウバエ生物学者ですら予測できなかったことに、ショウジョウバエは、線虫より五〇〇〇個も少ない、一万三六〇一個の遺伝子しか持っていなかった。つまりショウジョウバエはより少ない遺伝子で、より多くのものをつくっていたのだ。わずか一万三〇〇〇個の遺伝子から、交尾し、老化し、酔っぱらい、子を産み、痛みを感じ、嗅覚と視覚と触覚を持ち、熟れた夏の果物に対する、われわれ人間と同じ飽くなき欲求を持つ生物がつくられていた。「（ショウジョウバエ）の明らかな複雑さは、遺伝子の数だけで達成されているわけではないことがわかった」[*29]とルービンは語った。「ヒトのゲノムというのはおそらく……ショウジョウバエゲノムの増大されたバージョンなのだろう……追加された複雑な特性は本質的に、機構の複雑さであり、類似の構成要素を時間的・空間的に分離することによってもたらされる新しい相互作用なのだ」

「すべての動物が比較的よく似たタンパク質のレパートリーを持っており、個々のタンパク質が特定のタイミングで呼び出されるのを待っている……」とリチャード・ドーキンスは述べている。そして、複雑な生物と単純な生物のちがいについてはこう論じている。「ヒトと線形動物とのちがいは、ヒトのほうがこうした基礎的な装置を多く持っているという点ではなく、より複雑な順序で、より複雑な空間の範囲で、そうした装置を活用できるという点にある」[*30] ここでもまた、重要なのは船の大きさではなく、板の組み立てられ方だった。ショウジョウバエゲノムは独自のデルポイの船だったのだ。

二〇〇〇年五月、セレーラ社とヒトゲノム計画がヒトゲノムの概要配列を完成させようと互角の闘いを続けていたころ、ベンターのところに米国エネルギー省（DOE）につとめる友人のアリ・パトリノスから電話がかかってきた。パトリノスは言った。自分のタウンハウスで一杯やらないかとフランシス・コリンズを誘ったのだが、一緒にどうだろう。補佐官も、顧問も、記者も、投資家や資金提供者の側近も抜きの、完全に内密の会談だ。そこから生まれる結論の内容が外部に漏れることは決してない。

その電話は実のところ、数週間かけて練り上げられたものだった。セレーラ社とヒトゲノム計画のせめぎ合いは政界へと徐々に行き渡り、ついにはホワイトハウスにまで達していた。宣伝に関しての確かな嗅覚を持つクリントン大統領は、その競争のニュースが政府の面子を潰すことになりかねないことに気づいた。とりわけ、公的プロジェクトであるヒトゲノム計画ではなく、セレーラ社のほうが最初に勝利宣言をしたりしたら大変だった。クリントンは「この事態をなんとかするように！」[*31]と隅のほうに簡潔に書き添えたメモを科学担当顧問に送り、その結果、パトリノスが調停者に任命されたのだった。

一週間後、ベンターとコリンズはジョージタウンにあるパトリノスのタウンハウスの地下の娯楽室で会った。当然のことながら、最初はよそよそしい雰囲気に包まれていた。パトリノスは雰囲気がなごむのを待ち、それから慎重に、会合のテーマを持ち出した。ヒトゲノム解読の発表を共同でおこなうことについて、コリンズとベンターとで考えてもらえないだろうか？

ベンターもコリンズも、そのような申し出についてすでに心の準備をしていた。ベンターは思案し、そして、いくつかの条件つきで同意した。彼は、ゲノムの解読終了を祝うホワイトハウスでの共同祝賀会への出席と、両者の論文を《サイエンス》で並べて掲載することには同意したものの、スケジュールについてはなんの確約もしなかった。ある記者がのちに書いているように、それはきわめて「周到に計画された引き分け」だった。

アリ・パトリノスの家の地下での最初の会合のあとも、ベンターとコリンズとパトリノスは何度か極秘で話し合った[*32]。その後の三週間で、ベンターとコリンズは発表のおおまかな流れについて慎重に検討した。クリントン大統領が最初に挨拶をし、次にイギリスのブレア首相がスピーチをし、そのあとでベンターとコリンズがスピーチをする。セレーラ社とヒトゲノム計画は事実上、ヒトゲノム解読レースでの共同勝利宣言をおこなうことになった。共同声明の可能性について知ると、ホワイトハウスはすぐに日取りを決めた。ベンターとコリンズはそれぞれのグループのもとに戻り、そして二〇〇〇年の六月二六日に発表することで合意した。

六月二六日の午前一〇時一九分、ベンター、コリンズ、そして大統領がホワイトハウスに集まり、大勢の科学者、報道陣、外国の高官を前に全ヒトゲノムの「最初の解読」が完了したことを発表した[*33]（実際には、セレーラ社もヒトゲノム計画も解読を完了してはいなかった。しかしどちらの陣営も、象徴的な意思表示として発表することにしたのだ。ホワイトハウスが「最初の解読」について発表しているあいだにも、セレーラ社とヒトゲノム計画の科学者たちは塩基配列をつなぎ合わせて意味のある全体にしようと必死でコンピューターに向かっていた）。トニー・ブレア首相がロンドンから衛星で会議に参加した。観客席にはノートン・ジンダー、リチャード・ロバーツ、エリック・ランダー、ハミルトン・スミスがおり、ぱりっとした白いスーツに身を包んだジェームズ・ワトソンの姿もあった。

まずはクリントン大統領がスピーチをした。ルイスとクラークがつくったアメリカの地図にヒトゲノムの地図をなぞらえて、大統領は次のように語った[*34]。

「二世紀近く前、この同じ部屋で、トマス・ジェファーソンと彼の側近が壮大な地図を広げました。ジェファーソンが、生きているあいだに目にしたいと夢見ていた地図です……その地図は、私たちの大陸と想像力の輪郭を定義し、そして、どこまでも広げていきました。今日、私たちは世界じゅうの人々と一緒にこのイーストルームで、それよりはるかに重要な地図を目にしようとしています。全ヒトゲノムの最初の解読の完了を祝いましょう。疑いの余地なく、これは人類がこれまでにつくった、最も重要かつ最も驚くべき地図です」

最後の講演者であるベンターは、その「地図」をつくりあげたのは、個人探検家の個人的な探検でもあったことを聴衆に伝えずにはいられなかった。「本日の一二時半に開かれる公的プロジェクトとの共同記者会見の場で、セレーラ社は全ゲノムショットガン法を用いたヒトゲノムの最初の解読について説明します……セレーラ社が用いた方法によって、五人の人間の遺伝暗号が解読されました。女性が三人に、男性がふたり。人種は、ヒスパニック系、アジア系、白人、アフリカ系アメリカ人です[*35]」

停戦協定の多くがそうであるように、紆余曲折によってもたらされたベンターとコリンズのあいだのもろい停戦もまた、長くは続かなかった。確執の中心はある意味、昔からの不和の原因の中にあった。遺伝子特許の件《くだん》の先行きが不透明ななか、セレーラ社は、学術機関の研究者や製薬会社にゲノムのデータベースの購読権を販売し、それによって、ゲノム解読プロジェクトを収益化することに決めた（大きな製薬会社は、新薬、とりわけ特定のタンパク質を標的にした薬を開発するために遺伝子配列を知りたがるはずだと考えたのだ）。だがベンターはそれと同時に、セレーラ社のヒトゲノム配列を《サイエンス》などの主要な科学雑誌で発表したいとも考えており、そのためには、ゲノム配列を公的な保管所に入れる必要があった（科学論文を一般向けに発表しながら、その基本的なデータを秘密にすることはできなかったからだ）。当然ながら、ワトソンとランダーとコリンズは、商業的な世界と学術的な世界の両方を股にかけようとするセレーラ社の試みを痛烈に批判した。「私の最大の成功は、自分を両方の世界の嫌われ者にしたことだ」[*36]とベンターはあるインタビューで語っている。

一方、公的ヒトゲノム計画は技術的なハードルに苦しんでいた。断片ごとに復元するというやり方を使ってヒトゲノムの膨大な領域の解読を終えた今、ヒトゲノム計画は重要な岐路に差しかかっていた。パズルを完成するために、残りのピースをつなぎ合わせなければならなかったのだ。理論上はたいしたことのなさそうなその仕事は、コンピューター上の手ごわい難題となっていた。塩基配列のかなりの部分がまだ欠けていたうえに、ゲノムにはクローニングや解読が簡単にはできない部分があったからだ。さらに、重複部分のない領域をつなぎ合わせていくのは予想よりずっとむずかしかった。それはまるで、家具の隙間に落ちたピースを探し出して、パズルを組み立てていくようなものだった。ランダーは新たな科学者チームを採用した。[*37]カリフォルニア大学サンタクルーズ校のコンピューター科学者デイヴィッド・ハウスラーと、彼の弟子で、プログラマーから分子生物学者に転向した四〇歳のジェームズ・ケントだ。ハウスラーはふと思いついて、大学に頼んでデスクトップ・パソコンを一〇〇台購入してもらった。ケントはそのおかげで何万行もの暗号の解読を並行しておこなえるようになった。ケントは夜になると手首を冷やし、翌朝またプログラミングを開始するという日々を送った。

セレーラ社でも、ゲノムの復元は難題だということが判明した。なぜならヒトゲノムには奇妙な繰り返し配列ばかりの部分があったからだ。ベンターの言を借りれば、それはまるで「ジグソーパズルの中のやたらに広い青空のようなもの」だった。ゲノム復元にたずさわるコンピューター科学者が何週間もかけて遺伝子断片を順番につなごうと努力したものの、完全な配列を決定できずにいた。

二〇〇〇年の冬までには、どちらのプロジェクトも完了に近づいていたものの、いいときですら緊張感がみなぎっていた両陣営のあいだのコミュニケーションは、今ではぷっつりと途切れてしまっていた。ベンターは「セレーラ社にけんかを売っている」としてヒトゲノム計画を批判し、ランダーのほうも、セレーラ社の戦略に抗議する手紙を《サイエンス》の編集者に送った。塩基配列のデータベースのいくつかの部分を購読者に限定して販売する一方で、べつの部分のデータを科学雑誌で発表するというのは論外であり、ランダーは、セレーラ社は「ゲノムを私物化すると同時に売ろうとしている」と非難した。「一六〇〇年代以降の科学論文の歴史上、データの開示というのは発見の発表と連動してきた。それこそが近代科学の礎だった。近代以前だったら、〝私は答えを見つけました、鉛を金に変えました、発見したことを宣言します。でも結果を見せることは拒否します〟と言うことができたかもしれない。しかし科学専門誌の本質は、開示と信頼性にあるのだ[*38]」さらに悪いことに、セレーラ社はヒトゲノム計画が発表した塩基配列を自分たちのゲノムをつなぎ合わせるための「足場」として利用している、それは分子の剽窃《ひょうせつ》行為にほかならないとコリンズとランダーは批判した（ベンターはこれに対し、ばかげた考えだと反論した。セレーラ社はそんな「足場」など使わなくても、全ゲノムを解読できたのだというのが彼の主張だった）。自分たちの装置だけでやったなら、セレーラ社のデータは単なる「ゲノムのトスサラダ[*39]（ボウルに野菜とドレッシングを入れて和えたサラダ）」にすぎないとランダーは言った。

　セレーラ社が論文の最後の草稿の完成にじりじりと近づいていたころ、科学者たちはセレーラ社に、公共の塩基配列データベースであるジェンバンクにデータを預けるようにと熱心に呼びかけた。ベンターは最終的に、学術機関の研究者も自由にデータを入手できるようにすることに同意したが、そこにいくつかの重要な制限を設けた。サルストンとランダーとコリンズはそうした妥協案に不満を覚え、自分たちの論文をライバルの科学雑誌である《ネイチャー》に送ることに決めた。

二〇〇一年二月一五日と一六日、ヒトゲノム計画とセレーラ社はそれぞれ、《ネイチャー》と《サイエンス》に論文を発表した。どちらも非常に長い論文で、ほぼ雑誌一冊分を占めていた（六万六〇〇〇ワードもあるヒトゲノム計画の論文は《ネイチャー》の歴史上、最長の論文だった）。あらゆる偉大な科学論文というのは、それ自身の歴史との対話である。《ネイチャー》の論文の冒頭の段落もまた、今こそ歴史を振り返る時期だという認識を強く示していた。

「二〇世紀の最初の数週間にメンデルの遺伝の法則が再発見されると、遺伝情報の性質と内容を理解するための科学の探究が始まった。そしてその探究が、ここ一〇〇年の生物学を牽引《けんいん》してきた。（一世紀にわたる）科学的な進歩は、それぞれがほぼ四分の一世紀に相当する主要な四段階に分けることができる。

第一段階では、遺伝の細胞レベルの基盤である染色体が明らかになった。第二段階では、遺伝の分子レベルの基盤であるDNAの二重らせん構造が明らかになった。第三段階では、細胞が遺伝子に含まれる情報を読むための生物学的なメカニズムの発見と、科学者が遺伝子情報を読むためのクローニングと解読の技術の発明によって、遺伝情報の基盤（遺伝暗号）が解明された」

そして、ヒトゲノムの解読は遺伝学の「第四段階」の始まりを象徴しているとヒトゲノム計画は断言した。ヒトを含む生物の全ゲノムの解析の時代である「ゲノミクス」の時代が始まったのだ。哲学は昔からこう問いかけてきた。知的な機械ははたして、自らの仕様書を解読できるのか。ヒトについていえば、その仕様書は今、完成した。それを解読し、読み、理解するのはまたべつの話だった。

ヒトの本（全二三巻）

人間は唯《ただ》これだけのものなのか？　この男の事をよく考えてみるがよい。*1

——ウィリアム・シェイクスピア『リア王』（第三幕第四場）

山の向こうには山がある。

——ハイチのことわざ

・ヒトのゲノムは三〇億八八二八万六四〇一のDNAの文字からなる（より最近の推定では、約三二億文字とされている）

・標準サイズのフォントの文字で書かれた本として出版されたなら、その本には……A

GCTTGCAGGGG……といったように四つの文字しか書かれておらず、ページというページをその四つの文字が埋めている。本全体のページ数はブリタニカ百科事典の六六倍の一五〇万ページになる。

・ヒトの体のほとんどの細胞で、ゲノムは二三対（全部で四六本）の染色体に分けられている。ゴリラ、チンパンジー、オランウータンを含む類人猿はすべて二四対の染色体を持つ。ヒト科が進化する過程のどこかの時点で、祖先の類人猿が持っていた中くらいのサイズの二本の染色体が融合して一本になった。ヒトのゲノムは数百万年前に、その類人猿のゲノムとおだやかに分かれ、時間の経過とともに新しい突然変異や多様性を獲得していった。われわれは染色体を一本失ったが、代わりに親指を一本得た。

・ヒトのゲノムには合計二万六八八七個の遺伝子が存在する。*2 線虫に比べてわずか一七九六個しか多くなく、トウモロコシよりも一万二〇〇〇個少なく、米や小麦よりも二万五〇〇〇個少ない。「ヒト」と「朝食シリアル」のちがいは遺伝子の数ではなく、遺伝子ネットワークの複雑さだ。われわれが何を持っているかではなく、われわれがそれをどう使うかが重要なのだ。

・ヒトのゲノムは猛烈な独創性を持っており、単純さから複雑さを絞り出す。ある特定のタイミングで、ある特定の細胞においてのみ、ある特定の遺伝子を活性化させたり抑制したりして遺伝子を調節し、時間と空間の中でそれぞれの遺伝子に独特の文脈やパートナーを与え、その結果、限定されたレパートリーから無限に近い機能的な多様性を生み出している。ひとつの遺伝子の中の遺伝子モジュール（エクソンと呼ばれる）を混合したり、組み合わせたりすることで、遺伝子レパートリーからさらなる組み合わせの多様性を引き出す。遺伝子調節と遺伝子スプライシングというこのふたつの戦略は他の生物のゲノムに比べてヒトのゲノムではより徹底的におこなわれているようである。ヒトの複雑さをもたらしている秘訣は、遺伝子の数の多さや、遺伝子タイプの多様性や、遺伝子機能の独創性というよりもむしろ、われわれのゲノムの創意なのだ。

・ヒトのゲノムは動的だ。ある細胞では、ゲノムは自らの塩基配列を入れ替えて、新しい遺伝子多型をつくり出す。たとえば、「抗体」（侵入してきた病原体に自らを結合させるようにデザインされたミサイルのようなタンパク質）を分泌する免疫系細胞は、つねに進化する病原体に対応して抗体を変化させなければならない。進化する病原体が、宿主にも進化を要求するのだ。そこでゲノムは遺伝子を入れ替えることによって反撃のための進化を達成し、その結果、驚くべき多様性をつくり出す。*s……tru……c……t……ure*（構造）と*g……en……ome*（ゲノム）という単語のアルファベットが入れ替えられて、*c……ome……t*（彗星）というまったく新しい言葉をつくり出すようなものだ。入れ替えられた遺伝子は多様な抗体を生み出す。このような細胞では、どのゲノムも完全に異なるゲノムを生み出す能力を持っている。

• ゲノムには驚くほど美しい部分が存在する。たとえば一一番染色体の非常に長い塩基配列上には、嗅覚のみに捧げられた領域がある。そこでは、密接に関係した一五五の遺伝子群が、熟達したにおいセンサーである一連の受容体をコードしている。それぞれの受容体はまるで鍵に結合する鍵穴のように特有の化学構造に結合し、その結果、スペアミント、レモン、キャラウェイ、ジャスミン、バニラ、ショウガ、コショウなどの明確なにおいの感覚を脳内で生じさせる。精巧な遺伝子調節によって、遺伝子群の中からある特定のにおい受容体の遺伝子だけが選ばれ、鼻の中の一個の嗅覚細胞だけにそれが発現する。われわれが何千ものにおいを嗅ぎ分けることができるのはこのためなのだ。

・奇妙なことに、遺伝子はゲノムのほんの一部しか構成していない。ゲノムのじつに九八パーセントに相当する膨大な領域は遺伝子ではなく、遺伝子と遺伝子のあいだに挟まれた長いＤＮＡ（遺伝子間ＤＮＡ）や遺伝子内のＤＮＡ（イントロン）に捧げられている。こうした長い領域はＲＮＡもタンパク質もコードしていない。それらがゲノムに存在している理由は遺伝子発現を調節するためなのかもしれないし、われわれが知らない理由のためなのかもしれない。あるいは、そもそも理由などないのかもしれない（単なる「ジャンクな」ＤＮＡなのかもしれない）。もしゲノムが北米からヨーロッパまでの大西洋の航路だとしたら、遺伝子は長く暗い航路上に点在する小さな島のようなものだ。それらの島をつなぎ合わせた長さはガラパゴス諸島のいちばん大きな島の直径ほどになる。もしくは、東京を横断する線路ほどだ。

・ヒトゲノムには歴史がちりばめられている。ゲノムの内部には、遠い昔にゲノム内に挿入され、それ以来、何千年ものあいだ受動的に運ばれてきた奇妙なＤＮＡ断片（そのいくつかは古代のウイルスに由来する）が埋め込まれている。こうした断片のいくつかは、かつて、遺伝子から遺伝子へと、生物から生物へと活発に「ジャンプする」ことができたが、今では不活性化され、沈黙している。それらの断片はまるで引退した巡回セールスマンのように、われわれのゲノムに永久につなぎ止められたまま、動くことも、出ていくこともできずにいる。こうした断片は遺伝子そのものよりもずっと多く存在し、われわれのゲノムにべつの特性をもたらしている。ヒトゲノムの大部分はヒトではないという特性だ。

・ヒトゲノムには頻繁に現れる繰り返し配列がある。Ａｌｕと呼ばれる、謎めいた三〇〇塩基対の配列が何百万回も執拗に現れるが、その起源も、機能も、重要性もわかっていない。

・ヒトゲノムには大きな「遺伝子ファミリー」（お互いによく似た遺伝子で、同様の機能をはたしている）が存在し、それらはしばしば遺伝子群をつくっている。ある染色体上の遺伝子群には、密接に関係した二〇〇個の遺伝子が集まっており、胎児の運命やアイデンティティや構造、そして胎児の体節や器官を決定するうえで重要な役割をはたす「Ｈｏｘ」ファミリーのタンパク質をコードしている。

・ヒトゲノムには、かつては機能していたが、現在は機能しなくなった「偽遺伝子」、すなわちタンパク質やRNAをコードしなくなった遺伝子が何千個も存在し、不活性化されたそれらの遺伝子の残骸が浜辺の化石のようにゲノムじゅうに散らばっている。

・ヒトゲノムは、われわれひとりひとりを他の人間とは明確に異なる存在にするだけの十分な多様性を持ちながら、われわれの種のどのメンバーであれ、チンパンジーやボノボ（それらのゲノムの九六パーセントがヒトのゲノムと一致している）とは大きく異なる存在にするだけの一貫性も保持している。

・ヒトゲノムの最初の遺伝子である一番染色体の一番目の遺伝子は、鼻の中でにおいを感じるタンパク質をコードしており（嗅覚遺伝子は至るところにあるのだ！）、ヒトゲノムの最後の遺伝子であるX染色体上の最後の遺伝子は、免疫系の細胞同士の相互作用を調節するタンパク質をコードしている（「最初」と「最後」の染色体は任意に決められた。最初の染色体というのは、いちばん長いために最初にラベルされたものだ）。

・染色体の末端には「テロメア」という構造がある。テロメアのDNA配列は、あたかも靴ひもの先端のビニールの部分のように、染色体が擦り切れたり、劣化したりしないように保護している。

・われわれは遺伝子の暗号（一個の遺伝子の情報がどのように利用されてタンパク質ができるか）を完全に理解しているが、ゲノムの暗号（ヒトの個体をつくり、維持し、修復するために、ヒトのゲノム上の無数の遺伝子はどのように、時間と空間の中で遺伝子発現を調整しているのか）は実質上、まったく理解していない。RNAをつくるためにDNAが使われ、タンパク質をつくるためにRNAが使われ、DNAの塩基三文字がタンパク質のひとつのアミノ酸を指定する、というように、遺伝子の暗号のほうはシンプルなのに対し、ゲノムの暗号のほうは複雑である。遺伝子には、いつどこで発現するかという情報を担うDNA配列が付加されているが、ある遺伝子がなぜゲノム地図上の特定の位置に存在するのかはわかっておらず、遺伝子と遺伝子のあいだのDNA配列が遺伝子の生理機能をどう調節し、連動させているのかも不明だ。山の向こうに山があるように、暗号の向こうには暗号があるのだ。

・環境の変化に応じて、ヒトゲノムは自らの上に化学的な印《しるし》を残したり消したりし、そうすることで、細胞の「記憶」のようなものをコードする（詳しくは後述する）。
・ヒトゲノムは不可解で、脆弱《ぜいじゃく》で、回復力があり、順応性があり、反復性で、特異的である。
・ヒトゲノムには進化する用意があり、そこには過去の残骸がちりばめられている。
・ヒトゲノムは生き残れるようにデザインされている。
・ヒトゲノムはわれわれ自身に似ている。

第五部　鏡の国

アイデンティティと「正常」の遺伝学（二〇〇一～二〇一五）

鏡の国のおうちに行けたら、なんてすてきでしょう！　向こうには、
そりゃあ、きれいなものがあるにちがいないわ！[*1]

――ルイス・キャロル『鏡の国のアリス』

「それなら、わたしたちは同じね」*1

ジョージ・ブッシュみたいな気分だよ。再投票しようぜ。この結果はまちがっている。*2

——テレビ番組の企画でDNA検査を受け、どちらのほうがアフリカ系アメリカ人の血を多く引いているかを元バスケットボール選手のチャールズ・バークレーと競った結果、自分のほうが少ないと知ったときのヒップホップMC、スヌープ・ドッグの言葉。

私とユダヤ人の共通点はなんだ？　私には自分自身との共通点すらほとんどない。*3

——フランツ・カフカ

医学は世界を「鏡文字」を介して把握している、と社会学者のエヴェレット・ヒューズはかつて皮肉を込めて言った。健康を定義するために病気が使われ、異常が正常の境界を決め、逸脱が適合の境界を定める。鏡文字を介した結果、医師の目に映るヒトの身体は壮絶にゆがんでしまう可能性がある。[*4] 整形外科医は骨折が起きる部位として骨をとらえ、神経内科医が思い浮かべる脳とは、記憶が失われる場所でしかない。真偽は定かではないものの、ある古い話によれば、記憶喪失になったボストンの外科医は、自分が施したさまざまな手術の名前でしか友人のことを思い出せなくなったという。

イギリスの科学ジャーナリストであるマット・リドレーが書いているように、ヒト生物学の歴史のほぼ全体をとおして、遺伝子もまた鏡文字を介して認識されてきた。突然変異した際に引き起こされる異常や病気をもとにして特定されてきたのだ。「嚢胞性線維症」の遺伝子、「ハンチントン病」の遺伝子、「乳がんを引き起こす」BRCA1遺伝子というように。生物学者はそうした用語体系はおかしいと感じている。なぜならBRCA1遺伝子の機能というのは、突然変異した際にがんを引き起こすことではなく、正常なときにDNAを修復することだからだ。「よき」乳がん遺伝子BRCA1の唯一の機能は、DNAが損傷を受けた際に確実に修復することであり、乳がんの家族歴のない何億人もの女性は、こうしたよいタイプのBRCA1遺伝子を受け継いでいる。その変異遺伝子であるm－BRCA1をもとにつくられるBRCA1タンパク質は構造が変化しており、損傷されたDNAを修復できなくなる。BRCA1タンパク質が正常に働かなくなると、ゲノム内で遺伝子不安定性が生じ、最終的にがんが引き起こされる。

ショウジョウバエのwinglessと呼ばれる遺伝子がコードしているタンパク質の本来の機能は、翅のない（wingless）ショウジョウバエをつくることではなく、翅をつくることだ。嚢胞性線維症（CF）遺伝子と名づけることは、「肝臓は肝硬変を引き起こす臓器であり、心臓は心臓発作を起こす場所であり、脳は脳卒中を起こす場所だ、といったように、体の各器官をその器官に発生する疾患によって定義するのと同じくらいおかしな話だ[*5]」とリドレーは述べている。

ヒトゲノム計画によって、遺伝学者はこの鏡文字を反転させることができた。正常なヒトゲノムの全遺伝子の網羅的なカタログと、そのようなカタログをつくるために生み出された道具によって、鏡の表から遺伝学にアプローチすることが原理上、可能になったのだ。もはや、正常な生理機能の境界を定義するのに病理を持ち出す必要はなくなった。一九八八年、ヒトゲノム計画についての全米研究評議会の文書には、遺伝学研究の未来についての重要な予測が記されている。「DNA塩基配列には、学習、言語、記憶といった、人間の文化にとって本質的な知的能力の決定因子がコードされている。さらには、人間に苦しみを引き起こすさまざまな疾患にかかりやすくする突然変異や多型もコードされている」[*6]

慎重な読者ならおそらく、前記の二文が新しい科学のふたつの野心を示唆していることに気づいたはずだ。人類遺伝学は伝統的に、自らを病理学、つまり「人間に苦しみを引き起こすさまざまな疾患」に関連づけてきた。しかし遺伝学は新しい道具や方法で武装し、これまでは入り込めないと思ってきたヒト生物学の領域を自由に探検できるようになり、その結果、病理の岸から正常の岸へと渡った。歴史、言語、記憶、文化、性的傾向、アイデンティティ、人種を理解するために、新しい科学が使われるようになったのだ。そして野心的にも、新しい科学は正常の（健康と、アイデンティティと、運命の）科学になることを目指そうとしていた。

遺伝学の軌跡の変化は、遺伝子の物語の変化を示唆してもいる。この時点までの本書の構成の原則は歴史であり、本書で描かれる遺伝子からゲノム計画までの旅は、概念の飛躍と発見とをほぼ時系列的に並べていったものだった。しかし人類遺伝学の焦点が病理から正常へと移ったことで、編年体的な方法ではもはや、その探究のさまざまな側面をとらえることができなくなった。人類遺伝学はこれまでになく、個別のテーマに焦点をあてたものになり、ヒト生物学についての個別的だが互いに重複する探究（人種、ジェンダー、性的傾向、知能、気質、個性の遺伝学）へと編成された。

遺伝子の領土が拡大したことによって、われわれの人生に遺伝子がおよぼす影響をこれまでにないほど深く理解できるようになった。しかし遺伝子を介してヒトの「正常」に対峙するという試みはまた、遺伝学という分野に、かつてないほど複雑な科学的・道徳的な謎への対峙を強いることにもなった。

遺伝子が人間について何を教えてくれるかを理解するために、まずは、遺伝子が人類の起源について何を教えてくれるかを解き明かしたいと思う。人類遺伝学という分野が出現する前の一九世紀半ば、人類学者や、生物学者や、言語学者は人類の起源という問題に必死で取り組んでいた。一八五四年、スイス生まれの博物学者ルイ・アガシは「多元発生説」と呼ばれる説の最も熱心な提唱者となった。人類の三つの主な人種（彼はそれらを白人、アジア人、黒人に分類するのを好んだ）は数百万年前に、異なる系統の祖先から別々に誕生したという説だ。

アガシはほぼまちがいなく、科学の歴史上最も顕著な人種差別主義者だった。人種の遺伝的なちがいを信じる者という言葉のもとの意味においても、さらには、いくつかの人種が他の人種より根本的に優れていることを信じる者という、その言葉の運用上の意味においても。アガシは、自分がアフリカ人と共通の祖先を持つかもしれないという恐怖心を抱いており、その恐怖心がもたらす嫌悪感のために、次のように主張しつづけた。それぞれの人種は独自の男女の祖先を持っており、そうした祖先から個別に現れて、時間と空間の中で個別に分岐していったにちがいない（「アダム」という名前は、「赤面する人」というヘブライ語に由来しており、赤面していることがはっきりわかるのは白人だけだと彼は主張した。そして、アダムはそれぞれの人種ごとにひとりずつ存在したにちがいない、つまり複数いたのだと結論づけた。赤面するアダムも、しないアダムも）。

一八五九年、ダーウィンの『種の起源』が出版されたことで、アガシの多次元発生説は危うくなった。『種の起源』は人類の起源という問題に触れることをあからさまに避けてはいたが、自然選択によるダーウィンの進化の概念は明らかに、すべての人種が異なる祖先を持つというアガシの理論に反するものだった。フィンチやカメがどちらも共通の祖先から分岐したのだとしたら、ヒトだけ例外だということがありうるだろうか？

アカデミックな対決としては、滑稽なまでに一方的な闘いだった。立派なひげを生やしたハーバード大学の教授であるアガシが世界で有数の博物学者だったのに対し、ダーウィンのほうは「ハーバード大学のあるケンブリッジとはちがう」ケンブリッジの大学の出身だった。疑念に駆られ、聖職者から独学で博物学者となったダーウィンは、イギリス以外ではほとんど無名だった。アガシはそれでも、致命的な対決になりかねないことを感じ取り、ダーウィンの本に対する痛烈な反論を発表した。「もしダーウィン氏や彼の信奉者が、個体が時間経過とともに変化し、やがて種を形成することを示す具体的な事実をひとつでも示したなら……話はちがってくるのだが[*7]」

　だがそんなアガシですら、それぞれの人種が異なる祖先を持つという自分の理論は「ひとつの事実」どころか多くの事実に矛盾していることを認めざるをえなくなった。一八四八年、ドイツのネアンデル谷の石灰岩の採石場で働いていた鉱員が偶然、奇妙な頭蓋骨を掘り起こした。[*8] ヒトの頭蓋骨に似てはいたものの、引っ込んだ顎、より大きな頭蓋、関節の発達した顎骨、突出した額といったようなヒトの頭蓋骨とは明白に異なる特徴があった。その頭蓋骨は最初、事故に遭った奇人（洞窟から出られなくなった狂人）のものにちがいないとして片づけられたが、その後の数十年のあいだに、似たような頭蓋骨や骨がヨーロッパやアジア各地の渓谷や洞窟で次々と発見された。それらの骨を組み立てていった結果、二足歩行する、ややO脚でたくましい体つきをした、額の突き出た種（しかめ面の気むずかしいプロレスラーといった感じだ）のものであることがわかった。そのヒト科の動物は、発見場所の名前を取ってネアンデルタール人と名づけられた。

　多くの科学者が最初、ネアンデルタール人は現生人類の祖先であり、現生人類と類人猿とを結ぶ鎖の欠けた部分のひとつだと考えた。たとえば一九二二年には、アメリカの月刊誌《ポピュラー・サイエンス・マンスリー》がネアンデルタール人は「ヒトの進化の初期[*9]」の姿だと書いている。その記事には、すでにおなじみになっていたヒトの進化図が添えられており、テナガザルに似たサルがゴリラになり、ゴリラが二足歩行するネアンデルタール人になり、やがて人類が誕生するまでが描かれていた。しかし一九七〇年代から八〇年代にかけて、「ネアンデルタール人が人類の祖先である」という仮説は誤りであることが証明され、それに代わって、一風変わった説、すなわち初期の現生人類はネアンデルタール人と共存していたという説が主流になった。「進化の鎖」の図は改訂され、テナガザルとゴリラとネアンデルタール人と原生人類は人類の進化の各段階ではなく、それぞれが共通の祖先から枝分かれして生まれたという概念を反映したものになった。新たに見つかった人類学の証拠が、原生人類（当時はクロマニョン人と呼ばれていた）は四万五〇〇〇年前に、ネアンデルタール人のシーンに登場したことを示していた。現生人類はおそらく、ヨーロッパのネアンデルタール人の暮らす場所に移住したと考えられている。ネアンデルタール人は四万年前に絶滅しているため、初期の原生人類とは五〇〇〇年間にわたって共存していたことになる。

　クロマニョン人は実際、ネアンデルタール人よりも顎が小さく、顔は平らで、額は突出しておらず、現生人類と同じ薄い顎を持っている。われわれにより近く、現生人類の祖先である可能性が高い（解剖学的にまちがいなくクロマニョン人とされる人類の差別・偏見のない呼び方は、欧州初期現生人類EEMHである）。こうした初期の現生人類は、少なくともヨーロッパのいくつかの場所でネアンデルタール人と出会い、資源や食糧や空間を求めて争ったと考えられている。ネアンデルタール人はわれわれの隣人であり、ライバルだった。ネアンデルタール人と交配したことを示唆する証拠や、食糧や資源をめぐる闘いの末、われわれの祖先がネアンデルタール人を絶滅に追いやったことを示唆する証拠もある。われわれは彼らを愛し、そして、そう、殺したのだ。

だがネアンデルタール人と現生人類とが区別されたことによって、われわれはぐるりとまわって、最初の疑問に戻ることになった。人類とは何歳なのだろう？　われわれはどこから来たのだろう？　一九八〇年代、カリフォルニア大学バークレー校のアラン・ウィルソンという名の生物学者が、これらの疑問に答えるために遺伝学の手法を使いはじめた[†][*10]。

† ウィルソンの重要な洞察は、ゲノムのまったく新しい捉え方を提唱した生化学のふたりの巨匠、ライナス・ポーリングとエミール・ツッカーカンドルから引き出したものだった。ポーリングとツッカーカンドルは、個々の生物を組み立てる情報の大要としてだけでなく、生物の進化の歴史についての情報の大要として、つまり「分子の時計」としてゲノムを捉えることを主張した。日本の進化生物学者、木村資生《もとお》もこの説を提唱している。

ウィルソンの実験は、かなり単純な考えから出発したものだった。あなたがあるクリスマスパーティーにいきなり放り込まれたと想像してほしい。あなたはパーティーのホストも、客も知らない。一〇〇人の男女と子供が歩きまわってパンチを飲んでいる。そしていきなり、ゲームが始まり、人々を家族や、親戚や、家系に分けるようにと言われる。名前や年齢を尋ねることはできない。あなたは目隠しをされており、似ている顔を探したり、しぐさを観察したりして家系図をつくることもできない。

遺伝学者にとっては、それは扱いやすい問題だ。彼はまず最初に、それぞれの人のゲノムに何百もの自然な多型や突然変異があることに気づく。個人同士の血縁関係が近くなればなるほど、多型や突然変異の分布が似てくる（一卵性双生児のゲノムはまったく同じであるし、子供は父親と母親からゲノムを平均で半分ずつ受け継いでいる、というように）。それぞれの人物について、多型の塩基配列を解読して、それらを特定できたなら、血統はすぐにわかる。突然変異はその機能のひとつとして個体間に関連性をもたらす。血縁関係にある者同士で目鼻立ちや肌の色や身長が似ているように、多型も家族同士のほうが似ている（実際、家族同士で目鼻立ちや身長が似ているのは、同じ遺伝子多型を持つからなのだ）。

それでは、遺伝学者が次に、パーティーに出席している人々の年齢をまったく知らないままに、いちばん多くの世代が出席している家系をあてるようにと言われたらどうだろう？　ある家系からは曾祖父、祖父、父、息子の四世代が出席しているとする。べつの家系からも四人が出席している。父親と一卵性の三つ子の二世代だ。顔や名前をまったく知らないままに、出席者全員の中からいちばん多くの世代が出席している家系を見つけ出すことはできるだろうか？　家系のメンバーの数を数えるだけでは見つけられない。父親と三つ子の家系も、曾祖父と祖父と父親と息子の家系もメンバーの数は同じ、四人だからだ。

遺伝子と突然変異が賢明な解決策を提供してくれる。つまり、突然変異は世代を経るごとに（世代間時間のあいだに）蓄積していくため、遺伝子の多様性が最も高い家系がいちばん多くの世代が出席している家系ということになるからだ。三つ子はまったく同じゲノムを持っているため、三人の遺伝的多様性は最も少ない。対照的に、曾祖父とひ孫のペアのゲノムは関係性があるものの、最も異なっている。進化とは、突然変異を介して時を刻むメトロノームのようなものだ。遺伝的多様性はこのように、「分子時計」として働き、変異をもとにして系図を体系化することができる。同一家系のふたりのメンバーのあいだの世代間時間というのは、それがどんなふたりであれ、両者のあいだの遺伝的多様性の程度に比例している。

ウィルソンは、この手法は家系だけでなく、生物の全集団にあてはまることに気づいた。

関係性の地図をつくるのに遺伝子多型を利用し、種の中の最も古い集団を見つけるのに遺伝的多様性を利用すればいいのだ。遺伝的多様性がいちばん高い種族は、遺伝的多様性がほとんどないか、まったくない種族よりも古いということになる。

ゲノムの情報を利用することで、ウィルソンは種の年齢を推定するという問題をほぼ解いてみせた。が、そこにはちょっとした不具合があった。遺伝的多型が突然変異によってのみつくり出されるとしたら、ウィルソンの方法は完璧だったはずだ。しかし遺伝子はほとんどのヒト細胞で、ふたつのコピーとして存在し、対になった染色体間でそうしたコピー同士の「乗り換え」が起き、その結果、突然変異とは異なるやり方で遺伝的多型が生み出される。ウィルソンはそのことを知っていた。多様性を生み出すこのやり方は、ウィルソンの研究をどうしても混乱させてしまう。理想的な遺伝的系図をつくるためには、混ぜ合わせや乗り換えが決して起きないヒト遺伝子の領域が必要だった。突然変異の蓄積によってしか変化しないために、完璧な分子時計の役目をはたすことのできる領域だ。

だが単一のコピーしかないそんな脆弱な領域はどこにあるのだろう? ウィルソンは巧妙な解決策を思いついた。ヒト遺伝子は細胞核内の染色体上に存在しているが、唯一、例外があった。どの細胞の内部にも、エネルギーを産生するミトコンドリアという細胞小器官があり、そのミトコンドリアには、ヒトの染色体上の遺伝子の六〇〇〇分の一にあたるわずか三七個の遺伝子からなる独自の小さなゲノムが存在する（ミトコンドリアというのは、単細胞生物の中に侵入した古代の細菌に由来するという説がある。それによれば、古代の細菌は単細胞生物と共生関係を築いていた。古代の細菌はエネルギーを供給し、その代わりに生物の細胞環境を利用して、栄養を摂取したり、代謝をおこなったり、自己防御したりした。ミトコンドリア内の遺伝子はこの古代の共生関係の名残とされており、実際、ヒトのミトコンドリア遺伝子はヒトの遺伝子よりも細菌の遺伝子に似ている）[*11]。

ミトコンドリアゲノムには単一のコピーしかないため、めったに組み換えが起こらない。ミトコンドリア遺伝子の突然変異はそっくりそのまま世代から世代へと受け継がれ、乗り換えが起きることなく時間の経過とともに蓄積していくため、ミトコンドリアゲノムは理想的な時計といえる。この方法での年代推定は完全に自己完結型であり、そこにはバイアスもかからないことにウィルソンは気づいた。化石記録や、言語系統や、地層や、地勢図や、人類学的調査などを一切参照する必要はなかったのだ。現在生きている人間には、人類の進化の歴史がゲノムという形で与えられている。私たちは祖先ひとりひとりの写真を財布に入れて持ち歩いているようなものなのだ。

一九八五年から一九九五年にかけて、ウィルソンと彼の学生たちは、これらの手法をヒトの化石に適用できるようになった（ウィルソンは一九九一年に白血病で死去したが、彼の学生たちが研究を続けた）。これらの研究の結果は、三つの理由から仰天させられるものだった。ひとつめは、ヒトのミトコンドリアゲノム全体の多様性を測定した結果、驚くほど多様性が低く、チンパンジーのミトコンドリアゲノムの多様性よりも低いことが判明したのだ。[*12] それはつまり、現生人類はチンパンジーに比べてかなり若く、かなり同質だということだった（われわれ人間にはどのチンパンジーも同じに見えるが、チンパンジーにしてみれば、互いに似通っているのは人間のほうなのだ）。後ろ向きに計算した場合、人類の年齢は進化の物差しからすればほんの一瞬にすぎない、約二〇万年と推定された。

最初の現生人類はどこからやってきたのだろう？　一九九一年までに、ウィルソンは遺伝的多様性を分子時計として利用することによって、地球上のさまざまな集団の系図を作成し、集団の相対的な年齢を計算した。[*13] 遺伝子解読やアノテーション技術が進歩するにつれ、遺伝学者はこの分析方法を洗練させていき、やがて、研究対象を世界じゅうの何百もの集団の何千人もの人々へと拡大していった。

二〇〇八年一一月、スタンフォード大学のルイジ・カヴァッリ＝スフォルツァ、マーカス・フェルドマン、リチャード・マイヤーズは世界じゅうの五一の亜集団の計九三八人の人々の六四万二六九〇の遺伝子多型を解析し、人類の起源についてのふたつめの驚くべき結果をもたらした。[*14] 現生人類は地球のかなり狭い領域、つまりサハラ以南のアフリカで一

○万年から二〇万年前に出現し、その後、北や東に移動して中東、ヨーロッパ、アジア、アメリカに住みついたと推定されたのだ。「アフリカから遠ざかれば遠ざかるほど多様性が低くなる」とフェルドマンは書いている。[*15]「そのようなパターンは、最初の現生人類はアフリカを約一〇万年前に離れたあと、世界各地に段階的に移住していったという理論にあてはまる。小さな集団が新しいすみかを探すために母集団を離れる際には、その集団は母集団の遺伝的多様性のごく一部しか引き継がなかった」

最古の人類の集団（その集団のゲノムにはさまざまな古代の変異や多型が散在している）は南アフリカ、ナミビア、ボツワナに住むサン族と、コンゴのイトゥリ熱帯雨林の奥に住むムブティ・ピグミー族である。[*16]反対に、最も「若い」人類は一万五〇〇〇年から三万年前にヨーロッパを離れ、冷たいベーリング海峡を渡ってアラスカのスワード半島にたどり着いた北アメリカの先住民である。[*17]人類の起源と移住についてのこの理論は、化石標本や、地質学的データや、考古学的な調査結果や、言語学的パターンによって裏づけられており、ほとんどの遺伝学者に受け入れられている。それは「アフリカ単一起源説[*18]」、あるいは「新しい出《しゅっ》アフリカ説（the Recent Out of Africa Model）」だ（「新しい」は現生人類の共通祖先が分岐した年代が驚くほど最近だったことを表しており、頭字語のＲＯＡＭ「うろつく」は、われわれのゲノムがもたらしたと思われる、歩きまわりたいという祖先の衝動を表した愛情あふれる言葉である)。

三つめの重要な結論について理解するために、まずは次の事実を知っておいたほうがいいだろう。卵子と精子の受精により誕生した単細胞の胚について考えてみよう。この胚の遺伝物質は父親の遺伝子(精子が運ぶ)と母親の遺伝子(卵子が運ぶ)に由来しているが、胚の細胞の構成物質は卵子だけに由来する。精子は男性のDNAを運ぶ栄誉ある運搬手段にすぎず、言うなれば、活発に動く尻尾を持ったゲノムにすぎない。

卵子はタンパク質、リボソーム、栄養素、細胞膜だけでなく、ミトコンドリアという特別な構造体も胚に与える。このミトコンドリアは細胞のエネルギー産生工場であり、構造も特殊で、機能も特化しているため、細胞生物学者はミトコンドリアを「細胞小器官」と呼んでいる。細胞の中に存在する小さな器官という意味だ。前述したように、ミトコンドリアは、二三対の染色体(約二万一〇〇〇個の遺伝子)が存在する細胞の核の中ではなく、自らの内部に独自の小さなゲノムを持っている。

胚の中のミトコンドリアが母親のみに由来するという事実から、重要な結論が導き出された。男性も女性も、ヒトは誰もが母親からミトコンドリアを受け継ぎ、母親もその母親からミトコンドリアを受け継いでいる……というように、女性の祖先が途切れることなくずっと続いているのだ〔どの女性も自分の細胞のミトコンドリアの中に、未来の子孫に受け渡すミトコンドリアゲノムを持っている。皮肉なことに、もし「ホムンクルス」なるものが存在するとしたら、それは完全に女性（female）由来のものである。正確には「フェムンクルス（femunculus）」とでも言ったほうがいいのではないだろうか？〕。

女性が二〇〇人いる古代の種族を思い浮かべてみよう。どの女性も子供をひとり産む。その子供が娘なら、女性はミトコンドリアを次世代へと受け渡し、娘の娘を介して三番目の世代にも受け渡すことになる。しかし産んだのが息子だけで、娘がいなければ、女性のミトコンドリアの系統は遺伝的な迷宮に入り込み、絶滅してしまう（精子はミトコンドリアを胚に受け渡さないため、息子は自分のミトコンドリアゲノムを子供に受け渡すことができない）。その種族の進化の過程で、何万ものミトコンドリアの系統が偶然、こうした袋小路に行きあたり、消滅する。さて、ここからが重要な点だ。種の始祖集団が十分に小さく、さらに十分な時間が経過したならば、生き残る母親の系統はどんどん少なくなっていき、しまいにはほんのわずかしか残らなくなる。種族の二〇〇人の女性の半数が息子しか産まなければ、一〇〇のミトコンドリアの系統が男性限定遺伝の窓ガラスに激突し、次世代で消えてしまう。残りの半数の系統のうちのいくつかも、次世代で袋小路に突きあたる。こうして数世代を経たあとで種族のすべての男女のミトコンドリアの起源をたどったなら、ほんの数人の女性の先祖に行き着くことになる。

現生人類についていえば、女性の先祖の数は一である。すべての人類のミトコンドリアの系統をたどると、二〇万年前にアフリカにいたひとりの女性へとたどり着く。彼女は人類の共通の母親である。どんな姿をしていたのかはわからないが、最も近い現代の種族はボツワナとナミビアのサン族と考えられている。

人類の始まりに共通の母がいたというこの説に、私はどこまでも魅了される。人類遺伝学では、彼女は美しい名前で呼ばれている。「ミトコンドリア・イヴ」と。

一九九四年の夏、免疫系の遺伝的起源について研究している大学院生だった私は、大地溝帯に沿ってケニアからジンバブエへと旅をし、ザンベジ川を越えて南アフリカの平野に足を踏み入れた。私は人類の進化の旅を逆にたどっていた。旅の目的地はナミビアとボツワナからほぼ等距離にある南アフリカの乾燥台地で、かつてサン族の一部が暮らした場所だった。そこは月面のように荒涼たる場所だった。執拗な地球物理学的な力によって切り取られ、平野の上に置かれたかのような乾いたテーブル状の台地だ。そのころまでには、私の持ち物は盗まれたり、なくしたりして、実質上何も残っていなかった。ボクサーショーツが四枚（よく二枚重ねにして、ショートパンツとしてはいた）、プロテイン・バーが一箱、ペットボトル入りの水。聖書には、われわれは裸で来たと書かれている。私もまた、もとの場所に戻ろうとしていた。

少し想像力を働かせたなら、あの吹きさらしのテーブル状の台地を出発点として、人類の歴史を組み立てることができる。時計は約二〇万年前に初期の現生人類がこの場所や近くの似たような場所に住みはじめたころから動き出す（進化遺伝学者のブレンナ・ヘン、マーカス・フェルドマン、サラ・ティシュコフは現生人類の出発点を、そこよりさらに西のナミビアの沿岸近くの場所に正確に位置づけている）。この古代の種族の文化や習慣については何もわかっていない。彼らは道具や、絵や、洞窟住居などの人工物を何も残しておらず、残したのはただひとつ、あらゆる遺物の中で最も意味深いもの、そう、われわれに永久に縫い込まれた遺伝子だ。

その種族はわずか六〇〇〇人から一万人ほどの人々からなる非常に小さな集団で、現在の基準からしても最小の種族だったと考えられている。最も大胆な予測では、その種族にはわずか七〇〇人（市《まち》の一ブロックの人口か、あるいはひとつの村の人口ほど）しかいなかったとされている。ミトコンドリア・イヴはその種族の中で暮らし、少なくとも娘をひとり産み、少なくとも孫娘がひとりいたはずだ。いつ、なぜ、この種族が他のヒト科の動物と交雑するのをやめたのかはわからないが、彼らが二〇万年前に種族の中だけで交配しはじめたことは明らかだ（詩人のフィリップ・ラーキンは「セックスは一九六三年に始まった[*19]」と書いているが、その考えは約二〇万年もずれていたということだ）。種族はおそらく、気候変動によって孤立したか、あるいは、地理的な障壁によって置き去りにされたと考えられている。そしておそらく、恋に落ちたのだろう。

若者がよくそうするように、種族はここから西に向かい、その後、北に向かった。[†] 大地溝帯の渓谷をよじ登ったり、ムブティ族とバンツー族が今も暮らすコンゴ盆地の熱帯雨林の林冠の下に身を隠したりした。

しかし、実際の物語はこんなふうに地理的に一貫してもいなければ、整然としてもいない。初期の現生人類のいくつかの集団は放浪したのちにサハラ砂漠（当時は細長い湖や川が横切る緑豊かな土地だった）に戻り、地元のヒト科の動物と混じりあって交雑すらし、ひょっとしたら進化の戻し交配がおこなわれたのかもしれない。古人類学者のクリストファー・ストリンガーは次のように語っている。「現生人類の中には他の人よりも古い遺伝子を持つ者がいる可能性がある。実際にそのように思える。そこでわれわれはふたたびこう質問する。現生人類とはなんだろう？　この先一、二年の最も興味深い研究テーマは、われわれの仲間がネアンデルタール人から受け継いだDNAを探すというものになるだろう……科学者はそのDNAを見て、次のような疑問を抱くはずだ。このDNAは機能しているのだろうか？ このDNAはこれを持つ人々の体内で何かしているのだろうか？ 脳や、解剖学や、生理機能に影響をおよぼしているのだろうか？」[20]

移動はなおも続いた。今から約七万五〇〇〇年前、人類の一集団がエチオピアかエジプトの北東の端にたどり着いた。紅海が狭まって、すくめた肩のような形のアフリカの角《つの》と、下向きの肘のような形のアラビア半島の先端とのあいだの細長い海峡になるあたりだ。そのときには、海を割ってくれる者はいなかった。その集団の男女を海の向こうに渡らせた力はいったい何だったのか、彼らがどのようにして海を渡ったのかは不明のままだ（当時の海は今よりも浅かったために、地質学者の中には、われわれの祖先は海峡に連なった砂州を飛び移ってアジアやヨーロッパへと移動したのではないかと考えている者もいる）。およそ七万年前にインドネシアのスマトラ島にあるトバ火山が大噴火を起こし、大気中に巻き上げられた大量の火山灰が日光を遮断し、何十年にもわたる寒冷化をもたらした。その結果、新たな食糧や土地を求める必死の旅が始まったのではないかという説もある。

† 最近のいくつかの研究が示唆しているように、この種族の起源が南西アフリカならば、これらの人類は東と北に移動したことになる。

また、なかにはより小規模な災害が起きるたびに祖先の分散が起きたのではないかと考える研究者もいる。*21 ある支配的な説によれば、少なくとも二回、海峡の横断がおこなわれたとされており、そのうちの古いほうの横断は一三万年前におこなわれたと考えられている。〝移住者〟は中東へ到達し、アジアを海岸沿いに進んでインドへ向かい、それから南のビルマ、マレーシア、インドネシアへと扇状《おうぎ》に広がっていった。二度目の横断は六万年前におこなわれ、移住者は北に進んでヨーロッパに入り、そこでネアンデルタール人と遭遇したと考えられている。どちらのルートも、拠点としてアラビア半島を利用しており、アラビア半島こそがヒトゲノムの真の「人種のるつぼ」だと言える。

確実に言えることは、危険な海峡の横断を生き延びた人類はごくわずかだったということだ。おそらくは六〇〇人ほどの男女しかいなかったと考えられている。ヨーロッパ人や、アジア人や、オーストラリア人や、アメリカ人はこうしたすさまじい難関を生き延びた人々であり、この試練に満ちた歴史もまた、われわれのゲノムにその痕跡を残している。遺伝子という意味では、土地と空気を求めてあえぎながらアフリカからやってきたわれわれのほぼ全員が、これまで考えられてきた以上に密接に関係しあっているのだ。われわれは同じ船に乗っているというわけだ、兄弟。

以上のことから、人種や遺伝子について何がわかるだろう？　非常に多くのことがわかる。まず最初に、人種の分類というのは本質的に限界のある命題だということだ。政治学者のウォレス・セイヤーは、アカデミックな論争が敵意に満ちたものになりがちなのは、そこに絡む利害がきわめて低いからだと皮肉を言った。人種について激しい議論を闘わす前にもまずは、人類のゲノムの多様性が実のところ驚くほど低く、他のたいていの種よりも低い（前述したように、チンパンジーよりも低い）という点を認識すべきなのかもしれない。人類が地球に誕生してからわずかしかたっていないために、われわれには相違点よりも類似点のほうがはるかに多い。まだ若すぎる人類は、当然のことながら、禁断のリンゴを口にしてもいないのだ。

しかし、若い種にも歴史はある。ゲノミクスの最も浸透性のある力は、とてもよく似たゲノムでもクラスやサブクラスに分けることができるという点だ。もしわれわれが区別すべき特性やパターンを探したなら、実際にそれらを見つけることができる。注意深く調べたなら、ヒトゲノムの多様性のパターンのちがいは確かに、地理上の特定の領域や大陸、さらには、人種と人種の伝統的な境目に沿っていることがわかる。すべてのゲノムには先祖の印が残っており、個人の遺伝的特徴を調べることによって、その人物の起源を大陸や、国籍や、国や、さらには種族にまで驚くほど正確に位置づけることができる。これはまちがいなく、究極の小さな差異といえるものだが、それがわれわれの言う「人種」だとしたら、その概念はゲノム時代を生き延びただけでなく、ゲノム時代によって増強されたといえる。

人種差別の問題は、人の遺伝学的性質から人種を推定することにあるのではない。まさにその反対、すなわち人種から人の性質を推定することにある。問題は、ある人の皮膚の色、毛髪の性質、言語からその人の祖先や起源についてなんらかの推測ができるかではなく、生物学的な系統（血統、分類、人種地図、生物学的差異）を推測できるかなのだ。ゲノミクスは実際に、こうした推測の能力に磨きをかけており、どんな人についても、その人物のゲノムを調べて、祖先や発生地を推測できるようになった。しかし、はるかに物議を醸すのは逆の問題、つまり、アフリカ人やアジア人といった人種的なアイデンティティから、その人物の性質を推測できるかだ。肌や髪の色だけではなく、知能や癖や人格や才能といった、より複雑な性質を推測できるのだろうか？　遺伝子が人種について教えてくれるのは確かだが、人種は遺伝子について何か教えてくれるのだろうか？

この疑問に答えるためには、さまざまな人種で遺伝的多様性がどのように分布しているかを調べる必要がある。人種内のほうが、人種間よりも多様性が高いのだろうか？　ある人物がアフリカ系か、あるいはヨーロッパ系だとわかれば、われわれはその人物の遺伝形質や個人的特性や、身体的・知的特性をより厳密に、そして意味深く理解できるようになるのだろうか？　それとも、アフリカ人やヨーロッパ人それ自体の人種内部にあまりに多くの多様性があるために、人種内の多様性のほうが支配的となり、その結果、「アフリカ人」や「ヨーロッパ人」といった区別を実質上、無意味なものにしているのだろうか？

　われわれは今ではこれらの疑問に対する、定量的な解析にもとづいた正確な答えを知っている。これまでにも、ヒトゲノムの遺伝的多様性を定量化するための研究がいくつもおこなわれてきた。いちばん最近の推定によれば、遺伝的多様性のほとんど（八五パーセントから九〇パーセント）はいわゆる人種の内部（つまり、アジア人やアフリカ人の内部）で見られ、ごくわずかな割合（七パーセント）だけが人種間で見られることがわかっている[*22]（遺伝学者のリチャード・レウォンティンは一九七二年にすでに同様の予測をしていた）。人種や民族に特徴的な遺伝子もいくつかあるが（鎌状赤血球症はアフリカ系カリブ人、インド人に多く、テイ・サックス病はアシュケナージ系ユダヤ人に多い）、たいていの場合、遺伝的多様性は人種内のほうが人種間よりも高い（その差はわずかではなく、非常に大きい）。このように、人種内の多様性が非常に高いために、「人種」というのは、どんな特徴の代わりにもならないほど、お粗末な概念といえる。遺伝的な意味においては、ナイジェリア出身のアフリカ人男性は、ナミビア出身のアフリカ人男性とあまりに「異なっている」ため、ふたりを一緒くたにすることにはほとんど意味がないのだ。

人種や遺伝学という観点からは、ゲノムは完全に一方通行である。ゲノムからXさんとYさんの由来を予測することはできるが、AさんとBさんの由来がわかったところで、その人物のゲノムを予測することはほぼ不可能だ。要するに、すべてのゲノムには祖先の痕跡が残ってはいるが、人種的な祖先がわかったところで、その人物のゲノムを予測することはできないのだ。アフリカ系アメリカ人男性のDNAを解読し、祖先はシエラレオネかナイジェリア出身だと結論づけることはできる。だが、もしナイジェリアかシエラレオネ出身の曾祖父を持つ男性に出会ったとしても、その男性の性質についてはほとんど何もわからない。遺伝学者は満足して家に帰り、人種差別主義者は手ぶらで家に帰ることになる。

マーカス・フェルドマンとリチャード・レウォンティンはこう語っている。[*23]「人種を割りあてることによって、全般的な生物学的興味が失われてしまう。人類にとって、個人への人種の割りあては、遺伝的な区別については何も意味してはいない」一九九四年に発表された人類遺伝学、人類の移動、人種についての歴史的研究で、スタンフォード大学の遺伝学者ルイジ・ルーカ・カヴァッリ＝スフォルツァは、人種の分類というのは遺伝的な差異ではなく、文化的な裁定にもとづいた「無益な作業」であると言った。[*24]「われわれが分類をやめる段階というのは完全に独断的である……われわれは人間の〝集団〟を見つけることはできる……（しかし）どの集団も異なる区分のしかたを定義しており……ある特定の集団の区分のしかたが好まれる生物学的な根拠はない」彼はさらにこう続けている。「進化による説明は簡潔だ。たとえ小さな集団でも、集団内には高い遺伝的多様性がある。それぞれの多様性は長い期間のあいだに蓄積したものだ。なぜならほとんど（の遺伝的多様性）は人類の大陸への分散の前から、あるいは、種の起源より前から、すなわち約五〇万年より前から存在しているからだ……集団が分散してからは短い時間しかなかったために、集団間に十分な相違が蓄積することはなかった」

　最後の異例の意見は過去を念頭に置いて書かれたものであり、アガシや、ゴールトンや、一九世紀のアメリカの優生学者や、二〇世紀のナチスの遺伝学者に対する、計算された科学的な反論だった。遺伝学は科学的な人種差別主義という一九世紀の幽霊を解き放ったが、ありがたいことに、ゲノミクスがその幽霊をふたたび瓶の中に閉じ込めた。小説『ヘルプ――心がつなぐストーリー』の中でアフリカ系アメリカ人の家政婦エイビーが女主人の娘メイ・モブリーに言ったこの言葉は、正しいのかもしれない。「それなら、わたしたちは同じね。色がちがうだけ[*25]」

　一九九四年、ルイジ・ルーカ・カヴァッリ＝スフォルツァが人種と遺伝学についての包括的な見解を発表したまさにその年、[26] 人種と遺伝子についてのまったく異なるタイプの本[27]をめぐってアメリカ人は心をかき乱されていた。行動心理学者のリチャード・ハーンスタインと政治学者のチャールズ・マレーによって書かれた『ベル・カーブ』という本だ。その本は《ニューヨーク・タイムズ》が評しているように「階級と、人種と、知能についての火炎放射器のような論文[28]」だった。『ベル・カーブ』を読めば、遺伝子と人種の言語がどれほど簡単にゆがめられてしまうか、さらには、遺伝や人種に取り憑かれた文化がそうしたゆがみによっていかに大きな影響を受けるかを知ることができる。

ハーンスタインは熟練した議論の火つけ役だった。一九八五年に出版された自著[29]『犯罪と人間の性質（*Crime and Human Nature*）』では、人間性や気質などの根本的な性質が犯罪行動に関係していると主張して、論争の嵐を巻き起こした。だが、その一〇年後に出版された『ベル・カーブ』は、それよりもはるかに扇動的な主張を展開していた。マレーとハーンスタインは、知能も人間に根深く植えつけられており（つまり遺伝性であり）、人種間で不均等に分布していると論じたのだ。白人とアジア人のＩＱは高い傾向にあるが、アフリカ人やアフリカ系アメリカ人のＩＱは低い傾向にあり、この「知的能力」のちがいこそが、アフリカ系アメリカ人の社会的・経済的分野での慢性的な伸び悩みの主な原因だというのが彼らの考えだった。アフリカ系アメリカ人がアメリカで後れをとっているのは、社会契約の欠陥のためではなく、精神構造の系統的な欠陥のせいなのだと彼らは主張した。

『ベル・カーブ』を理解するためには、「知能」の定義から話を始めなければならない。予想どおり、マレーとハーンスタインが選んだのは狭義の知能、つまり一九世紀の生物計測学や優生学に登場するタイプの知能だった。前述したように、ゴールトンと彼の弟子は知能の測定に夢中だった。一八九〇年から一九一〇年にかけて、バイアスのかからない、定量的な知能測定法だと称された何十ものテストがヨーロッパとアメリカで考案された。一九〇四年、イギリスの統計学者チャールズ・スピアマンはこうした検査の重要な傾向に気づいた[*30]。あるテストでいい結果を出すことができた人々は総じて、べつのテストでもいい結果を出す傾向にあったのだ。スピアマンは、この正の相関が存在するのは、すべてのテストが間接的になんらかの謎めいた共通因子を測定しているためだという仮説を立てた。この因子は知識そのものではなく、「抽象的な知識を獲得し、利用できる」能力だと彼は主張し、この因子を「一般能力（g因子）」と名づけた。

二〇世紀初頭には、大衆の想像力はすでにg因子に鷲づかみにされていた。最初にg因子に魅了されたのは、初期の優生学者だった。一九一六年、スタンフォード大学の心理学者で、アメリカの優生運動の熱心な支持者だったルイス・ターマンは、迅速かつ定量的に一般能力を評価できる標準テストをつくり、そのテストを使って知能の高い人間を選別し、優生学にもとづいた繁殖をしたいと考えた。やがてターマンは、成長期の子供ではテストの結果が年齢によって変化することに気づき、年齢別の知能を定量化するための新しい測定基準を提唱した。[*31] その基準によれば、被験者の「精神年齢」がその身体年齢と同じなら、被験者の「知能指数（ＩＱ）」はちょうど一〇〇になり、被験者の精神年齢が身体年齢より遅れているならば一〇〇以下に、精神年齢が身体年齢より高い場合には一〇〇以上になるとされた。

知能の数値的な測定というのはまさに、第一次、第二次世界大戦中に求められていたものだった。さまざまな能力の迅速かつ量的な評価にもとづいて、それらの能力が必要とされる戦時中の作業に新兵を割りあてる必要があったからだ。戦後、復員兵が市民生活に戻る際にも、彼らは自分たちの人生が知能テストに支配されていることに気づいた。一九四〇年代初めまでには、そのようなテストはアメリカ文化の一部になっており、就職希望者をランクづけしたり、子供を学校に入れたり、シークレットサービスのエージェントを採用したりする際にＩＱテストが使われるようになっていた。一九五〇年代には、アメリカ人はごく普通に自分たちのＩＱを履歴書に書いたり、仕事の申し込みの際にＩＱテストの結果を送ったり、ＩＱテストの結果にもとづいて配偶者を選んだりしており、赤ちゃんコンテストで展示されている赤ちゃんたちにはＩＱスコアがピンで留められた（二歳児のＩ

Qをどう測定したかは、謎に包まれたままだったが）。

知能という概念のこうした修辞上および歴史上の変化は注目に値するため、それについては後で詳しく触れたいと思う。一般能力（g因子）は、特定の個人に対して特定の状況下でおこなわれた複数のテストの得点の統計的な相関として生まれた。その相関はやがて、人間の知識獲得の性質についての仮説にもとづいて、「一般知能」という概念に姿を変え、戦争の特殊な要請に応えるために「ＩＱ」へと体系化された。文化的な意味では、g因子というのは申し分のない自己複製子だった。高いg因子を持ち、「知能が高い」として選ばれた者は、是が非でもg因子の定義を世界に広めようとしたからだ。進化生物学者のリチャード・ドーキンスは変異し、複製し、選択されながら、ウイルスのように社会の中を広がっていく「ミーム」という文化的な単位を定義した。g因子もまた、そのような自己複製型の単位と考えることができる。「利己的なg因子」と名づけてもいいだろう。

文化というのはその対抗文化によって打ち消される。一九六〇年代から七〇年代にかけてアメリカを支配した大規模な政治運動によって、一般能力やＩＱという概念が根底から揺さぶられたのは必然的なりゆきだった。公民権運動やフェミニズムによって、アメリカの慢性的な政治的・社会的不平等が浮き彫りになると、生物学的・心理学的な特性というのは生まれつき備わっているものばかりではなく、その人物の背景や環境によって深い影響を受けることが明らかになった。知能には唯一の形しかないという定説もまた、科学的な証拠によって誤りであることが示された。ルイス・サーストン（五〇年代）やハワード・ガードナー（七〇年代後半）などの発達心理学者は、「一般能力」という概念は視空間能力、数学的能力、言語能力など、状況に依存するあいまいな能力を区別できない不器用な方法だと主張した。[*32] 遺伝学者がデータを再検討したなら、g因子（ある特定の状況における仮説上の資質の測定結果）というのは、遺伝子と関係づける価値がほとんどない形質だと結論づけたはずだ。しかし、マレーとハーンスタインが思いとどまることはなかった。心理学者アーサー・ジェンセンが書いた初期の論文を参考にして、マレーとハーンスタインは、g因子が遺伝性であること、民族間で異なること、そして最も重要な点として、人種間の差異は白人とアフリカ系アメリカ人の生まれつきの遺伝的差異に起因することを証明するための研究を開始した。[*33]

g因子は遺伝性なのだろうか？　ある意味、そうだと言える。一九五〇年代、g因子が遺伝的影響を強く受けていることを示唆する一連の報告がなされた。[*34] なかでも最も決定的だったのは、双生児研究だった。五〇年代初頭に、心理学者が一緒に育てられた（遺伝子と環境が同じ）一卵性双生児にテストをおこなった結果、相関係数が〇・八六と、IQの一致率が驚くほど高いことがわかったのだ[†]。一九八〇年代末におこなわれた調査でも、生まれてすぐに引き離されて別々に育てられた一卵性双生児の相関係数は〇・七四と、やはり驚くべき数字だった。

しかし、ある形質の遺伝性というのは、たとえどれほど強くても、複数の遺伝子の比較的小さな影響が組み合わさった結果である可能性がある。もしそうならば、一卵性双生児ではg因子の一致率が高く、親と子供ではそれに比べてはるかに低いはずだ。IQはこのパターンにしたがっており、同居する親子の相関係数は〇・四二とかなり低く、離れて暮らす親子の場合には〇・二二まで下がった。IQテストが何を測定しているにしろ、それは遺伝因子だった。しかし、多くの遺伝子による影響と、そしておそらくは環境による強い修正を受けている因子だった。「生まれ」と「育ち」がどちらも関係する因子だったのだ。

これらの事実から引き出される最も理にかなった結論は、遺伝子と環境のなんらかの組

† より最近の推定では、一卵性双生児の相関係数は〇・六から〇・七とされている。レオン・カミンをはじめとする数人の心理学者が一九五〇年代のデータをその後数十年にわたって再検討した結果、当時用いられた方法が疑わしいものであることが判明し、最初の推定値に疑問が投げかけられたのだ。

み合わせがg因子に強い影響をおよぼしてはいるものの、その組み合わせが親から子へとそっくりそのまま受け継がれることはめったにない、というものだ。メンデルの法則は実質上、特定の遺伝子の配列は世代を経るごとにばらばらになることを保証している。さらに、環境の相互作用というのはとらえたり予測したりするのがあまりにむずかしいため、それを次世代で再現することは不可能だ。要するに、知能とは遺伝性（遺伝子による影響を受けているもの）だが、そのまま受け継がれる（次世代へとそっくり受け渡される）ものではないということだ。

もしマレーとハーンスタインがこの結論に達していたならば、知能の遺伝についての正確な本を出版していたはずであり、大きな議論を巻き起こすこともなかったはずだ。しかし、『ベル・カーブ』の目玉はIQの遺伝力ではなく、人種間のちがいだった。マレーとハーンスタインは、人種間でIQを比較した一五六の個別の研究を検討することから始めた。それらの研究結果を総合すると、白人のIQの平均は一〇〇（定義上、指標となる集団のIQの平均は一〇〇でなければならない）なのに対し、アフリカ系アメリカ人の平均は八五であり、一五ポイントの開きがあった。マレーとハーンスタインは果敢にも、それらのテスト結果にアフリカ系アメリカ人に対する偏見というバイアスがかかっていた可能性を排除するために、一九六〇年以降にアメリカ南部以外の場所で実施されたテストに絞って検討したが、やはり一五ポイントの差があった。[*35]
黒人と白人のIQスコアのちがいは、社会経済的状況によるものなのだろうか？ 貧しい子供のIQスコアが人種に関わりなく低いことは何十年も前から知られていた。実際、IQの人種によるちがいに関するあらゆる仮説の中でいちばんもっともらしいのは次のようなものだった。つまり、黒人と白人のIQスコアの差は、貧しいアフリカ系アメリカ人の子供が多くいるためではないか、というものだ。一九九〇年代、心理学者のエリック・タークハイマーは、きわめて貧しい環境では、IQに対する遺伝子の影響がごくわずかになることを示して、この理論を強力に立証した。[*36] 子供に貧困と、飢えと、病気を次々にもたらしたなら、それらの要因による影響がIQを支配する。そうした制約をなくして初めて、遺伝子が重要な役目をはたすようになるのだと。
これに類似した効果を研究室で再現するのは簡単だ。植物のふたつの株（背の高い株と低い株）を低栄養下で育てると、生来の遺伝的なドライブにかかわらず、どちらの株も背が低くなる。その後、栄養を豊富に与えると、背の高い株の植物は本来の背丈まで伸びる。遺伝子か環境（生まれか育ち）のどちらの影響が支配的になるかどうかは、状況しだいなのだ。環境が制約を課す場合には、環境がマイナスの影響を与え、制約がなくなった場合には、遺伝子が支配的に[†]（一九三頁）なる。

貧困と機会の剝奪は、黒人と白人の全体的なＩＱのちがいを説明するきわめて合理的な理由だった。だがマレーとハーンスタインはさらに深く掘り下げて検証し、その結果、社会経済的な状態を是正しても、黒人と白人のスコアの差は完全にはなくならないことを発見した。白人とアフリカ系アメリカ人のＩＱスコアを縦軸に、社会経済的な状態を横軸にプロットしていくと、予想どおり、どちらの人種でも社会経済状態が向上していくにつれてＩＱスコアも上昇した。白人でも黒人でも、豊かな子供のほうが、貧しい子供よりもスコアが高かった。それでも、人種間のＩＱスコアの差は残ったままであり、実際、逆説的なことに、白人と黒人の社会経済状態が向上するにつれて差は開いていった。裕福な白人と裕福な黒人ではＩＱスコアの差がいっそう著しく、高額所得者層では差は縮まるどころか広がっていたのだ。

何リットルものインクを使って、何冊もの本や雑誌や科学雑誌や新聞の記事が書かれ、それらの中でこうした結果が分析され、追究され、そして覆された。たとえば、《ニューヨーカー》に掲載された痛烈な記事の中で、進化生物学者のスティーヴン・ジェイ・グールドは、それらはあまりにあいまいな結果であり、テストごとのばらつきが大きすぎるために、差異についての統計学的な結論を出すことはできないと論じた。[*37] ハーバード大学の歴史学者オルランド・パターソンは「誰《た》が為《ため》のベル・カーブ」という皮肉めいた題名の論文の中で、奴隷制度、人種差別主義、偏見といった古くからの遺産によって、白人と黒人の文化的な亀裂があまりにも劇的に深まったために、それぞれの人種の生物学的な特性を有意義な方法で比較することはできないと主張した。*38 実際、社会心理学者のクロード・スティールは次のような結果を示している。新しい電気ペンを試したいとか、新しいスコア法を試したいという理由で黒人の学生にＩＱテストを受けるよう依頼したなら、学生のスコアはよくなるが、「知能」を調べるためのテストだと言ったら、学生のスコアは悪くなる。したがって、ここで測定されている真の変数とは、知能ではなく、テストに対する適性や、自尊心や、単なるエゴや不安なのだ。黒人の男女が日常的に、そこらじゅうにはびこる陰険な差別を経験しているような社会では、彼らのそうした傾向は完全に自己増強的になる。おまえたちのテストの成績はいつも悪いと言われつづけているせいで、黒人の子供のテストの成績はほんとうに悪くなり、自分たちは知能が低いという考えがいっそう強まる。*39 まさに悪循環なのだ。

† 平等の重要性についてのこれ以上の遺伝的根拠はほぼないと言っていいだろう。まず最初に環境を平等にしなければ、どんな人間の遺伝的な潜在力も解明できないのだ。

しかし『ベル・カーブ』の最後の致命的な欠点は、はるかにシンプルだった。それは、八〇〇ページの本の中のひとつのさりげない段落にあまりに深く埋め込まれているために、実質上、わからなくなってしまっていた。*40 IQスコアが同じ（たとえば一〇五の）黒人と白人の子供に、知能を測定するさまざまな下位検査を受けさせたなら、ある種のテストの組み合わせ（たとえば、短期記憶と回想能力のテスト）では黒人の子供の成績のほうがいい傾向にあり、またべつのテストの組み合わせ（視空間と知覚変化のテスト）では白人の子供の成績のほうがいい傾向にあったのだ。言い換えるなら、それぞれの人種グループの成績はIQテストの構成に大きく左右されるということだった。同じテストでも、その重点とバランスを変えたなら、知能の測定値も変わるということだ。

そのようなバイアスの存在を示す最も強力な証拠は、一九七六年にサンドラ・スカーとリチャード・ワインバーグがおこなった研究からもたらされた。*41 たいして注目されることのなかったその研究で、スカーは、異なる人種の家庭の養子となった子供（白人の両親の養子となった黒人の子供）について調べ、そのような子供のIQの平均が一〇六であり、少なくとも白人の平均と同じであることを発見した。スカーはさらに、慎重におこなわれた対照試験を分析し、その結果、「知能」が向上したのではなく、知能テストのいくつかの問題の成績が向上したのだと結論づけた。

現在のＩＱテストは実社会での能力を予測できるようにつくられている。だから正確にちがいないと言って、この意見を無視することはできない。もちろん現在のＩＱテストは、実社会での能力を予測できる。なぜならＩＱという概念はきわめて強力な自己複製子だからだ。ＩＱは、大きな意味と価値を持つ性質を測定しており、その性質の役目とは、自らを広めることだ。この論理の輪は完璧に閉じており、何ものをも通すことはない。とはいえ、ＩＱテストの実際の形というのはかなり恣意的である。テストの重点を視空間知覚から短期記憶に変化させたからといって、「知能」という言葉が無意味になることはないとしても、黒人と白人のＩＱスコアの差を変えることは確かにできる。そこにこそ問題があるのだ。「ｇ因子」という概念の何が厄介かといえば、実際には文化的な優先順位によって決定される概念であるにもかかわらず、あたかも測定可能な遺伝性の生物学的性質であるかのように見せかけている点だ。簡単にいえば、「ｇ因子」とはあらゆるものの中で最も危険な概念、そう、遺伝子という仮面を被ったミームなのだ。

遺伝医学の歴史がわれわれにひとつの教訓を与えたとしたら、それは、生物学と文化のあいだに存在するこのずれに注意しなければならないということだろう。ヒトというのは遺伝的にかなり同質だといえるが、それと同時に、真の多様性をつくり出すのに十分な数の多型がわれわれの中には存在する。いやひょっとしたら、たとえその多型がゲノム全体から見ればごくささやかなものであっても、われわれは文化的あるいは生物学的に、多型を強調する傾向にあると言ったほうがより正確かもしれない。能力の差異をとらえるためにデザインされたテストは確かに能力の差異をとらえる可能性はある。そして、そうした能力の差異は人種の境界線に沿っている可能性が高い。だが、テストの構成によってスコアが簡単に変化するようなテストの成績を「知能」と呼ぶことは、そもそもそのテストが測定しようとした、まさにその性質を侮辱するのと同じである。

ヒトの多様性をどう分類し、どう理解すればいいのかを遺伝子が教えてくれることはない。しかし環境や、文化や、地理や、歴史は教えてくれる。われわれの言語は遺伝子と文化とのあいだのこのずれをとらえようと努めながらも混乱している。ある遺伝子多型が統計学的に最もありふれている場合には、われわれはそれを「正常《ノーマル》（normal）」と呼ぶ。「正常」とは、統計的に多いというだけでなく、質的、さらには道徳的に優れていることを暗示する言葉だ（メリアム・ウェブスター・カレッジ辞典には八つもの定義が書かれているが、その中には「自然に起こる」や「精神的・身体的に健康である」というものもある）。もしその多型がまれなものであれば、それらは「突然変異体《ミューータント》（mutant）」と呼ばれる。統計的にまれというだけでなく、質的に劣っていることや、さらには、道徳的な嫌悪感すら暗示する言葉だ。

このようにして、われわれは遺伝子多型に言語的な差別を差しはさみ、生物学に欲求を混ぜ込む。南極大陸にいる無毛の男性のように、ある遺伝子多型が特定の環境に対する生物の適応度を下げている場合、われわれはそうした現象を「遺伝性疾患」と呼ぶ。ところがべつの環境で、その同じ多型が適応度を上げる場合には、われわれはその生物を「遺伝的に強い」とみなす。進化生物学と遺伝学の統合によって、「疾患」や「強さ」を決めるそうした判断が無意味であることが示された。すなわち、「疾患」も「強さ」も、ある特定の遺伝型のある特定の環境に対する適応度を表す言葉であり、もし環境を変化させたなら、それらの言葉の意味は逆転するのだ。心理学者のアリソン・ゴプニックはこう書いている。「誰も字が読めなければ、識字障害は問題にはならないはずだ。ほとんどの人々が狩りをしなければならないとしたら、注意を集中させる能力の遺伝子が少しばかり変化していたとしてもほとんど問題にはならないし、もしかしたらその遺伝子多型が有利に働くかもしれない（たとえば、ハンターはその多型のおかげで複数の獲物に対する集中力を同時に維持できるかもしれない）。しかし、ほとんどの人々が高校を卒業しなければならない場合には、同じ多型が人生を変える疾患になる可能性がある」[*42]

ヒトを人種の境界線に沿って分類したいという欲求と、知能（あるいは犯罪傾向や、創造性や、暴力）などの特質の差をそうした境界線に対応させたいという衝動は、遺伝学と分類に関わる全般的なテーマを浮き彫りにしている。英語の小説や顔などと同じように、ヒトゲノムはひとまとめにすることもできれば、無数に分類することもできる。だが、分けるか、まとめるか、つまり分類するか、統合するかというのはひとつの選択である。遺伝性疾患（たとえば鎌状赤血球症）などの明確な遺伝性の生物学的特徴が主な懸念事項である場合には、その特徴の座位を突き止めるためにゲノムを調べるということは完全に理にかなっている。遺伝性の特徴や形質の定義が狭くなればなるほど、その形質の座位を見つけられる可能性が高くなるうえに、その形質が特定のヒトの亜集団に高頻度に見られる可能性も高くなる（テイ・サックス病はアシュケナージ系ユダヤ人に、鎌状赤血球症はアフリカ系のカリブ海地域の人々に、というように）。マラソンが遺伝的なスポーツになりつつあるのにも理由がある。アフリカ大陸の東端の狭い地域であるケニアやエチオピア出身のランナーがマラソン競技で優位に立つのは、才能やトレーニングのためだけではない。マラソンという競技が究極の不屈の精神を試す狭義のテストだからだ。不屈の精神をもたらしている遺伝子（解剖学的な、生理学的な、そして代謝の明確なタイプを生み出す遺伝子の組み合わせ）がそうした地域では自然選択されるからだ。

反対に、われわれがある特性や形質（たとえば知能や気質など）の定義を広げれば広げるほど、その形質に単一の遺伝子が関係している可能性は低くなる。さらに言えば、人種や、種族や、亜集団が関係している可能性も低くなる。知能と気質はマラソン競技とはちがう。成功の単一の基準というものは存在せず、スタートラインも、ゴールラインも存在しない。横向きに走ったり、後ろ向きに走ったりしたほうが勝利が確実になる場合もあるのだ。

ある特徴の定義を狭めるか、広げるかという問題は実際のところ、アイデンティティの問題である。つまり、文化的、社会的、政治的な意味でわれわれが人間をどのように定義し、分類し、理解するかに関係しているのだ。人種の定義についてのわれわれのあいまいな会話の中で欠けている重要な要素は、アイデンティティの定義についての会話なのだ。

アイデンティティの一次導関数

人類学は数十年間にわたって、学術的探究の不変の対象としての「アイデンティティ」の脱構築に取り組んできた。アイデンティティとは、それぞれの人間が社会的行動をとおして形づくっていくものであり、それゆえに固定的な本質ではないという概念が、ジェンダーや性的傾向についての現在の研究を根本的に動かしている。人種、民族性、民族主義に関する近年の研究の根底をなしているのは、集団アイデンティティというのは政治的紛争と妥協から生まれたという考えである。*1

――ポール・ブロッドウィン

『遺伝学、アイデンティティ、本質主義の人類学（*Genetics, Identity, and the Anthropology of Essentialism*）』

お前さんは兄弟じゃない、俺の鏡だ。[*2]

――ウィリアム・シェイクスピア
『間違いの喜劇』（第五幕第一場）

父の家族がバリサルを離れる五年前の一九四二年一〇月六日、母はデリーで双子のひとりとして生まれた。母より先に生まれた一卵性双生児の姉のブルはおだやかで、美しい赤ん坊だった。数分後に生まれた私の母、トゥルは身をよじりながら、けたたましく泣いた。ありがたいことに、助産師は赤ん坊について詳しく、美しい赤ん坊ほど心配しなければならないことを知っていた。双子の静かなほうには深刻な栄養失調が見られ、ほぼ無反応だったため、毛布にくるんで生き返らせなければならなかった。私のおばの人生の最初の数日間は、とても弱々しいものだった。真偽は不確かだが、話によれば、おばは乳を吸う力が弱かったという。一九四〇年代のデリーにはまだ哺乳瓶がなかったため、おばは母乳で浸した綿のランプ芯を吸い、その後は、スプーンの形のコヤスガイで母乳を与えられた。おばの世話をするために看護師がひとり雇われた。生後七カ月ごろに母親の母乳の出が悪くなると、最後の残りをすべておばに与えられるようにと、私の母は急いで離乳させられた。私の母と双子の姉は最初から、遺伝学の生きた実験対象のようなものだった。「生まれ」は完全に一致しているが、「育ち」はまったく異なっていたのだから。

数分の差で「妹」となった私の母トゥルは陽気な子供で、気分にむらがあり、気まぐれだった。のんきで、怖いもの知らずで、物覚えが速く、失敗を恐れなかった。ブルのほうは、体は弱かったものの、妹より頭の回転が速く、皮肉屋で、機転が利いた。トゥルは社交的で、すぐに友だちができ、図太かったが、ブルのほうは口数が少なく、控えめで、おとなしくて傷つきやすかった。トゥルは劇場とダンスが好きだった。ブルは詩人であり、物書きであり、夢見る人だった。

しかしそうしたちがいというのは、単にふたりがいかに似ているかを際立たせただけだった。トゥルとブルは驚くほどよく似ていたのだ。ベンガル人にはめずらしい、そばかすだらけの皮膚も、アーモンド形の顔も、高い頬骨も同じだった。イタリアの画家はよく、謎めいた思いやりがあふれているように見せるために、聖母マリアの目尻を少し下げて描いたが、そんなふうに目尻が少し下がっているところもそっくりだった。どの双子もそうだが、ふたりもお互いだけに通じる言葉を使い、お互いだけにしかわからない冗談を言った。

だがやがて、ふたりの人生は離れていく。トゥルは一九六五年に私の父と結婚した（父はその三年前にデリーに引っ越してきた）。それは親が決めた結婚だったが、危なっかしい結婚でもあった。父は新しい市《まち》にやってきた一文無しの移民であり、家には支配的な母親と頭がおかしくなりかけた兄がいた。過度に上品ぶった西ベンガルの私の母の親戚にとっては、父の家族はまさしく東ベンガルの田舎者の典型だった。昼食を食べるときには、兄弟たちはご飯を山盛りにして、その山に噴火口のような穴を開け、そこにソースを入れた。まるで村時代の決して満たされることのない永続する飢えを皿の上の穴で表しているかのようだった。一方、ブルの結婚ははるかに安全に思えた。一九六六年、彼女はカルカッタの名家の長男である若い弁護士と婚約し、一九六七年に結婚すると、夫の家族の住む南カルカッタのだだっ広い、雑草だらけの庭のある古びた邸宅に引っ越した。

一九七〇年に私が生まれるころまでには、姉妹の運命は予期せぬ方向へと動きだしていた。一九六〇年代末、カルカッタは地獄へ向かって着実に落ちはじめた。経済は衰え、移民の波の重みで脆弱なインフラがあえいだ。血みどろの政治運動が頻繁に起き、店や会社が何週間も業務を停止した。暴力と無気力のサイクルに市が揺すぶられているあいだ、ブルの新しい家族は貯蓄を切り崩してどうにかやっていた。夫は仕事をしているふりをし、毎朝、仕事用のブリーフケースと弁当箱を持って家を出た。だが、法のない市で弁護士を必要とする者などどこにいるだろう？　一家はとうとう、広いベランダと中庭のあるカビの生えた家を売りに出し、二部屋の質素なアパートに引っ越した。私の祖母がカルカッタにやってきた最初の晩に、家族に寝床を与えてくれた家から数キロしか離れていない場所だった。

一方、私の父の運命は適応能力の高い市の運命を映しているかのようだった。首都デリーはインドの栄養過多の子供だった。巨大な主要都市をつくろうとする国の熱望に支えられ、助成金や補助金で肥え、市の道路は広くなり、経済は拡大した。父は日本の多国籍企業の階級のはしごを登っていき、下層階級からすぐに上流中産階級へと登りつめた。かつては野生のイヌやヤギの走りまわる、とげのある低木の森に囲まれていたわが家の近所はすぐに、市でいちばん裕福な地区のひとつになった。夏になると、私たちはヨーロッパへ旅行し、箸《はし》を使えるようになり、ホテルのプールで泳いだ。モンスーンがカルカッタを直撃すると、ゴミの山が排水溝を詰まらせて市全体が不潔な沼になった。ブルの家の近くには、蚊のたかるよどんだ池が毎年のようにでき、ブルはそれを彼女自身の「プール」と呼んだ。

彼女のその言葉には象徴的な何かが、そう、明るさがある。運命の明白な逆転がトゥルとブルを劇的なまでに変えてしまったことは容易に想像できる。年月を経るにつれ、ふたりの身体的な類似点は確かに、少しずつなくなっていき、やがて、まったくなくなった。しかし、なんとも表現しようのないふたりの特徴(物事へのアプローチのしかたや、気質）は驚くほど似たままであり、ふたりが一緒にいると、それらの特徴はいっそう強まった。しだいに広がるふたりの経済的な格差にもかかわらず、ふたりはともに、世界に対する楽観や、好奇心や、ユーモアのセンスを持ちつづけた。気高さに近い、自尊心を伴わない平静さを保ちつづけた。私たちが外国に旅行した際には、母はいつもブルのためにお土産を買った。ベルギーでは木のおもちゃ、アメリカでは果物の香りがまったくしないフルーツ味のチューインガム、スイスではガラスのアクセサリー。ブルは私たちが行ってきた国の旅行ガイドを読み、ガラスケースにお土産を並べながら、嫌味などひとかけらもない口調で言った。「私もここに行ったことがあるわ」

息子が母親を明確に理解しはじめたと自覚した瞬間を表す単語やフレーズは、英語にはない。表面的にではなく、自分自身を理解するのと同じくらいはっきりと、理解しはじめた瞬間だ。子供時代のどこかの深くで、私はこの瞬間を経験した。しかし、それはまさに二重の経験だった。私は母を理解するのと同時に、母の双子の姉も理解しはじめたのだ。おばがどんなときに笑うのか、何がおばに疎外感を与えるのか、おばが何に励まされるのか、何に共感し、親近感を覚えるのか。母の目をとおして世界を見るということは、母の双子の姉の目をとおして世界を見ることだった。もしかしたら、レンズの色合いはわずかにちがっていたかもしれないが。

母とおばとのあいだで収束していったものは人格ではなく、人格の傾向、数学用語を借りるなら、人格を微分した一次導関数のようなものだった。微積分学での一次導関数とは空間における位置ではなく、位置を変化させる傾向だ。対象がどこにあるかではなく、時間と空間の中でどのように動くかだ。他の人にとってはわかりづらかったかもしれないが、四歳の子供にとっては明白だったふたりのこの共通の傾向が、母とおばをずっと結びつけていた。トゥルとブルはもはや一卵性双生児には見えなかったが、アイデンティティの一次導関数を共有していた。

遺伝子がアイデンティティを決定するはずがないと考える人がいたとしたら、その人はべつの惑星からやってきたばかりで、人間が男性と女性というふたつの根本的な多型に分かれていることに気づいていないとしてもおかしくはない。文化批評家や、クイア理論家や、レディー・ガガがわれわれに思い出させたように、こうした分類は実際には根本的なものではなく、その境界領域には不安定なあいまいさが潜んでいる。しかし、次の三つの本質的な事実に異議を唱えることはむずかしい。男性と女性は解剖学的、生理学的に異なっているという点。そうした解剖学的、生理学的なちがいは遺伝子によって指定されているという点。そして文化的、社会的な自己構築を介在させた場合に、そうしたちがいはわれわれの個人としてのアイデンティティを決めるうえで強力な影響力を持つという点だ。

性別や、ジェンダーや、ジェンダー・アイデンティティに遺伝子が関与しているという考えは、われわれの歴史の中では比較的新しいものだ。これら三つの言葉の区別は、本書の議論に関係している。本書で用いる「性別」とは、男性と女性の体の解剖学的、生理学的なちがいである。「ジェンダー」はより複雑な考え、すなわち個人が担う精神的、社会的、文化的な役割を指し、「ジェンダー・アイデンティティ」とは個人の自己意識（女性か男性か、どちらでもないか、その中間かという意識）を指す。

何千年ものあいだ、男女の解剖学的なちがい、すなわち「性的二型性」の基礎はほとんど理解されていなかった。紀元二〇〇年、古代の世界で最も影響力のあった解剖学者のガレノスは、男性と女性の生殖器官は類似しており、男性の器官は内側が外側に裏返ったものであり、女性の器官は外側が内側に裏返ったものだと説いた。そして、それを証明するために詳しい解剖をおこなった。彼は、卵巣は精巣が体内に残ったものにすぎないと主張し、女性では器官を外に出すための「生命の熱」が欠如しているのがその原因だと論じた。「女性の器官を外に出して、男性の器官を二倍にしたなら、どちらも同じものになる」と彼は書いている。ガレノスの弟子や支持者は、この類推を文字どおり拡大していき、子宮は陰嚢が内側に膨らんだものであり、卵管は精嚢が膨らんで拡張したものだという奇妙な説を導き出した。その説は、医学生の解剖学的知識の暗記を助けるための中世の詩にもなっている。

性別はちがえども
全体的に見たならば、みな同じ
厳密な探究者が見つけたから
女性は男性が内側に裏返っただけだと

しかしまるで靴下を裏返すように男性の「内側を外側に裏返し」、女性の「外側を内側に裏返した」のはどんな力なのだろう？　ガレノスが登場する数世紀前の紀元前四〇〇年ごろ、ギリシャの哲学者アナクサゴラスは、ジェンダーというのはまるでニューヨークの不動産のように、位置によって完全に決定されると主張した。ピタゴラスと同様にアナクサゴラスも、遺伝の本質的な要素は男性の精子によって運ばれ、女性は男性の精液を子宮の中で「形づくり」、胎児をつくるだけだと信じていた。彼は、ジェンダーの遺伝もこのパターンにしたがうと考え、左の精巣でつくられた精液は男性になり、右の精巣でつくられた精液は女性になると説いた。このジェンダーの指定は子宮内でも続き、射精の際に、空間の左右を指定する暗号も放出されるとされた。男の胎児は子宮の右の子宮角に正確に配置され、女の胎児は左の子宮角で育まれるにちがいない。

アナクサゴラスの理論を時代遅れのとっぴな考えだと言って笑い飛ばすことは簡単だ。あたかもカトラリーの置き方によってジェンダーが決まるかのような、左右の位置への異様なこだわりは明らかに過去の時代のものだ。しかしふたつの決定的な前進をもたらしたという点で、この理論は当時としては革命的だった。ひとつめは、ジェンダーの決定は基本的にランダムであり（精子が左右どちらに由来しているか）、それを説明するには、ランダムな理由を持ち出さなければならないという考え方だ。ふたつめは、いったんジェンダーが決まったなら、それを完全なものにするために、もとのランダムな作用を増強し、強固にしなければならないという考えだ。つまり、胎児の発達計画が重要だと彼は考えたのだ。右側の精子は子宮の右側に到達し、そこでさらに男の子供として特徴づけられる。左側の精子は左側に到達し、女の子供をつくる。ジェンダーの決定は連鎖反応であり、始まりはひとつの段階だが、その後、胎児の位置によって増強され、最終的に、男性と女性という完全なる性的二型性がもたらされる。

何世紀ものあいだ、これが性決定の中心的な説だった。さまざまな説があふれたが、結局はどれもアナクサゴラスの考えを変化させたものにすぎなかった。すなわち、性別は基本的にランダムな作用で決まり、卵子や胎児の環境によって確定され、増強されるというものだ。ある遺伝学者は一九〇〇年に「性別は遺伝しない」[*3]と書いている。発達において遺伝子が重要な役目をはたしているという説の最も著名な提唱者とされているトマス・モーガンですら、遺伝子は性別を決定づけることができないと説いた。一九〇三年、モーガンは論文の中で、性別はひとつの遺伝的なインプットよりも複数の環境のインプットによって決定される可能性が高いと論じている。「性別に関するかぎり、卵子は均衡の取れた状態にあり、卵子が暴露される状況が……そこから生み出される性別を決定していると思われる。あらゆる種類の卵子に決定的な影響を与える状況を、ひとつであれ、発見しようとするのはむなしい試みだ」[*4]

一九〇三年の冬、モーガンが性決定の遺伝理論をさりげなく却下する論文を発表したまさにその年に、大学院生のネッティー・スティーヴンズがその分野に変革をもたらす実験をおこなった。スティーヴンズは一八六一年にバーモント州の大工の娘として生まれた。教師になるための学科を取ったが、一八九〇年代初めには家庭教師をして得た金が十分にたまったので、カリフォルニアのスタンフォード大学に通いはじめ、一九〇〇年には生物学の大学院に進学することに決めた。それだけでも当時の女性としては十分にめずらしい選択だったが、さらにめずらしいことに、彼女ははるか遠くのナポリにある臨海実験所で実地調査をすることにした。その研究所ではテオドール・ボヴェリがウニの卵を集めていた。浜からウニの卵を届けてくれる地元の漁師の言葉を覚えようと、スティーヴンズはイタリア語を学んだ。そして、細胞内に存在する青く染まる糸状の構造体である染色体を見つけるために、ボヴェリから卵の染色法を学んだ。

ボヴェリは、染色体に異常のある細胞は正常に発達しないことを示し、そのことから、発達のための遺伝的な指示は染色体上に存在するにちがいないと論じたのだった。それでは、性の遺伝的決定因子も染色体上に存在するのだろうか？　一九〇三年、スティーヴンズはどこにでもいるミールワームという単純な生物を選び、個々のミールワームの染色体の構造とその性別との関係を調べた。雄と雌のミールワームをボヴェリの染色法を使って染めたところ、顕微鏡から答えが飛び出してきた。たったひとつの染色体の差異が性別と完全に関連していることがわかったのだ。ミールワームは全部で一〇対、二〇本の染色体を持つ（ほとんどの動物の染色体は対をなしている。ヒトの染色体は二三対である）。雌のミールワームの細胞は必ず、一〇対の染色体を持っていたのに対し、雄のミールワームの細胞には対をなさない染色体が二本あった。小さなペン先のような形の染色体と、より大きな染色体だ。スティーヴンズは小さな染色体の存在の有無が性別を決定していると考え、その染色体を「性染色体」と名づけた。[*5]

スティーヴンズはこの事実にもとづいて性決定の単純な説を思いついた。雄の生殖腺で精子がつくられる際には、二種類の精子ができる。ひとつは小さなペン先のような形の雄の染色体を持つ精子で、もうひとつは正常なサイズの雌の染色体を持つ精子で、それらはまったく同じ比率でつくられる。雄の染色体を持つ精子、つまり「雄精子」が卵子と結合すると、雄の胚が誕生する。「雌精子」が卵子と結合すると、雌の胚が誕生する。

スティーヴンズの研究は彼女の近しい協力者である細胞生物学者のエドマンド・ウィルソンによって裏づけられた。ウィルソンはスティーヴンズの用語をより単純にし、雄染色体をY、雌染色体をXと名づけた。染色体という観点からは、雄の細胞はXYで、雌の細胞はXXであり、卵子は一本のX染色体を持っているとウィルソンは考えた。Y染色体を持つ精子が卵子と結合すると、XYの組み合わせができ、「雄化」が決定する。X染色体を持つ精子が卵子と結合すると、XXとなり、「雌化」が決定する。性別は左右どちらの精巣に由来するかではなく、それに似たランダムなプロセスで決まる。すなわち、卵子に最初に到達して受精した精子に含まれる、遺伝的な積み荷の性質によって決まるのだ。

スティーヴンズとウィルソンが発見したXYシステムから、重要な推論が生まれた。Y

染色体が「雄化」を決めるすべての情報を運んでいるとしたら、その染色体には胚を雄にするための遺伝子が存在しているということになる。遺伝学者は最初、何十もの雄決定遺伝子がY染色体上で見つかるはずだと期待した。性別というのは結局のところ、複数の解剖学的、生理的、心理的な特徴が正確に協調しあって生み出されているのだから、そうした多様な機能をたったひとつの遺伝子だけが担っているとは想像しがたかったからだ。しかし遺伝学を学ぶ注意深い学生は、Y染色体というのは遺伝子が存在しづらい場所であることを知っていた。他のどの染色体ともちがって、Y染色体は「対をなしておらず」、妹染色体も、コピーも持たないいため、その染色体上のすべての遺伝子が自力でがんばるしかなかったのだ。他のどの染色体でも、突然変異が起きた場合には、対をなす染色体の正常な遺伝子がコピーされることによって修復される。だがY染色体の遺伝子は修理したり、修復したり、他の染色体からリコピーしたりすることができない。バックアップもガイドも存在しないのだ（実際には、Y染色体の遺伝子を修復する独特の内部システムは存在する）。Y染色体に突然変異が起きても、情報を回復するメカニズムがないために、Y染色体には、長年のあいだに受けた攻撃による瘢痕がいくつも残っている。Y染色体はヒトゲノムの中の最も脆弱な部分なのだ。

絶え間ない遺伝的攻撃を受けた結果、Y染色体は何百万年も前に、自らの上に載っている情報を投げ捨てはじめた。生存にとって真に価値のある遺伝子はゲノムのべつの場所へと移り、そこで安全に保持されるようになった。たいして価値のない遺伝子は使われなくなり、引退させられ、取り替えられ、最も基本的な遺伝子だけが残った（そうした遺伝子の中にはY染色体上で複製されてふたつになったものもあったが、この戦略を用いても、問題は完全には解決されていない）。情報が失われるにつれ、Y染色体自体が縮んでいった。突然変異と遺伝子喪失という陰気なサイクルによって少しずつ削られていったのだ。Y染色体が全染色体の中でいちばん小さいのは、偶然ではない。Y染色体は計画的な退化の犠牲者なのだ（二〇一四年に、科学者たちによって、きわめて重要な数個の遺伝子がY染色体上に太古から存在していることが発見された）。

　遺伝子という観点からは、この事実は奇妙なパラドックスを示唆している。すなわち、ヒトの最も複雑な形質のひとつである性別は複数の遺伝子によってコードされているわけではなく、むしろ、Y染色体上にかなり危なっかしく埋め込まれているひとつの遺伝子が「男性化」の主要な調節因子である可能性が高いということだ。†（二一六頁）この最後の段落を読んだ男性の読者は、どうか心に留めてほしい。われわれはかろうじて、今ここにいるのだ。

一九八〇年代初頭、ロンドンに住むピーター・グッドフェローという名の若き遺伝学者が、Y染色体上の性決定遺伝子を探しはじめた。根っからのサッカーファンであるグッドフェローは、骨張った体つきをした神経質な性格の持ち主だった。外見はややむさ苦しく、イースト・アングリア出身者に独特の母音を長く引き伸ばした話し方をし、服装のセンスは「ニューロマンティックの影響を受けたパンク」といった感じだった。[*6] 彼はY染色体上の目的の遺伝子の場所を狭い領域に絞り込むために、ボットスタインとデイヴィスが開発した遺伝子マッピングの手法を使おうと考えた。しかし、多型の表現型も、関連する疾患も存在しないというのに、どのようにして「正常な」遺伝子の位置を突き止めればいいのだろう？　嚢胞性線維症やハンチントン病の遺伝子の場合には、それらの疾患を引き起こす遺伝子と道標となる塩基配列との連鎖をゲノムに沿って追いかけることで、染色体上の位置が突き止められたのだった。どちらの場合も、疾患の遺伝子を持つ患者は道標も持っていたが、病気ではない兄弟姉妹は道標を持っていなかった。だが今回の場合は、ジェンダー変異（第三の性）を持つ家系、すなわち、そうしたジェンダーを何人かの兄弟姉妹が遺伝的に受け継いでいる家系をグッドフェローはどこで見つければいいのだろう？

実際、第三の性を持つ人々は存在した。ただ、そうした人々を特定することは予想よりもずっと複雑な作業だった。女性の不妊症を研究していたイギリスの内分泌学者ジェラルド・スワイヤーは一九五五年、生物学的には女性でありながら、染色体上は男性であるというめずらしい症候群を見つけた。[*7]「スワイヤー症候群」と名づけられたその症候群を患う「女性」は子供時代は解剖学的にも生理的にも女の子だが、思春期を迎えるころになっても女性らしい体の変化が起きない。そうした「女性」の細胞を調べた結果、すべての細胞にXY染色体が存在することがわかった。どの細胞も染色体上は男性であるにもかかわらず、それらの細胞からつくられるヒトは解剖学的にも、生理的にも、心理的にも女性だった。スワイヤー症候群の「女性」は、どの細胞にも男性の染色体パターン（XY染色体）を持っているものの、「男性化」を体に伝えることができないのだ。

スワイヤー症候群を引き起こしているシナリオとして最も可能性が高かったのは、「男

---

† そんな法外な責任を負うことになったことを考えると、そもそもジェンダー決定のXYシステムが存在すること自体が不思議である。なぜ哺乳類は、こうした明らかな落とし穴のある性決定メカニズムを進化させたのだろう？　性決定遺伝子をなぜよりによって、対をなさず、突然変異による攻撃を最も受けやすい不利な染色体に存在させたのだろう？

この疑問に答えるためには、一歩下がってより基本的な質問をする必要がある。そもそもなぜ有性生殖というしくみが誕生したのか？　ダーウィンが不思議に思ったように、なぜ新しい存在は「単為生殖ではなく、ふたつの性因子の結合によってつくられる」のか？

たいていの進化生物学者の意見は、性別というのは急速な遺伝子再集合を可能にするためにつくられたという

考えで一致している。ふたつの個体の遺伝子を混ぜ合わせるのに、卵子と精子を混ぜ合わせるより手っ取り早い方法はおそらく存在しないはずだ。さらに、精細胞と卵細胞の発生過程においても、遺伝子の組み換えを介して遺伝子が混ぜ合わされる。有性生殖のあいだの強力な遺伝子再集合によって多様性が高まり、その結果、絶えず変化する環境での個体の適応度や生存能力が高まる。「有性生殖」という言葉は、完全にまちがった呼び名である。進化における性別の目的は「生殖」ではない。性別がなければ、個体は自分とそっくりのコピーをつくることができる。つまり性別というのは、それとは正反対の目的のためにつくられたのだ。つまり、「組み換え」を可能にするためだ。

しかし「有性生殖」と「性別決定」は同じではない。有性生殖には確かに、多くの利点がある。だが、ほぼすべての哺乳類がジェンダーを決定するためにXYシステムを使っているのはなぜなのかという疑問は残ったままだ。つまり、なぜYなのだろう？　その答えは不明のままだ。ジェンダー決定のためのXYシステムは進化の過程で数百万年前につくられたことがわかっている。しかし、鳥類、爬虫類、そしていくつかの昆虫では、そのシステムは逆転しており、雌のほうがふたつの異なる染色体を持ち、雄のほうは二本の同じ染色体を持つ。爬虫類や魚類などの動物の中には、卵の温度や、競争相手と比較した個体の大きさでジェンダーが決まるものもあり、こうしたジェンダー決定システムは、哺乳類のXYシステムより先に誕生したと考えられている。しかしなぜ哺乳類でXYシステムが定着し、今も使われているのかは謎のままだ。確かに、性がふたつあることにはいくつかの明白な利点がある。雄と雌がそれぞれの機能を実行し、繁殖の際に異なる役目をはたすという利点だ。しかし性がふたつあるからといって、Y染色体自体が必要なわけではない。もしかしたら進化の過程で、好ましくはないが性決定のすばやい解決策として、Y染色体が選ばれたのかもしれない。孤立した染色体上に男性決定遺伝子を隔離し、男性化を制御する強力な遺伝子をそこに置くというのは確かに、有効な解決策である。遺伝学者の中には、Y染色体は今後も縮みつづけると考える者もいれば、SRYなどの基本的な遺伝子を残したまま、ある程度まで縮んでその後は一定の大きさになると考える者もいる。

性化」を指定するマスター遺伝子が突然変異によって不活性化し、その結果、「女性化」がもたらされるというものだった。マサチューセッツ工科大学の遺伝学者デイヴィッド・ペイジ率いるチームは、性別が逆転したこうした女性を対象に研究を進め、Y染色体上の比較的狭い領域に男性決定遺伝子を位置づけることに成功した。次の段階は、その領域に存在する何十もの遺伝子をひとつずつふるいにかけて候補遺伝子を見つけるという、最も骨の折れる作業だった。グッドフェローもまた、ゆっくりと着実に前進していったものの、ある日、彼のもとに衝撃的な知らせが届いた。一九八九年の夏、ペイジがついに男性決定遺伝子を見つけたのだ。その遺伝子がY染色体上に存在することから、ペイジはそれをZFYと名づけた。*8

ZFYは最初、完璧な候補遺伝子に思えた。Y染色体のしかるべき領域に存在し、そのDNA塩基配列からは、ZFYが何十もの他の遺伝子のマスタースイッチとして働く可能性が示唆された。だが注意深く見てみると、どうもつじつまが合わないことにグッドフェローは気づいた。スワイヤー症候群の女性のZFYを解読したところ、完全に正常だと判明したのだ。それらの女性で男性化シグナルが欠如していることを説明づける突然変異は存在しなかった。

ZFYが失格となった今、グッドフェローはふたたび探索を始めた。ペイジのチームが突き止めた領域に男性化遺伝子があるのはまちがいなさそうだった。彼らはすぐそばまで近づいていたが、見逃したのだ。一九八九年、ＺＦＹの近くを探しまわっていたグッドフェローは、べつの有望な候補を見つけた。ＳＲＹと名づけられたその遺伝子はエクソンが一個あるだけでイントロンのない、これといった特徴のない小さな遺伝子だった。[*9] ＳＲＹは最初から完璧な候補に思えた。正常のＳＲＹタンパク質は精巣で豊富に発現しており、性決定遺伝子として矛盾していなかった。有袋類などの他の動物のＹ染色体上にもＳＲＹ遺伝子の多型が存在しており、雄だけがその遺伝子を受け継いでいた。しかし、ＳＲＹこそが性決定遺伝子だということを示す最も衝撃的な証拠は、ヒトの集団の分析からもたらされた。スワイヤー症候群の女性では、ＳＲＹ遺伝子が明らかに変異していた一方で、病気ではない兄弟姉妹では変異していなかったのだ。

　グッドフェローはこの件に決着をつけるための実験を最後にひとつだけおこなった。そして、その実験から、最も劇的な証拠がもたらされることになった。ＳＲＹ遺伝子が「雄化」の唯一の決定因子ならば、雌の動物でその遺伝子をむりやり活性化させたらどうなるだろう？　雌が雄になるのだろうか？　グッドフェローとロビン・ラヴェル＝バッジは、雌のマウスに余分なＳＲＹ遺伝子を一個挿入した。子は予想どおり、どの細胞にもＸＸ遺伝子を持って生まれてきた（つまり、遺伝的に雌だった）が、生まれてきたマウスは解剖学的には雄になった。[*10] 陰茎と精巣を発達させ、雌にマウンティングし、雄のマウスに特徴的なあらゆる行動を取った。一個の遺伝的スイッチをオンにすることで、グッドフェローらは個体の性を切り替え、スワイヤー症候群の逆バージョンをつくったのだ。

ということはつまり、性別のあらゆる側面はたったひとつの遺伝子がもたらしているということなのだろうか？　ほぼそうだ。スワイヤー症候群の女性は体内のあらゆる細胞に男性の染色体を持っているが、男性化決定遺伝子が突然変異によって不活性化されているために、Y染色体は文字どおり、去勢されてしまっている（軽蔑的な意味ではなく、生物学的な意味で）。[†] スワイヤー症候群の女性の細胞内のY染色体の存在は確かに、女性の解剖学的な発達の一部を阻害する。とりわけ、乳房は正常に発達せず、卵巣の機能にも異常が見られ、その結果、エストロゲン値が低下している。しかし、そうした女性が生理機能の乖離を感じることはまったくなく、女性の解剖学的構造も、そのほとんどは正常に形成される。外陰部や膣は正常であり、尿路も教科書どおりである。驚くべきことに、スワイヤー症候群の女性のジェンダー・アイデンティティですら、あいまいではない。たったひとつの遺伝子がオフになっただけで、彼女たちは「女性」になったのだ。スワイヤー症候群の女性には、二次性徴の発達を促すためにエストロゲンを投与しなければならないが、女性たちがジェンダーやジェンダー・アイデンティティについて混乱することはほぼない。ある女性は次のように書いている。「わたしは完全に、女性の性役割と自分を一体化している。つねに自分を一〇〇パーセント女性だと思っている……わたしには双子の弟がいるけれど、弟とわたしは全然似ていない。しばらくのあいだ男子のサッカーチームでプレーしたことがあったけれど、男子チームの中でわたしだけが紛れもない女子で、だから、うまくなじめなかった。[*11] チーム名を〝バタフライズ〟にしたらどうかって、提案したの」

スワイヤー症候群の女性は「男性の体の中に閉じ込められた女性」ではない。（ひとつの遺伝子を除いて）染色体上は男性である「女性の」体に閉じ込められた女性なのだ。そのひとつの遺伝子であるＳＲＹの突然変異が（ほぼ完全な）女性の体をつくる。そしてさらに重要なことには、完全なる女性の自己もつくるのだ。それはなんの技巧もない、単純な、〇か一かの状態であり、ナイトスタンドのほうにかがんでスイッチをオンにしたりオ

---

† それとは逆のシナリオも注目に値する。ごくまれに、ＳＲＹ遺伝子がＸ染色体に転座し、その結果、染色体上は女性だが（Ｘ染色体をふたつ持つが）、男性化決定遺伝子を有する人物が誕生する。つまり、スワイヤー症候群の逆の症例だ。こうした人物は男性の正常な体の構造を持っている（精巣が未発達の症例や、停留精巣の症例も存在する）。ここでもまた、ＳＲＹ遺伝子は身体構造、生理機能、ジェンダー・アイデンティティを支配しているものの、その機能を完全に発揮するには、明らかに、他の遺伝子との厳密な協調を必要としている。

フにしたりするようなものだ。[†]

遺伝子が性的な体の構造をこれほどまでに一方的に決定するとしたら、遺伝子はジェンダー・アイデンティティにどのような影響をおよぼしているのだろうか？　二〇〇四年五月五日の朝、カナダのウィニペグに住む三八歳の男性、デイヴィッド・ライマーが食料品店の駐車場まで歩いていき、ソードオフ・ショットガンで自殺した。[*12] 一九六五年にブルース・ライマーとして生まれた（染色体上も、遺伝子上も男性だった）デイヴィッドは幼少期に、不器用な外科医による残忍な割礼を受け、その結果、陰茎がひどく損傷されてしまった。再建手術は不可能だった。両親は慌てて彼をジョンズ・ホプキンズ大学の精神科医、ジョン・マネーのもとへ連れていった。ジェンダーと性行動の研究で世界的に有名なマネーは、ブルースを診察し、そして自らの実験の一環として、息子さんに去勢手術をおこなって、女の子として育てたほうがいいとブルースの両親に勧めた。息子に「正常な」人生を送らせてやりたいという必死の思いから、両親は医師の勧めにしたがい、息子の名前をブレンダに変えた。

デイヴィッド・ライマーに対するマネーの実験は（その実験をおこなうにあたって、彼は大学にも病院にも申請しておらず、許可を受けてもいなかった）、六〇年代に研究者のあいだで流行していたある説を確かめるためのものだった。ジェンダー・アイデンティティというのは生まれつきのものではなく、社会的な行動や文化的な模倣によってつくられる（「あなたという人間はあなたの行動しだい。育ちは生まれを克服する」）という説だ。当時はそうした説が主流であり、マネーはその最も熱心かつ影響力のある支持者だった。ヘンリー・ヒギンズ教授（映画「マイ・フェア・レディ」に登場する言語学者。下町娘の発音を矯正してレディに仕立てあげる）の役目を自らに割りあてたマネーは、行動療法とホルモン療法を通じてジェンダー・アイデンティティを再教育する「性の転換」を提唱しており、彼が考案した一〇年にわたるプロセスが終了するころには、被験者のアイデンティティはすっかり切り替わっていると主張していた。「ブレン

† では「半陰陽」の場合はどうだろう。半陰陽とは、解剖学的にも生理学的にも、男性と女性の典型的な身体的定義にあてはまらない状態をいう。男性か女性かを明確に決める遺伝的スイッチが解剖学的、生理学的な性別を支配しているという考えに、この半陰陽という状態は矛盾しているだろうか？　そうではない。SRY遺伝子は男性、あるいは女性をつくり出すカスケードの頂点に位置しており、さまざまな遺伝子をオンにしたりオフにしたりしている。それらの遺伝子は次に、他の遺伝子ネットワークを活性化したり、抑制したりし、その結果、生殖や性の解剖学的、生理学的な側面が無数に生まれる。こうした下流のネットワークの多様性に、暴露や環境（たとえばホルモンなど）の多様性が交差すると、たとえ男性か女性かを決める強力なスイッチがカスケードの頂点に存在していても、生殖器の構造の多様性が生まれる。自律性の強力なスイッチを頂点に持ち、その下にあいまいな統合係や作用が存在する遺伝的ネットワークの階層構造については、このあとも何度か触れたいと思う。

ダ」はマネーの助言にもとづいて女の子の服を着せられ、女の子として扱われた。[*13] 髪を長く伸ばし、女の子の人形とミシンを与えられた。学校の先生にも、友だちにも、もとは男の子だったことは知らされなかった。

ブレンダには一卵性双生児の弟がおり、ブライアンという名前のその男の子は男児として育てられた。研究の一環として、ブレンダとブライアンは子供時代を通じて、ボルティモアのマネーの外来を頻繁に受診させられた。思春期が近づいてくると、マネーはブレンダを女性化するためにエストロゲンのサプリメントを処方し、さらに、解剖学的な女性への転換を完了するために、人工的な膣を形成する手術を計画した。マネーは「性転換」の驚異的な成功を大げさに売り込む論文を有名な専門誌に次々と発表した。ブレンダは新しいアイデンティティに完璧な平静さを保ちながら順応している、と彼は書いている。双子の弟のブライアンは「荒っぽい」少年だが、ブレンダのほうは「活発な少女」である。ブレンダはほとんどなんの障壁に突きあたることもなく、一人前の女性になるだろう。「ジェンダー・アイデンティティは出生時にはまだ完全には分化していないため、遺伝的な少年を少女にすることが可能である」[*14]

実際には、これほどまでに真実とかけ離れた記述はなかった。四歳のとき、ブレンダはむりやり着せられたピンクと白のワンピースをハサミで切り刻んだ。女の子らしく歩いたり話したりしなさいと言われるたびに、怒りを爆発させた。明らかにまちがっている、明らかに不一致だと感じるアイデンティティにむりやり結びつけられ、ブレンダは不安になり、落ち込み、混乱し、苦悩し、しばしば激怒した。通知表には、ブレンダは「おてんば」で「支配的」で「身体的な活力があふれている」と書かれていた。人形や他の女の子と遊ぶことを拒み、弟のおもちゃのほうを好んだ（彼女がミシンで遊んだのは一度きりで、それも、父親の道具箱からスクリュードライバーをこっそり持ち出して、ネジをひとつずつはずしながら丁寧に分解しただけだった）。同級生たちがいちばん戸惑ったのは、ブレンダはちゃんと女子トイレに行ったものの、立ったまま脚を広げておしっこしたことだった。

一四年後、ブレンダはこの茶番をおしまいにすることにした。膣形成術を拒み、エストロゲンの錠剤を飲むのをやめ、乳房組織を切り取るために両側乳房切除術を受け、男性に戻るためにテストステロンの注射を開始した。彼女——彼——は名前をデイヴィッドに変えた。一九九〇年にある女性と結婚したが、ふたりの関係は最初から苦痛に満ちたものだった。男の子から女の子になり、そして男性になった、ブルース／ブレンダ／デイヴィッドはなおも不安と、怒りと、否定と、うつの耐えがたい発作に襲われつづけていた。彼は職を失い、結婚生活は破綻した。二〇〇四年、妻との激しい口論のあとで、デイヴィッドは命を絶った。

デイヴィッド・ライマーの事例は特殊なものではなかった。一九七〇年代から八〇年代にかけて、ほかにもいくつかの性転換の事例、すなわち染色体上は男性である子供を心理学的、社会的な調整により女性にするという試みが報告されており、そのどれもが独自の問題を抱え、厄介な経過をたどった。性別違和がデイヴィッドの場合ほど深刻ではない症例もあったが、それらの男性／女性は大人になってからもずっと、不安、怒り、違和感、失見当識《しっけんとうしき》などの痛烈な発作に襲われつづけた。ある示唆に富む症例を紹介しよう。ある女性（Cと呼ぶことにする）がミネソタ州ロチェスターの精神科医のもとを受診した。そのときCはフリルのついた花柄のブラウスと、地の粗い牛革のジャケットという恰好をしていた（「わたしらしい革とレースのスタイル」[*15]と彼女は言った）。彼女は自らの二重性のいくつかの側面についてはなんの問題も感じていなかったものの、「自分は根本的に女性だという自意識」を抱くことができずにいた。一九四〇年代に女の子として生まれ育ったCは、学校ではおてんば娘だったという。身体的に男性だと思ったことはないが、男性に対してつねに親近感を抱いていた（「男性の脳を持っているような気がする」[*16]）。二十代である男性と結婚し、一緒に暮らした。だがそれも、ある女性を加えた三人での生活が始まったことがきっかけで、Cが同性愛に目覚めるまでのことだった。夫はその女性と結婚し、

Cは彼のもとを去り、その後、何人かの女性と恋愛関係になった。平静とうつのあいだを行ったり来たりし、教会の信者となり、安らぎを与えてくれる霊的共同体を見つけたが、牧師は彼女の同性愛的傾向を罵り、「回心」のためにセラピーを受けることを勧めた。

四八歳で、彼女は罪悪感と恐怖心に突き動かされて、ついに精神科医に助けを求めた。医学的な検査を受け、細胞が染色体分析にかけられ、その結果、XY染色体を持つことが判明した。遺伝学的には、Cは男性だったのだ。Cがのちに知ったことには、彼/彼女は生まれつきの染色体上の性は男性だったが、生殖器の発達が悪く、男女の別がはっきりしなかったために、母親がCを女性へ変えるための再建手術に同意したのだった。性転換は彼女が六カ月のときに始まり、思春期が開始するころには「ホルモンのアンバランス」を治すという名目でホルモン剤を与えられた。子供時代と思春期をとおして、Cが自分のジェンダーを疑ったことは一度もなかった。

Cの事例は、ジェンダーと遺伝学の関係について慎重に考えることの重要性を浮き彫りにする。デイヴィッド・ライマーとはちがい、Cは性役割をはたすことに違和感を覚えてはいなかった。人前では女性の服を着て、異性と結婚生活を送り（少なくとも、しばらくのあいだは）、四八年間ものあいだ、文化的、社会的な水準の範囲内で行動し、女性で通ってきた。それでも、彼女のアイデンティティの重要な部分（同族意識、空想、欲求、性的衝動）は、男性らしさと結びついたままだった。自分の性的傾向について、彼女自身は罪悪感を抱いてきたにもかかわらず。社会的行動や模倣を通じて、Cは生後に与えられたジェンダーの基本的な特徴の多くを身につけることができた。しかし、遺伝的自己の心理的・性的衝動を捨てることはできなかったのだ。

二〇〇五年、コロンビア大学の研究者チームがこうした症例報告にもとづいて、外陰部の発達が不十分なために出生時に女性のジェンダーを割りあてられた「遺伝的男性」（XY染色体を持って生まれた子供）の縦断研究（同一の対象者を一定期間継続的に追跡する調査）をおこなった。[*17] なかにはデイヴィッド・ライマーやCほどには苦しまなかった症例もあったが、女性のジェンダーを割りあてられた男性のうちの圧倒的多数は、子供時代にさまざまな程度の性別違和を経験していることがわかった。多くが不安、うつ、混乱に苦しめられており、多くが思春期や成人期に自らの意思でジェンダーを男性に戻していた。最も注目すべき点は、性別のはっきりしない外陰部を持って生まれてきた「遺伝的男性」が女児ではなく男児として育てられた場合には、性別違和を覚えたり、成人になってからジェンダーを変更したりしたという報告はひとつとしてなかったということだ。

こうした症例報告によって、ある種の学者たちに定着していた思い込みに終止符が打たれた。ジェンダー・アイデンティティというのは訓練や、示唆や、行動の強制や、社会行動によって完全かつ十分につくり出したり、プログラムしたりできるという思い込みだ。生物学的・生理学的な性別やジェンダー・アイデンティティを形づくるうえで、遺伝子は事実上、ほかのどんな力よりもはるかに強い影響力を持っていることが今でははっきりした（限られた状況において、ジェンダーのいくつかの性質が文化的な再プログラムや、社会的な再プログラム、そしてホルモンの再プログラムによって獲得されるという例外はある）。ホルモンですら究極的には「遺伝的」なもの、つまり遺伝子の直接的、間接的な産物であるため、行動療法と文化的な強制によってのみジェンダーを再プログラムするのは不可能なことだとみなされはじめている。実際、医学におけるほぼ一致した意見になりつつあるのは、きわめてまれな例外を除いて、解剖学的な多様性やちがいにかかわらず、子供たちは染色体の性に割りあてられるべきだというものだ。もし本人が望んだなら、のちに性転換するという選択肢を残しておくという条件はついているものの、その点に関して言えば、前記の症例報告のうち、遺伝子に割りあてられた性を変更したいと望む者はいなかった。

　最も明確に二分される人間のアイデンティティを制御しているのは単一の遺伝的スイッチであるという概念を、次の事実とどう調和させたらいいのだろう？　現実世界における人間のジェンダー・アイデンティティというのは実際のところ、連続スペクトルのように見えるという事実だ。ほぼすべての文化の共通認識として、ジェンダーというのはくっきりとした白と黒の半月ではなく、無数の色合いの灰色として存在していると考えられている。女性蔑視で有名なオーストリアの哲学者オットー・ヴァイニンガーですらこう認めている。「すべての男女がはっきりと区切られているというのは事実なのだろうか？……金属と非金属、化学結合と単なる混合、動物と植物、顕花植物と隠花植物、哺乳類と鳥類のあいだには中間の形態がある……自然界のあらゆる男性的なものと、あらゆる女性的なもののとのあいだにも、深い裂け目は存在しそうにない。今後は誰もがそれを当然のこととみなすようになるだろう」*18

しかし遺伝的な観点からは、なんの矛盾もない。マスタースイッチが存在し、遺伝子が階層的に組織化されているということは、行動やアイデンティティや生理機能が連続的なカーブを描くという事実と完全につじつまが合っている。SRY遺伝子がオンとオフの切り替えによって性決定をコントロールしているのはまちがいない。SRYがオンになれば、動物は解剖学的にも生理学的にも雄になり、オフになれば、解剖学的にも生理学的にも雌になる。

性決定とジェンダー・アイデンティティのより深遠な側面の存在を可能にするためには、

SRY遺伝子は数十もの標的に働きかけなければならない。手から手へバトンをつなぐリレー競争のように、複数の標的をオンにしたりオフにしたりすることで、いくつかの遺伝子を活性化させたり、べつの遺伝子を抑制したりする。次に、それらの遺伝子が自己と環境からの（ホルモンや、行動や、暴露や、社会行動や、文化的な役割や、記憶からの）インプットを統合し、ジェンダーを生み出す。われわれがジェンダーと呼ぶものは、遺伝学的、発達的なカスケード反応であり、SRYはそうした階層の頂点に存在し、その下には修飾因子、積分器、扇動係、解釈係が存在する。このような遺伝的・発達的なカスケードがジェンダー・アイデンティティを指定する。前述したたとえを用いるなら、SRY遺伝子はレシピの中の一行目である。「まず最初に小麦粉を四カップ」といったような。もし小麦粉から始めなかったなら、ケーキらしいものをつくることはできない。だが、その一行目からは無数のバリエーションが生まれる。フランスのパン屋のぱりっとしたバゲットもできれば、チャイナタウンのまるい月餅《げっぺい》もできる。

トランスジェンダー・アイデンティティが存在するという事実は、この遺伝的・発達的カスケードが存在することを示す強力な証拠である。解剖学的・生理学的な意味での性別ははっきりと二分されている。たったひとつの遺伝子が性別を支配し、その結果、男性と女性のあいだには驚くほどの解剖学的・生理学的な二形性がある。だが、ジェンダーやジェンダー・アイデンティティは二分できない。その理由を考えるために、ここでは、TGYという遺伝子が存在すると仮定してみよう。TGYはSRY（あるいは、他のなんらかの男性ホルモンや男性化シグナル）に対する脳の反応を決定する遺伝子だ。ある子供がSRYの働きに対して強い抵抗を示すTGY遺伝子変異を受け継いだとする。その結果、解剖学的には男性だが、脳は男性化シグナルを読むことも、解釈することもできなくなる。そのような脳は自らを心理的には女性であると認識するかもしれないし、男性でも女性でもないと認識するかもしれない。あるいは、自分は第三の性に属するとみなすかもしれない。

このような男性（あるいは女性）のアイデンティティは、スワイヤー症候群のアイデンティティに似ている。染色体上および解剖学的な性別は男性（あるいは女性）だが、染色体上／解剖学的な状態は彼らの脳内で同義的なシグナルを生み出さない。注目すべきことに、ラットでは、雌の胚の脳の一個の遺伝子を変化させるか、脳への「女性化」シグナルの伝達を阻害する薬剤に暴露させることによって、そのような症候群を引き起こすことができる。遺伝子を変化させたり、薬剤を投与されたりしたマウスは、あらゆる解剖学的・生理学的特徴が女性化しているものの、雌に馬乗りになるなど、雄のマウスに関連した行動を取る。こうした動物は解剖学的には雌なのかもしれないが、行動の面では雄である。[*19]

この遺伝的カスケードの階層構造は、遺伝子と環境の関係についての重要な原則を示している。生まれか育ちか、遺伝子か環境か、という永続する議論は激しさを増し、あまりにも長いあいだ、あまりの敵対意識を伴って論争が続いた結果、やがてどちらの陣営も降伏し、われわれは今では、アイデンティティは生まれと育ちによって、遺伝子と環境によって、内因性と外因性のインプットによって決まるのだと教えられている。だがこの考えもまた、まるで愚か者同士の休戦のように、ナンセンスである。もしジェンダー・アイデンティティを制御する遺伝子が階層的に組織化されているのだとしたら（頂点に位置するSRY遺伝子から始まって、そこから情報の細流が扇状に流れていくのだとしたら）、「生まれ」のほうが支配的か、「育ち」のほうが支配的かというのは絶対的ではなく、階層構造のどのレベルを調べるかで大きく変わってくるはずだ。

カスケードの頂点では、遺伝子がむりやり、一方的に働く。その頂点では、ジェンダーはきわめてシンプルに決まる。たったひとつのマスター遺伝子がオンになるか、オフになるかで決まるのだ。もしわれわれが遺伝的な方法か、あるいは薬剤を使ってオン・オフを切り替えられるようになったなら、男性をつくるか、女性をつくるかをコントロールできるようになり、その結果として誕生する人間は、男性、あるいは女性の完全なアイデンティティ(および体の大部分の構造)を持っている。だが反対に、階層構造のいちばん下のレベルでは、純粋な遺伝的視点は役に立たない。ジェンダーやジェンダー・アイデンティティについて、洗練された理解をもたらしてはくれないのだ。情報が交差する河口の平野のようなこの場所では、歴史や、社会や、文化が潮流のように遺伝的性質とぶつかり、交差する。波は互いに打ち消しあうこともあれば、互いに増幅しあうこともある。とりわけ強い力というのはないが、それらの力が組み合わさった結果、われわれが個人のアイデンティティと呼ぶ、個々のさざ波が立つ風景が生み出されるのだ。

最終マイル

寝ている犬のように、見知らぬ双子は放っておいたほうがいい。[*1]

——ウィリアム・ライト

『そのように生まれて（*Born That Way*）』

男女の別が判別しにくい生殖器を持って生まれた、二〇〇〇人にひとりの赤ん坊の性別が生まれつきのものか、後天的なものかという議論が遺伝、嗜好、倒錯、選択についての国家的な論争を引き起こすことはない。だが、性的アイデンティティ（性交渉の相手の選択や嗜好）が生まれつきのものか、後天的なものかという議論はまちがいなく、国家的論争を引き起こす。一九五〇年代から六〇年代にかけて、その議論に永久に決着がついたかに見えた。当時の精神科医のあいだで支配的だったのは、性的嗜好（「ストレート」か「ゲイ」か）は生まれつきのものではなく、後天的なものであり、同性愛は神経症的不安が形を変えたものだという考えだった。「現代の多くの精神分析家の一致した考えは、慢性の同性愛者というのは、多くの倒錯者と同じく、神経症患者であるというものだ」[*2]と精神科医のサンダー・ローランドは一九五六年に書いている。べつの精神科医は一九六〇年代末に次のように記している。「同性愛者の真の敵は自らの倒錯というよりもむしろ、自分の状態は治療可能だという事実を知らないことであり、さらに、治療を避ける原因となっている精神的マゾヒズムなのだ」[*3]

ニューヨークの著名な精神科医で、ゲイの男性をストレートに変える治療で名を馳せていたアービング・ビーバーは一九六二年、きわめて大きな影響力を持つ著書『同性愛――男性同性愛者の精神分析（*Homosexuality: A Psychoanalytic Study of Male Homosexuals*）』を執筆した。その本の中でビーバーは、同性愛は家族のゆがんだ力学が原因であると論じた。過度に誘惑的ではないにしても、息子に「密接に結びつき、（性的に）親密な」[*4]母親と、無関心でよそよそしく、「感情的に敵意のある」父親という致命的な組み合わせが原因だというのが彼の説だった。少年たちはこうした力への反応として、神経症的で、自己破壊的で、壊滅的な行動をとるようになる（「同性愛者というのは、ポリオの犠牲者の脚のように、異性愛の機能が麻痺してしまった人物である」[*5]という一九七三年のビーバーの発言は有名である）。最終的には、そのような少年の内部で、自らを母親と同化させ、父親を弱体化したいという欲求が明白になり、その欲求が、正常から逸脱したライフスタイルを採用するという選択につながる。性的な「ポリオの犠牲者」は、ポリオの犠牲者が病的な歩き方をするのと同じように、病的なあり方を採用する、とビーバーは主張している。一九八〇年代末までには、同性愛というのは逸脱したライフスタイルの選択を表しているという概念が定説となっていた。当時の副大統領のダン・クエールが一九九二年にこう楽天的に宣言したほどに。「同性愛は生物学的な状態というよりも、選択であり……それはまちがった選択だ[*6]」

一九九三年七月、いわゆるゲイ遺伝子の発見によって、遺伝子や、アイデンティティや、選択について、遺伝学の歴史上最も激しい議論がわき起こった[*7]。遺伝子というのは世間の人々の考え方を左右し、議論の内容をほぼ完全に反転させることができるほど強力な力を持つことをその発見は示した。その年の一〇月の雑誌《ピープル》(過激な社会的変化を声高に擁護するタイプの雑誌ではないことに注目したい)の中で、コラムニストのキャロル・サーラーがこう書いている。「ある女性が、おだやかでやさしい少年を育てるのではなく、その子を中絶することに決めたなら、わたしたちはその女性についてなんと言うでしょう? その少年が大きくなったときに、おだやかでやさしいべつの少年を愛する可能性がわずかにある(ほんのごくわずかにです)という理由で、中絶することにしたら?

わたしたちはこう言います。その女性はゆがんだ機能不全の怪物であり、むりやり子供を産まされたなら、その子の人生を地獄にするはずです。どんな子供であれ、そんな女を親として持つことを強要してはならないのです[*8]」

「おだやかでやさしい少年」という言いまわし（ゆがんだ大人の嗜好ではなく、生まれつきの子供の傾向を表すために選ばれた言葉）からも、議論が逆転したことがわかる。性的嗜好の発達に「遺伝子」が関連づけられたとたん、ゲイの子供は正常な子供となり、その子の憎むべき敵が今では、異常な怪物になったのだ。

ゲイ遺伝子の探索を促したのは、行動主義というよりもむしろ、退屈さだった。国立がん研究所の研究者ディーン・ヘイマーはべつに論争の種を探し求めていたわけではなかった。なにしろ自分自身のことすら探究してはいなかったのだから。自分がゲイであることを隠してはいなかったが、性的なものであれなんであれ、アイデンティティの遺伝学にとりわけ興味を覚えたことはなかった。人生の大半を「床から天井までビーカーや小瓶が散乱した、たいていは静かなアメリカ政府の研究所」の中で心地よく過ごし、銅や亜鉛などの毒性のある重金属の解毒の役割をはたす、メタロチオネイン（ＭＴ）の遺伝子調節について研究していた。

一九九一年の夏、遺伝子調節についての科学セミナーで発表するために、ヘイマーはオックスフォード大学に行った。彼の発表はお決まりの内容で、いつもと同じく好評を博したが、討論に入ったところで、ヘイマーは途方もなくわびしい既視感に襲われた。どの質問も、一〇年前の彼の発表のときからなんの代わり映えもしないような気がしたのだ。次の演者はべつの研究室のライバルだった。彼がヘイマーの研究を裏づけ、さらに拡大するデータを発表すると、ヘイマーはいっそう退屈になり、気分が沈んでいった。「この先一〇年間、ずっとこの研究を続けたところで、成し遂げられるのはせいぜい、このさえない遺伝子の三次元レプリカをつくることくらいだと気づいたんだ。そんなのはたいした人生の目標には思えなかった」

セッションのあいだの休憩時間に、ヘイマーはぼうっとしたまま外に出た。心が激しく揺れ動いていた。ハイ・ストリート沿いの広々とした本屋、ブラックウェルに立ち寄って、同心円状に配置された部屋から部屋へと歩きながら、生物学の本を拾い読みした。彼は二冊の本を買い、そのうちのひとつがダーウィンの『人間の由来』だった。一八七一年に出版されたその本は、ヒトはサルに似た祖先から進化したと主張し、論争の嵐を起こしていた（『種の起源』では、ダーウィンはヒトの進化について論じるのを避けていたが、『人間の由来』では、その問題に正面から取り組んでいた）。

生物学者にとっての『人間の由来』とは、文学部の大学院生にとっての『戦争と平和』のようなものだ。ほぼすべての生物学者がその本を読んだと言ったり、その基本的な論点を知っているかのようにふるまったりするが、実際にその本を手に取って開いたことのある者はほとんどいない。それはヘイマー自身も同じだった。ヘイマーが驚いたことには、ダーウィンはその本の大半を、性や、性交渉の相手の選択や、それらが支配行動や社会組織に与える影響についての議論に割いていた。ダーウィンは明らかに、遺伝は性行動に強い影響をおよぼしていると感じていたが、ダーウィンが「性的傾向の最終的な決定因子」と呼んだ性行動や性的嗜好の遺伝的決定因子は謎のままだった。

しかし、性行動をはじめとするどのような行動にも遺伝子が関係しているという考え方は、すでに時代遅れだった。リチャード・レウォンティンの『進化という神話』という、ヘイマーが買ったもうひとつの本では、ダーウィンとは異なる考えが提唱されていた。[*9] 一九八四年に出版されたその本の中でレウォンティンは、人間の性質の大部分は生物学的に決められるという考えに反論していた。遺伝的に決まるとされる人間の行動はしばしば、権力構造を強化するための文化や社会の作為的なしくみにほかならず、思いどおりに操ることさえ可能であると彼は主張した。「同性愛に遺伝的な根拠があることを示す、満足できる証拠はない……そんな話は根も葉もないつくり話だ[*10]」とレウォンティンは書いており、生物の進化についてのダーウィンの考えは概ね正しいものの、人間のアイデンティティの進化についての考えはまちがっていると論じた。

ふたつの理論のうち、正しいのはどちらだろう？　少なくともヘイマーにとっては、性的指向はあまりに根本的なものであり、そのすべてが文化的な力によってつくられたとは思えなかった。「非常に優れた遺伝学者であるレウォンティンはなぜここまできっぱりと、行動が遺伝性であると信じないことに決めたのだろう？」とヘイマーは不思議に思った。「行動の遺伝学を研究室で反証することはできなかったわけだから、彼がここで書いているのは、政治的反論にすぎないのだろうか？　だとすれば、ここに本物の科学が入り込む隙間は残されているかもしれない」ヘイマーは性行動の遺伝学について集中的に学ぶことに決め、研究室に戻って、文献を調べはじめた。だが結局、過去から学ぶべきものはほとんどないことがわかった。一九六六年以降に発表された科学論文のデータベースを検索したところ、「同性愛」と「遺伝子」に関連した論文は一四篇しか見つからなかったのだ。一方のMT遺伝子についての論文は六五四篇も見つかったというのに。

だがヘイマーは、科学論文の中に半ば埋もれるようにして存在していたいくつかの興味深いヒントを見つけることができた。一九八〇年代、J・マイケル・ベイリーという名の心理学部の教授が、双生児研究をとおして性的指向の遺伝学を研究しようと試みた。[*11]ベイリーの方法は古典的なもので、性的指向の一部が遺伝的なものならば、一卵性双生児のほうが二卵性双生児に比べて、どちらもゲイである割合が高いはずだという仮説にもとづいていた。ベイリーはゲイの雑誌や新聞に戦略的な広告を出し、ふたりのうち少なくともひとりがゲイである一一〇組の男性の双子を集めた（これが今日でも大変な研究に思えるのなら、一九七八年にはどれほど大変だったか想像してほしい。当時は自分がゲイであると公表する者はほとんどおらず、いくつかの州では、ゲイの性交渉が刑罰の対象にすらなっていたのだ）。

ベイリーが双子でのゲイの一致率を調べたところ、衝撃的な結果が得られた。五六組の一卵性双生児のうち、どちらもゲイである割合は五二パーセントだったのだ[†]。五四組の二卵性双生児のうち、どちらもゲイだったのは二二パーセントで、その割合は一卵性双生児よりも低かったが、およそ一〇パーセントと推定される一般人口でのゲイの割合に比べ、有意に高かった（何年かのちに、ベイリーは次のような驚くべき事例について知ることになる。一九七一年、カナダの双子の兄弟が生後数週間で離れ離れになった。ひとりは裕福なアメリカの家庭の養子になり、もうひとりはまったく異なる環境の中、実母のもとでカナダで育てられた。外見がそっくりなふたりはお互いの存在をまったく知らずに育った。だがそれも、カナダのゲイバーで偶然出くわすまでのことだった[*12]）。

男性の同性愛は遺伝子だけで決まるわけではなく、家族、友人、学校、宗教、社会構造が性行動に明らかに影響を与えていることにベイリーは気づいた。だからこそ、一卵性双生児のうちのひとりがゲイでも、もうひとりは四八パーセントの割合でストレートだったのだ。明白な性行動のパターンが解き放たれるには、内的および外的な誘因が必要である可能性があった。同性愛を取り囲む、蔓延する抑圧的な文化的信条が、双子のひとりに「ストレート」というアイデンティティを選択させたが、もうひとりにはその影響を与えなかったのかもしれない。だが双生児研究によって、同性愛への遺伝子の影響は、たとえば1型糖尿病に対する遺伝子の影響（一卵性双生児での一致率は三〇パーセントにすぎない）よりも強く、身長に対する影響（一致率は約五五パーセント）と同じくらいだということを示す揺るぎない証拠がもたらされたのは確かだった。

† この一致率の高さは、子宮内環境や胎生期に受けた暴露が同じだったためだと説明できるかもしれない。だが、二卵性双生児も同じ子宮内環境を経験したにもかかわらず、一卵性双生児に比べて一致率が低いという事実を鑑みれば、この説は正しくないと考えられる。兄弟の場合も、一般人口に比べてゲイの一致率が高い（一卵性双生児よりは低いものの）という事実もまた、遺伝が関与しているという説を強固なものにしている。さらなる研究によって、環境と遺伝因子が性的嗜好の決定にどう関与しているのかが明らかになるはずだ。いずれにしろ、遺伝子が重要な因子であることはまちがいないと思われる。

ベイリーの研究によって、性的アイデンティティをめぐる会話は、一九六〇年代の「選択」や「個人の嗜好」といった内容から、生物学、遺伝学、遺伝といった内容へと劇的に変化した。身長や、識字障害や、1型糖尿病を選択だとみなさないのならば、性的アイデンティティも選択とみなすことはできない。

だが、関与しているのはひとつの遺伝子なのだろうか？　それとも複数の遺伝子なのだろうか？　それはどんな遺伝子で、どこに存在しているのだろう？　「ゲイ遺伝子」を特定するためには、ヘイマーはより大規模な研究をしなければならなかった。性的指向を多世代にわたって追いかけることのできる家系を対象にした研究だ。そのような研究の資金を手に入れるためには、新しい補助金が必要だった。しかし、MT調節を研究している連邦政府の研究者がいったいどこに、人間の性的傾向に影響を与える遺伝子を発見するための資金を見つけられるのだろう？

一九九一年初頭、ヘイマーの研究を可能にするふたつの展開があった。ひとつめは、ヒトゲノム計画の発表だ。ヒトゲノムの正確な塩基配列の解明までにはさらに一〇年という年月を要することになるのだが、重要な遺伝的道標のヒトゲノム上の位置がわかったことで、遺伝子を探すのがはるかに容易になった。同性愛に関係する遺伝子の位置を突き止めるというヘイマーの考えは、一九八〇年代には方法論的に手に負えないものだったが、それから一〇年たち、どの染色体にも遺伝的マーカーが電飾文字のように並んでいる今では、少なくとも概念上は達成可能なことに思えた。

ふたつめはエイズだ。一九八〇年代末、ゲイのコミュニティーに多数のエイズの犠牲者が出ると、不服従運動や過激な抗議活動をおこなう活動家や患者に突き動かされて、国立衛生研究所（ＮＩＨ）はついに、エイズ関連の研究費として何億ドルもの資金を提供した。ヘイマーの巧みな戦略は、ゲイ遺伝子の探究とエイズ関連研究とを抱き合わせることだった。以前は進行が遅く、まれな疾患だと考えられていたカポジ肉腫が、エイズを患ったゲイの男性のあいだで驚くほど高頻度に発生することを知ったヘイマーは、カポジ肉腫の進行を早める危険因子は同性愛と関係しているのではないかという仮説を立てた。もしそうなら、一方の関連遺伝子を見つければ、もう一方の関連遺伝子も見つかるかもしれない。その理論は見事にまちがっていた。カポジ肉腫はのちに性行為によって感染するウイルスを原因とし、主に免疫機能が低下した人々に発症することが判明し、それによって、エイズ患者での発生率の高さが説明づけられたのだ。しかし、戦略的にはすばらしかった。一九九一年、ＮＩＨはヘイマーの新しいプロトコール、すなわち同性愛に関連する遺伝子を見つける研究に対して七万五〇〇〇ドルの資金を提供した。

プロトコール#九二-C-〇〇七八は一九九一年の秋に開始された。*13 一九九二年までに、ヘイマーは一一四人のゲイ男性の参加者を得ていた。それらの人々を調べて詳しい家系図をつくり、性的指向が家系的なものであるかを見極め、遺伝のパターンを説明づけ、遺伝子の位置を突き止めるつもりだった。どちらもゲイである兄弟の組み合わせを見つけられたなら、ゲイ遺伝子の位置を突き止めるのははるかに簡単になるはずだった。一卵性双生児は同じ遺伝子を持っているが、兄弟のゲノムは一致していない。どちらもゲイである兄弟を見つけられたなら、両者が共有しているゲノムの部分を特定し、そこからゲイ遺伝子を単離できるはずだった。つまりヘイマーは家系図だけでなく、そうした兄弟の遺伝子サンプルも必要としていたのだ。兄弟にワシントンまで来てもらうための飛行機代と、週末分の四五ドルの報酬を払うだけの予算の余裕はあった。疎遠になっていた兄弟は再会をはたし、ヘイマーは試験管一本分ずつの血液を手に入れた。

一九九二年の晩夏までに、ヘイマーは、一〇〇〇人近い家系のメンバーについての情報を集め、一一四人のゲイ男性について、それぞれの家系図をつくっていた。六月、彼はパソコンの前に座って、初めてデータに目を通した。その直後、喜ばしい確証の波が押し寄せてくるのを感じた。ベイリーの研究と同様に、ヘイマーの研究に参加した兄弟たちの場合も、性的指向の一致率が約二〇パーセントであり、一般人口の同性愛者の割合である一

○パーセント の二倍近かったのだ。その研究からは本物のデータが得られたものの、喜びはすぐに冷めた。どれほど念入りに数値を調べても、それ以上の洞察がもたらされることはなかったからだ。ゲイの兄弟間の一致率以外には、明らかなパターンや傾向は何ひとつ見いだせなかった。

ヘイマーは落胆した。数値をいくつかのグループに分け、さらにサブグループに分けてみたが、無駄だった。しかし家系図が描かれたいくつもの紙を片づけようと重ねていたところで、いきなり、ひとつのパターンに気づいた。それは、あまりにさりげないために、人間の目でしか見極められないパターンだった。家系図を描いている際に、彼は偶然、どの家族についても左側に父方の親戚を描き、右側に母方の親戚を描き、ゲイの男性には赤い印をつけていた。紙を重ねているあいだに、彼はとっさに、赤い印が右側に集まり、印のない男性は左側に集まる傾向があることに気づいたのだ。ゲイの男性にはゲイのおじがいる場合が多かったが、そうしたおじは母方だけにいた。ゲイの親戚について、さらに家系図を拡大して調べるにつれ（「ゲイのルーツ・プロジェクト」[*14]と彼は呼んだ）、その傾向はより確固たるものになった。母方のいとこ同士の一致率は高かったが、父方のいとこ同士の一致率は高くなかった。母に姉妹がいて、そのどちらの姉妹にも息子がいる場合、その息子（いとこ）同士の一致率はどのいとこ同士の一致率よりも高かった。

同じパターンが世代から世代へと繰り返された。熟練した遺伝学者にとっては、このパターンはゲイ遺伝子がX染色体上に存在していることを意味するものだった。ヘイマーにはもうほとんど見えるようだった。世代から世代へと受け継がれる、影のような遺伝因子。それは、嚢胞性線維症やハンチントン病の原因となる典型的な突然変異に比べたら浸透率は格段に低いが、X染色体の航跡を避けがたくたどっていた。典型的な家系図では、大おじが潜在的なゲイであると特定されていたが（家族史というのはしばしばあいまいであり、昔は今に比べ、ゲイであることを隠す者が多かったが、なかには二世代から三世代にわたってそれぞれの性のアイデンティティが知られていた家系もあり、ヘイマーはそうした家系のデータを集めた）、その大おじの息子全員がストレートだった（すべてのヒトの男性のX染色体は母由来である）。だが、その大おじの妹（姉）の息子のひとりがゲイで、その息子の妹（姉）の息子もまたゲイだった。男性のX染色体というのはその一部が妹（姉）のX染色体の一部と、さらに妹（姉）の息子のX染色体の一部と一致している。大おじ、おじ、最年長の甥、甥の兄弟といった具合に、ゲイはまるでチェスのキングの動きのように、世代から世代へ、横へ縦へと広がっていた。ヘイマーは突然、表現型（性的嗜好）から染色体上の潜在的な位置（遺伝型）へと移動した。ゲイの遺伝子を特定したわけではなかったが、性的指向に関係するDNA断片がヒトゲノム上に位置づけられることを証明したのだ。

だがX染色体上のどこにあるのだろう？　ヘイマーは、すでに血液を採取していた四〇組のゲイの兄弟に注目した。ゲイの遺伝子が実際に、X染色体上の狭い領域に存在していると仮定してみよう。その領域がどこにあるにしろ、四〇組のゲイの兄弟は、ひとりがゲイで、もうひとりがストレートである兄弟に比べて、その特定のDNA配列を高頻度で共有しているはずだ。ヒトゲノム計画によって定義づけられたゲノム上の道標と注意深い数学的分析を用いて、ヘイマーはX染色体上の領域を順次絞り込んでいった。X染色体全体に広がる二二個のマーカーについて調べたところ、注目すべきことに、四〇組のゲイの兄弟のうち、三三組が、Xq28と呼ばれるX染色体上のマーカーを共有していることがわかった。通常なら、半数（二〇組）だけが同じマーカーを共有すると予測され、それ以外の一三組も同じマーカーを共有する確率は一万分の一以下とごくわずかだった。つまり、Xq28の近くのどこかに、男性の性的指向を決定する遺伝子が存在しているにちがいなかった。

Xq28はたちまちセンセーションを巻き起こした。「電話がひっきりなしにかかってきた」とヘイマーは回想する。「研究室の外ではテレビのカメラマンが行列をつくっていた。

郵便受けと受信ボックスがあふれた」[15] ロンドンの保守的な新聞である《デイリー・テレグラフ》は、科学がゲイ遺伝子を単離したのなら、「科学の力でゲイを撲滅できるはずだ」[16]と書いた。またべつの新聞は「大勢の母親が罪悪感に駆られるはずだ」と指摘した。「遺伝的暴挙！」という見出しを掲げる新聞もあった。倫理学者は、両親が胎児に「遺伝型解析」をおこなうことで、同性愛の子供をもうけることを回避すべきか否か論じた。ヘイマーの研究によって、「個々の男性について、分析可能な染色体上の領域が特定された」[17]とある書き手は記した。「しかしここでも言えるのは、この研究にもとづいたどんな検査結果も、それが提供しているのは何人かの男性の性的指向を予測するための確率論的な道具にすぎないということである」ヘイマーはあらゆる方面から攻撃された。[18] 文字どおり。反同性愛を訴える保守派は、ヘイマーは同性愛を遺伝学に帰着させることによって、同性愛を生物学的に正当化したのだと批判した。同性愛者の権利を訴える活動家は、ヘイマーは「ゲイの検査」という幻想を加速させ、検出にもとづく差別という新しいメカニズムを促進したと非難した。

ヘイマー自身のアプローチは中立的で、厳密で、科学的だった――しばしば辛辣なまでに。彼は分析にさらに磨きをかけ、さまざまな検査をおこない、Xq28との関連を調べた。たとえば、Xq28は同性愛の遺伝子ではなく、「女々しさの遺伝子」なのではないだろうか、と彼は考えた（科学論文にその言葉を使う勇気があるのはゲイの男性だけだろう）。ちがった。Xq28を持つ男性でも、従来的に男らしさとみなされている側面や男性に特有の行動に大きな変化は見られなかったのだ。受動性交や肛門性交の遺伝子なのではないだろうか（「逆さまの遺伝子なのだろうか？」と彼は問うた）。それもまた、関連性はなかった。反抗の遺伝子なのだろうか？　抑圧的な社会の風習に抵抗する遺伝子なのだろうか？　相反する行動の遺伝子なのだろうか？　仮説という仮説が調べられたが、ひとつとして関連は見つからなかった。骨の折れる作業をとおしてあらゆる可能性が排除されたあとに残ったのは、たったひとつの結論だった。すなわち、男性の性的アイデンティティの一部はXq28の近辺にある遺伝子によって決められているというものだ。

一九九三年にヘイマーの論文が《サイエンス》に掲載されて以来、いくつかのグループがヘイマーのデータの検証を試みた。[*19] 一九九五年、ヘイマー自身のチームがより大規模な分析結果を発表して、最初の研究を裏づけた。しかし、カナダのグループが一九九九年に、ゲイの兄弟の少人数のグループを対象にヘイマーの研究の再現を試みたものの、Xq28との関連性を見いだすことはできなかった。二〇〇五年、おそらくはこれまでにおこなわれた最大規模の研究で、四五六組の兄弟が調べられたが、Xq28との関連は確認されず、代わりに、七番、八番、一〇番染色体との関連が見つかった。[*20] 二〇一五年、四〇九組の兄弟を対象にした詳細な分析で、Xq28との関連性がわずかながら再確認され、前回の研究で見つかった八番染色体との関連もふたたび確認された。[*21]

これらすべての研究の最も興味深い特徴は、性的アイデンティティに影響する実際の遺伝子を単離した者はまだいないという点かもしれない。連鎖解析というのは遺伝子そのものを特定する方法ではなく、遺伝子が見つかる可能性のある染色体の領域を特定する方法にすぎない。一〇年近くにわたる集中的な探究ののちに遺伝学者たちが見つけたのは「ゲイの遺伝子」ではなく、数カ所の「ゲイの遺伝子の位置」だった。その位置に存在するいくつかの遺伝子は実際に、性行動を調節している可能性のある候補遺伝子だが、それらの中に同性愛や異性愛と実験的に関連づけられた遺伝子はない。たとえばXq28に存在するある遺伝子は、性行動に関与することが知られているテストステロンという男性ホルモンの受容体タンパク質をコードしている。[*22] だが、この遺伝子が長いあいだ追い求められてきたXq28の中のゲイ遺伝子なのかどうかはわかっていない。

「ゲイ遺伝子」は、少なくとも従来の意味における遺伝子ですらないのかもしれない。近くに存在する遺伝子を調節したり、遠くに存在する遺伝子に影響を与えたりするDNA領域なのかもしれない。もしかしたら、それはイントロン（遺伝子のあいだに挟み込まれた

DNA配列で、遺伝子をいくつかの部分に分断している）の中に存在しているのかもしれない。ゲイの決定因子の分子的な正体がなんであれ、遅かれ早かれ、人間の性的アイデンティティに影響をおよぼす遺伝的要素が発見されることはまちがいないといえるだろう。Xq28について、ヘイマーが正しいか正しくないかは重要ではない。双生児研究によって、性的アイデンティティティに影響をおよぼしているいくつかの決定因子がヒトのゲノムに存在することが明確に示されたのは確かだ。遺伝子の位置を突き止め、特定し、分類するより強力な方法が発見されたなら、そうした決定因子のいくつかは確実に見つかるはずだ。ジェンダーと同じく、そうした因子も階層的に組織化されている可能性がある。主な制御係が頂点に位置し、その下に複雑な統合係や修正係が配置されているのかもしれない。しかし性決定とはちがって、性的アイデンティティが単一の制御係に支配されている可能性は低い。わずかな効果をおよぼす複数の遺伝子（とりわけ、環境からのインプットを修正し、統合する遺伝子）が性的アイデンティティの決定に関与している可能性が高い。要するに、ゲイでないことを決めるSRY遺伝子というのは、存在しないのだ。

ゲイ遺伝子に関するヘイマーの論文が掲載されたのはちょうど、行動や、衝動や、人格や、欲望や、気質というのは遺伝子の影響を受けているという概念が力強く再登場した時期のことだった。そうした概念は二〇年近くものあいだ、時代遅れとみなされてきた。著名な英国系オーストラリア人学者のマクファーレン・バーネットは一九七一年に出版された『遺伝子・夢・現実』という題名の自著の中で、「われわれが持って生まれた遺伝子が、他のあらゆる機能的自己とともに、知能や、気質や、人格の土台をつくっていることは自明である」と書いている。[*23] しかし七〇年代半ばまでには、バーネットの考えは「自明」とはほど遠いものになっていた。あらゆるものの中でもとりわけ遺伝子が、特定の「機能的自己」を人間が獲得するように、つまり特定の気質や、人格や、アイデンティティを人間が持つように仕向けているという概念は、どの大学からもあっさりと追放されていたのだ。「一九三〇年代から一九七〇年代をとおして、心理学の説や研究を支配したのは……環境という視点だった」[*24]と心理学者のナンシー・セーガルは書き、次のように続けている。「一般的な学習能力を除いて、人間の行動はほぼ完全に、その人物の外側に存在する力で説明づけられた」また、ある生物学者はこう回想している。「幼児というのは、文化によって無数のオペレーティングシステムをそこにダウンロードできるランダムアクセスメモリのようなものだとみなされていた」[*25]やわらかい粘土のような子供の精神は、自由自在に変化させることができる。環境を変えたり、行動を再プログラムしたりすることによって、どんな形にもすることができれば、どんな服も着せられると考えられていた（行動療法や文化療法をとおしてジェンダーを変えるという、ジョン・マネーがおこなったような実験を可能にした信じがたいほどの軽信は、こうした考えにもとづいていた）。人間の行動について研究するために、一九七〇年代にイェール大学の研究プログラムに参加したある心理学者は、遺伝学に対するその学部の独断的な姿勢に当惑したという。彼はこう語っている。「（人間を行動に駆り立て、それに影響を与える）遺伝性の形質について、私たちがどんな裏知恵をここニューヘイヴンにもたらしたとしても、イェール大学にとってはそんなものはすべてナンセンスであり、彼らはただそれを排除するだけだった[26]」まさしく、環境がすべてという環境だったのだ。

「生まれ」を復活させること、すなわち、心理的な傾向に影響を与える主な因子として遺伝子に脚光を浴びせることは、簡単ではなかった。そのためにはまず、人類遺伝学の古典的な研究法を根本的に改革しなければならなかったからだ。つまり、厳しい非難を浴びたうえに、多くの誤解を生んだ双生児研究だ。双生児研究はナチス時代からおこなわれていたが（双子《ツヴィリンゲ》に対するメンゲレのぞっとするほどの執着を思い出してほしい）、やがて概念的に行き詰まった。生育環境が同じ一卵性双生児を研究するうえでの問題点は、絡み合った生まれと育ちの糸をほどくことができない点だった。同じ家で、同じ両親に育てられ、しばしば同じ教室で、同じ教師のもとで勉強し、服も、食べ物も、育てられ方もまったく同じであるこうした双子について研究したところで、遺伝子と環境の影響を明確に区別することはできなかったのだ。

一卵性双生児と二卵性双生児とを比較することによって、この問題はある程度解決される。二卵性双生児もまた共通の環境で育つものの、半分の遺伝子しか共有していないからだ。しかし批判者は、そうした比較にも欠陥があると指摘する。一卵性双生児は二卵性双生児よりも、両親によって同じように扱われる可能性が高いからだ。たとえば、一卵性双生児は二卵性双生児よりも栄養状態や成長のパターンが似ていることが知られているが、それは生まれによるものなのだろうか、それとも育ちによるものなのだろうか？　また、一卵性双生児は異なる行動をとることによってお互いを区別することがあるが（私の母と双子の姉は全然ちがう色の口紅を選んだ）、その相違点は遺伝子にコードされているのだろうか？　それとも、遺伝子に対する反応なのだろうか？

一九七九年、ミネソタのある科学者がこの袋小路からの出口を見つけた。二月のある夕方、行動心理学者のトマス・バウチャードは郵便受けに新しい記事が入っているのを見つけた。学生が入れてくれたその記事には、興味深い話が書かれていた。オハイオで生まれた一組の一卵性双生児が生後まもなく別々の家庭に引き取られ、三〇歳になってから驚くべき再会をはたしたという。このようなタイプの双子（生後すぐに養子に出され、別々に育てられた一卵性双生児）はめったにいなかったが、遺伝子の影響について調べることのできる貴重な事例だった。こうした双子では、遺伝子は完全に一致しているものの、環境はしばしばまったく異なっていた。「生まれてすぐに離れ離れになった」一卵性双生児と、同じ家庭で育った一卵性双生児を比較することによって、遺伝子と環境の影響をほどくことができるとバウチャードは考えた。こうしたタイプの双子に類似点があったなら、それは環境とは関係のないものであり、純粋に遺伝的な影響、つまり「生まれ」だけを反映しているはずだった。

バウチャードは一九七九年にそうした双子を探しはじめ、そして一九八〇年代末までには、別々に育てられた双子と、一緒に育てられた双子の世界最大規模のコホートをそれぞれつくりあげていた。バウチャードはそれを「別々に育てられた双子に関するミネソタの研究[*27]（ＭＩＳＴＲＡ）」と名づけた。一九九〇年の夏、彼のチームは《サイエンス》の主要論文として、包括的な分析結果を発表した。[†] チームは五六組の別々に育てられた一卵性

† この論文の旧版は一九八四年と一九八七年に掲載された。

双生児と三〇組の別々に育てられた二卵性双生児のデータを集めており、さらに、三三一組の一緒に育てられた双子（一卵性双生児および二卵性双生児）についての以前の研究データも加えていた。双子たちは幅広い社会経済的な階級の出身であり、双子のひとりともうひとりとのあいだに大きな環境のちがいが見られる事例も多かった（ひとりは貧しい家庭で育ち、もうひとりは裕福な家庭で育った場合だ）。物理的、人種的な環境も大きく異なっていた。環境を評価するために、バウチャードは双子たちに家や、学校や、オフィスや、行動や、食事や、暴露や、ライフスタイルについて詳細に記録してもらい、さらに、「文化的階級」の指標を決めるために、調査対象の家庭に「望遠鏡、大辞典、原画」があるかを記録するという独創的な方法を使った。

《サイエンス》に掲載される論文というのはたいてい、数十もの図表を含んでいる。だがこの論文は異例なことに、要点がたったひとつの表で示されていた。ミネソタのグループは一一年近くかけて、双子たちにおびただしい数の詳細な生理学的・心理学的テストをおこなっていたが、どのテストでも、一卵性双生児たちには驚くほどの類似性があった。身体的特徴の類似性は予想どおりで、たとえば、親指の指紋隆線の数の相関係数は〇・九六とほぼ完全に一致していた（相関係数一・〇は完全な一致、つまりまったく同一であることを示している）。IQテストでも、相関係数が〇・七〇と強い相関が見られ、以前の研究が裏づけられた。しかし、人格、嗜好、行動、態度、気質といった最も謎めいた深遠な側面ですら、複数の個別のテストを幅広く使って調べたところ、相関係数〇・五〇から〇・六〇と強い相関を示しており、一緒に育てられた一卵性双生児ではほぼ一致していた（この関連性の強さを感覚として理解するために次の数字を挙げておこう。ヒトの母集団での身長と体重の相関係数は〇・六〇から〇・七〇のあいだであり、学歴と収入の相関係数は約〇・五〇である。遺伝が関与していると考えられている1型糖尿病の一卵性双生児での相関係数はわずか〇・三五にすぎない）。

ミネソタの研究から判明した最も興味深い相関は、最も意外なもののひとつだった。別々に育てられた一卵性双生児でも、その社会的・政治的属性については、一緒に育てられた一卵性双生児と同じくらい一致していたのだ。別々に育てられても、一方がリベラル派ならもう一方もリベラル派であり、一方が正統派ならもう一方も正統派だった。宗教に対する熱意や信仰心も驚くほど一致していた。双子はどちらも信者か、どちらも無宗教かのいずれかだった。伝統主義や「権威にしたがうことをいとわない性質」も一致しており、「自己主張する性質、リーダーシップをとりたがる性質、注目されることを好む性質」も同様だった。

一卵性双生児に関する他の研究によって、人格や行動への遺伝子の深い影響がさらに判明した。新奇なものを求める傾向や、衝動的な傾向も驚くほど相関係数が高く、きわめて個人的な経験だと思われることでも、実際には双子がともに味わっていることが多かった。そうした結果に衝撃を受けたある人物はこう書いている。「共感、利他主義、正義感、愛情、信頼、音楽、経済行動、政治傾向ですら一部は生まれつきである[28]」「交響曲のコンサートを聴くといったような、美的体験に魅了される能力にも、遺伝子が大きく関わっていることがわかった[29]」生まれてすぐに離れ離れになり、地理的、経済的に遠く隔てられていた双子の兄弟がある夜、同じショパンの夜想曲を聴いて涙を流すとき、ゲノムが触れる同じ繊細な琴線に、ふたりは反応しているのかもしれない。

バウチャードが調べたのは測定可能な特徴についてだった。だが、双子の類似性の不可思議さを伝えるには実際の例を挙げる以外にない。ダフネ・グッドシップとバーバラ・ハーバートは、イギリス人の双子だった。[30] ふたりは一九三九年に、未婚のフィンランド人交換留学生の母のもとに生まれ、母がフィンランドに帰国する前に養子に出された。その後、バーバラは下位中産階級の市の職員である庭師の娘として、ダフネは高名な上流階級の冶《や》金《きん》家の娘として別々に育てられた。どちらもロンドン近郊に住んでいたが、一九五〇年代のイギリスの厳しい階級構造を考えたなら、ちがう惑星に住んでいたも同然だった。

だがミネソタのバウチャードのチームのスタッフは、ふたりの数々の類似点に驚かされた。どちらも笑うと止まらなくなり、ちょっとしたことでくすくす笑い出した（スタッフはふたりを「くすくす双子」と呼んだ）。ふたりともスタッフや、お互いによくいたずらをした。どちらも身長が一五七センチメートルで、どちらの指も曲がっていた。髪の色はどちらも灰褐色だったが、ふたりともそれをめずらしい色味の赤褐色に染めていた。IQテストのスコアも同じで、ふたりとも子供のころに階段から落ちて足首を骨折しており、そのために、高所恐怖症だった。そしてふたりとも、やや不器用ではあったが、社交ダンスのレッスンを受けており、ダンスのレッスンで未来の夫を見つけていた。

あるふたりの男性（どちらも養子になったあとでジムと名づけられた）は生後三七日で引き離され、北オハイオの産業地帯《ベルト》の、お互いから一三〇キロメートル離れた場所で育てられた。どちらも苦労して学校を卒業した。「ふたりともシボレーに乗っていて、セーラムを立てつづけに吸い、スポーツ、とりわけストックカー・レースが好きだったが、野球を嫌っていた……どちらのジムもリンダという名前の女性と結婚し、犬を飼い、犬にトイという名前をつけた……一方のジムにはジェームズ・アラン（Allan）という名前の息子がいたが、もう一方のジムの息子の名前もジェームズ・アラン（Alan）だった。どちらのジムも精管切除術を受けており、血圧がやや高めだった。どちらもほぼ同時期に肥満になりはじめ、ほぼ同じ年齢で体重が一定になり、半日も続く、薬の効かない偏頭痛に悩まされた[*31]」

生後すぐに離れ離れになったある双子の女性たちは、別々の飛行機から降り立ったときに、ふたりとも指輪を七つつけていた[*32]。ある男性の双子（ひとりはトリニダードでユダヤ人として育てられ、もうひとりはドイツでカトリックとして育てられた）はふたりとも、肩章と四つのポケットがついた青いオックスフォードシャツを着ていた[*33]。そしてポケットにクリネックスの束を入れておいたり、トイレの水を使用前後に一回ずつ流したりする風変わりな強迫行動をとった。どちらも偽物のくしゃみをする傾向にあり、ふたりはそれを緊張感を和らげるための「冗談」として会話の最中に使った。どちらも激しいかんしゃく持ちで、ときおり予期せぬ不安に駆られる傾向にあった。

ある双子はまったく同じしぐさで鼻を触る癖があり、お互いに一度も会ったことがないにもかかわらず、その変わった癖を表すために、「鼻をぐしゃっとさせる《スクイッジング》」という同じ言葉を考え出していた[*34]。またある双子の姉妹は同じパターンの不安と絶望感に襲われており、どちらも十代のころに同じ悪夢を見たと告白していた。真夜中に「ドアノブや、針や、釣り針」などのさまざまな物（たいていは金属製のもの）を喉に詰め込まれて窒息しそうになる夢だ[*35]。

しかし実際のところ、別々に育てられた双子には大きく異なる特徴もあった。ダフネとバーバラの外見は似ていたが、バーバラのほうが九キロほど体重が重かった（しかし興味深いことに、体重が九キロもちがっていても、ふたりの心拍数や血圧は同じだった）。カトリック／ユダヤの双子のうち、ドイツで育てられたほうは若いころには忠実なドイツの国家主義者だったが、もうひとりは毎年、夏をキブツ（イスラエルの集産農業共同体）で過ごした。ふたりの信念そのものはまったく正反対だったが、どちらも強く固い信念を持っていたのは確かだった。ミネソタの研究から浮かび上がってきたのは、別々に育てられた一卵性双生児が同一だということではなく、同じ行動へと向かう強い傾向を持っているということだった。ふたりに共通しているのはアイデンティティではなく、その一次導関数だったのだ。

一九九〇年代初め、イスラエルの遺伝学者リチャード・エブスタインは、人間の気質のサブタイプについての研究論文を読み、強い興味を覚えた。なぜなら、そうした研究のいくつかは、人格や気質についてのわれわれの理解を文化や環境から遺伝子のほうへと移行させていたからだ。そしてヘイマーと同じくエブスタインも、さまざまな行動を決定している実際の遺伝子を特定したいと考えた。遺伝子が気質に関連していることはすでにわかっていた。ダウン症候群の子供の、この世のものとは思えないやさしさについてはずいぶん前から心理学者が注目していたし、暴力や攻撃性に関連づけられている遺伝性の症候群もあった。だがエブスタインが興味を覚えたのは病理ではなく、気質の正常な多型だった。極端な遺伝子変化が極端な気質を生み出しているのは明らかだったが、人格の正常なサブタイプに影響を与えている「正常な」遺伝子の多型というのは存在するのだろうか？

そのような遺伝子を見つけるためにはまず、人格のサブタイプの厳密な定義づけから始める必要があった。そして、それらのサブタイプを遺伝子に関連づけたいとエブスタインは望んだ。一九八〇年代末、人間の気質のタイプについて研究していた心理学者が、完全にイエスかノーだけで答えられる一〇〇のアンケートを使えば、人格を四つの原型的な特質に分けられると提唱した。「新奇探究性」（衝動的なほうか、慎重なほうか）、「報酬依存性」（温かな人間関係を好むか、孤独を好むか）、「損害回避性」（心配症か、つねにおだやかなほうか）、「固執性」（ひとつのことに打ち込むほうか、気まぐれなほうか）。双生児研究の結果、これらの人格のサブタイプはどれも遺伝的な要素が強いことがわかっており、一卵性双生児ではこれらのアンケートのスコアの一致率は五〇パーセントだった。

なかでもエブスタインがとりわけ興味をひかれたサブタイプは、新奇探究性だった。その傾向が強い人物（「新しいもの好き」）は「衝動的で、探索的で、気まぐれで、興奮しやすく、浪費家」だった（ジェイ・ギャッツビーや、エンマ・ボヴァリーや、シャーロック・ホームズなどがその例だ)。対照的に「新しいもの嫌い」な人物は、「思慮深く、頑固で、忠実で、ストイックで、おだやかで、倹約家」だった(ニック・キャラウェーや、いつも苦しみの中にあったシャルル・ボヴァリーや、打ち負かされてばかりだったワトソン博士を思い浮かべてほしい)。最も極端な新奇探究者(〝偉大なギャッツビー〟たちの中でも最も〝偉大な〟者たち)は事実上、刺激や興奮の中毒のように見えた。[*36] スコアは別にしても、そうした人々のテストの受け方にすらむらがあったのだ。いくつかの質問に答えなかったり、出ていく方法を探しながら部屋の中を歩きまわったりし、そしてたいていは、気も狂わんばかりに、心底退屈していたりした。

エプスタインは一二四人のボランティアからなるコホートを集めて、新奇探究的な行動を評価するための標準的なアンケートを実施した(「たいていの人が時間の無駄だと思うようなことでも、楽しみやスリルを求めてやってみるほうですか?」、「過去にどのように実施されたかを考えることなく、そのときの気分によって、いろいろなことをやってみるほうですか?」)。エプスタインは次に分子的、遺伝学的な方法を用いてこのコホートの中の遺伝型を決定した。最も極端な新奇探究者の場合には、あるひとつの遺伝的決定因子を持つ者が過度に多かった。D4DRという名のドーパミン受容体遺伝子の多型だ(この種の分析は広く「関連解析」と呼ばれる。特定の表現型、この場合は極端な衝動性との関連性だけから遺伝子を特定する方法だからだ）。

神経伝達物質（脳の神経細胞間で化学的なシグナルを伝達する分子）であるドーパミンは「報酬」の認識に関わる最も強力な神経化学シグナルのひとつである。ドーパミンに反応する脳内の報酬系を電気的に刺激するレバーをラットに与えると、ラットは食べることも飲むこともやめてひたすらレバーを引きつづけ、やがて死に至る。

D4DRタンパク質はドーパミンの「ドッキング・ステーション」として働き、シグナルはそこからドーパミン反応性ニューロンへと伝えられる。生化学的には、新奇探究性に関係している「D4DR－7リピート」という多型がドーパミンへの反応を鈍らせ、その結果、同じレベルの報酬を得るためにはより強い外的刺激が必要とされるようになると考えられている。まるで硬くなったスイッチやビロードを詰めた受信機のように、オンにするにはより強い力やより大きな声を必要とするようになるのだ。新奇探究者はリスクをどんどん高めていくことで脳を刺激し、それによってシグナルを増幅させようとする。彼らはまるで習慣的な薬物使用者か、ドーパミン報酬実験のラットのようだ。ただし、ここでの「薬物」は興奮そのものを伝える脳内化学物質である。

エブスタインの研究はその後、いくつかのべつのグループによって裏づけられた。ミネソタの双子研究から予想できるように、D4DRは人格や気質そのものを「もたらしている」わけではないという興味深い結果が得られている。そうではなく、刺激や興奮を求める傾向（衝動性の一次導関数）をもたらしているのだ。どんな刺激を求めるかは状況によって異なり、状況しだいでは、探究欲求、情熱、創造的な切迫感といった人間の最も崇高な性質が生み出されることもあれば、衝動性、依存症、暴力、うつといった悪循環へ陥ることもある。D4DR-7リピートはあふれ出す集中的な創造性にも、注意欠如障害にも関与しているのだ。一見、パラドックスのようだが、実際にはどちらも同じ衝動が引き起こしていることがわかる。ヒトを対象にしたきわめて興味深い研究によって、D4DR-7リピートの地理的な分布が調べられ、その結果、遊牧や移住をする集団ではD4DR-7リピートが高頻度で見つかることがわかった。アフリカから離れれば離れるほど、D4DR-7リピートの出現頻度が高くなる傾向にあることもわかった。D4DR-7リピートがもたらすかすかな衝動が、われわれの祖先を海へといざない、「出アフリカ」を駆り立てたのかもしれない。[*37] 不安に駆られ、せかせか動きまわる現代のわれわれの精神もまた、不安に駆られ、せかせか動きまわる遺伝子の産物なのかもしれない。

だが異なる集団や異なる状況でD4DR多型の研究を再現するのはむずかしい。ひとつには、新奇探究行動というのはまちがいなく、年齢に依存しているからだ。十分に予想できることだが、たいていは五〇歳前後で、探索衝動やそれに似た衝動のほとんどは消えてしまう。さらに、気質に対するD4DR多型の影響は、地理的・人種的な多様性にも左右される。しかし、再現できない最大の理由はおそらく、D4DR多型の効果が比較的弱いからだ。ある研究者は、D4DRの影響で説明できる個人の新奇探究行動は五パーセントにすぎないと推定している。D4DRはどうやら、新奇探究性という人格のひとつの側面を決定する一〇もの遺伝子のひとつにすぎないようだ。

ジェンダー。性的嗜好。気質。人格。衝動性。不安。選択。人間の経験の最も神秘的な領域が少しずつ遺伝子に包囲されつつある。人間の行動はこれまで、文化や、選択や、環境や、自己とアイデンティティの構造によってもたらされていると考えられてきたが、実際には、遺伝子の影響を驚くほど強く受けていることがわかってきた。

だが真の驚きはひょっとしたら、われわれが驚いたという事実のほうかもしれない。遺伝子変異や多型が人間の病理のさまざまな側面に影響をおよぼしているという事実を受け入れるならば、「正常」のさまざまな側面にも影響をおよぼしているという可能性に驚くことはないはずだ。遺伝子が病気を引き起こすメカニズムというのは、遺伝子が正常な行動や発達を引き起こすメカニズムとまったく同じだという考えには根本的な均整美がある。

「鏡の国のおうちに行けたら、なんてすてきでしょう！　向こうには、そりゃあ、きれいなものがあるにちがいないわ！」[*38]とアリスは『鏡の国のアリス』の中で言った。人類遺伝学はその鏡の国のおうちに行き、そして、片側を支配する規則が、反対側を支配する規則とまったく同じだということに気づいたのだ。

では、正常な人間の形や機能への遺伝子の影響をどう説明したらいいのだろう？　言語にたとえるとわかりやすいかもしれない。遺伝子と病気の関係を説明するためにわれわれが使ったあの言語だ。われわれが両親から受け継ぐ遺伝子多型は混合されたり、組み合わされたりして、細胞や発達過程の多様性をもたらし、最終的に、生理的状態の多様性をもたらす。もしこうした遺伝子多型が階層構造の頂点に位置する主要な調節遺伝子に存在したならば、はっきりと二分されるような、強力な効果が生まれる（男性か女性か、身長が低いか普通か、というような）。だがたいていの場合、遺伝子多型や変異は情報の流れの下流に位置しており、傾向を変えることしかできない。そのような傾向や性質をつくり出すためにはしばしば、数十の遺伝子が必要な場合がある。

そうした傾向はさまざまな環境の刺激や偶然と交差し、形や、機能や、行動や、人格や、気質や、アイデンティティや、運命などの多様性をもたらす。重点やバランスを変えたり、可能性を変化させたり、ある種の結果がもたらされる見込みを上げたり下げたりすることによって、確率を変化させ、多様性をもたらしているのだ。

しかし、われわれは可能性を変化させるだけで、著しく変わる。脳の神経細胞に「報酬」を伝える受容体の分子構造が変化すれば、その受容体に分子が結合する時間が変化し、その受容体から放出されるシグナルが神経細胞内にとどまる時間が、たとえば、二分の一秒だけ長くなる。ある人間を衝動的にしたり、べつの人間を注意深くしたり、ある男性を躁状態にしたり、べつの男性をうつ状態にするには、その変化だけで十分なのだ。そして、そのような身体的・精神的状態の変化から、知覚や、選択や、感情の複雑な変化がもたらされる。化学的な交流の長さの変化はこのようにして、感情的な交流に対する渇望へと形を変えることもある。統合失調症の傾向がある男は、果物売りの会話を自分の殺害計画だと解釈する。双極性障害の遺伝的傾向がある彼の兄はその同じ会話を、自分の未来についての雄大な物語だととらえ、自分がいずれ有名人になることに果物売りですら気づいているのだと思い込む。ある男の不幸は、べつの男にとっての魔法になるのだ。

ここまでは簡単だ。が、個々の個体の形や、気質や、選択については、どう説明したらいいのだろう？　たとえばわれわれはどのようにして、抽象的な遺伝的傾向を具体的で固有な個性へと形づくるのだろう？　それは遺伝学の「最後の一マイル」問題と言うことができるかもしれない。遺伝子は、複雑な個体の形や運命を可能性や見込みという形で描き出せるが、形や運命そのものを正確に描き出すことはできない。遺伝子のある特定の組み合わせ（遺伝型）は、私たちの鼻の形や人格の素因にはなるが、実際の鼻の正確な形や長さがどうなるかはわからない。要するに、素因と実際の性質を混同してはならないのだ。一方は統計学的な見込みであり、もう一方は具体的な現実だからだ。遺伝学はあたかも人間の形態や、アイデンティティや、行動のドアのすぐそばまで近づくことはできるものの、最後の一マイルを横断できないでいるかのようだ。

　ふたつのまったく異なる調査を比較することによって、遺伝子の「最後の一マイル」問題をべつの形につくりなおすことができるかもしれない。人類遺伝学は一九八〇年代からずっと、生後まもなく離れ離れになった一卵性双生児がなぜさまざまな面で似ているのかという問題に多くの時間を費やしてきた。生後すぐに離れ離れになった一卵性双生児がどちらも衝動性、うつ、がん、統合失調症などの傾向を持っているとしたら、これらの特徴の素因をコードする情報がゲノムに含まれているにちがいないからだ。

　しかし、素因がいかにして実際の性質に形づくられるのかということを理解するためには、それとは正反対の考え方が必要だ。そしてその答えを出すためには、逆の質問をしなければならない。同じ家で同じ家族と一緒に育った一卵性双生児が最終的に異なる人生を歩むようになり、まったくちがう人間になるのはなぜだろう？　同一のゲノムがなぜ異なる気質や人格や運命を持ち、異なる選択をする別々の個性となって現れるのだろう？

一九八〇年代以降、心理学者と遺伝学者は三〇年近くにわたって、同じ環境で育った一卵性双生児の発達上の運命が分岐する理由を説明づけるような微妙なちがいを測定し、分類しようと努力してきた。しかし具体的で、測定可能で、かつ系統的なちがいを見つけようとするあらゆる試みは失敗に終わった。同じ家で同じ家族と育ち、同じ学校に通い、ほぼ同じものを食べ、同じ本を読むことが多かった一卵性双生児は、同じ文化の中で育ち、同じ交友関係を持っていたが、それでも、明らかにちがっていた。

何がそのちがいの原因なのだろう？　二〇年間にわたっておこなわれた四三の研究から、強力かつ一貫した答えが導き出された。[*39] その答えとは、「非体系的で、特異で、予期せぬ出来事」[*40]だ。病気、事故、トラウマ。誘因。逃した列車。なくした鍵。中断された考え。分子の変動が遺伝子の変動を引き起こし、わずかな形の変化を生み出す[†]。ヴェネツィアで角を曲がり、運河に落ちる。恋に落ちる。ランダムな、偶然の出来事。

それはひどく腹立たしい答えだろうか？　何十年も考え抜いたあとで、われわれが行き着いた結論が結局のところ、運命は……運命だし、存在というのは……生きる過程でつくられていくのだ、というものだったとは？　しかし私には、この考えは啓蒙的で美しいものに思える。『テンペスト』で醜い怪物のキャリバンに怒りを覚えたプロスペローは、キャリバンを「悪魔だ、生まれながらの悪魔だ、あの性情ではいくら教えても身につかぬ」[*41]と罵る。キャリバンの最大の欠点は、どんな外界の経験をもってしても、彼の生まれつきの性質を書き換えることができないという点だ。彼の「生まれ」は、どんな「育ち」もそ

† 偶然や、アイデンティティや、遺伝学に関する最近の最も興味深い研究はおそらく、マサチューセッツ工科大学の線虫研究者、アレクサンダー・ヴァン・アウデナールデンがもたらしたものだろう。ヴァン・アウデナールデンは、線虫をモデルとして使い、偶然と遺伝子という最も難解な問題のひとつに挑んだ。同じゲノムを持ち、同じ環境の中で暮らしているふたつの動物の運命が異なるのはなぜなのか？　ヴァン・アウデナールデンはｓｋｎ－１遺伝子のひとつの突然変異を調べた。その変異は「浸透率が不完全」であるため、その変異を持つ双子の線虫の片方には表現型が現れるが、同じ突然変異を持つもう一方の線虫には表現型が現れない（細胞が形成されない）ということが起こりうる。どんな因子がこの二匹の線虫のちがいを引き起こしているのだろうか？　遺伝子ではない。どちらの線虫も同じ変異を持っているからだ。環境でもない。どちらの線虫も同じ食事を与えられ、飼育環境も同じだったからだ。それではなぜ同じ遺伝型を持つ線虫の表現型が個体によって異なるのだろう？　ヴァン・アウデナールデンは、ｅｎｄ－１と呼ばれる一個の調節遺伝子の発現レベルが重要な決定因子であることを発見した。ｅｎｄ－１の発現量（線虫の特定の発達段階でつくられるＲＮＡ分子の数）は、おそらくは無作為で確率的な効果（つまり偶然）のために、線虫ごとに異なっていることがわかったのだ。発現量が閾値を超えると、線虫に表現型が現れる。発現量が閾値未満だと、線虫に異なる表現型が現れる。運命は「線虫の体の一分子のランダムな変動」を反映している。詳しくは以下を参照されたい。〝Variability in gene expression underlies incomplete penetrance,〟 *Nature* 463, no. 7283 (2010): 913-18.

こにくっつくことを許さないのだ。キャリバンは遺伝的に決定された自動人形であり、からくり人形のような悪鬼だ。そしてそのことが彼をどんな人間よりも痛ましく、哀れにしている。

現実世界がゲノムに「くっつく」ことができるというのは、ゲノムに備わった不安定な美しさの証しである。われわれの遺伝子は個々の環境に対してつねにお決まりの反応を示しているわけではない。もしそうなら、われわれも機械仕掛けの自動人形になってしまうだろう。ヒンドゥー教の哲学者は昔から「存在」の経験をクモの巣（ジャール）にたとえてきた。遺伝子がクモの巣の糸を形づくり、糸にくっつく残骸が個々のクモの巣をひとつの存在へと変える。この途方もない企てはきわめて正確におこなわれており、遺伝子は環境に対して、プログラムされた反応を示さなければならない。そうしなければ、どんな形も維持されないからだ。しかし遺伝子はまた、予測できない偶然がくっつくだけの十分な余地も残していなければならない。われわれはこの交差を「運命」と呼び、それに対する私たちの反応を「選択」と呼ぶ。直立二足歩行をし、他の指と対置できる親指を持つ生物はかくして、筋書きどおりにつくられながら、それと同時に、筋書きからそれるようにもつくられている。われわれはこのようにして生じる生物の個々の多様性を「自己」と呼ぶ。

飢餓の冬

一卵性双生児はまったく同じ遺伝情報を持っている。彼らは同じ母親の子宮で成長し、多くの場合よく似た環境で育てられる。このような状況を踏まえて考えると、双子のひとりが統合失調症を発症したら、もうひとりが同じ病気を発症する確率が高いのはそれほど驚くべきことではないのかもしれない。逆に、そもそもなぜその程度でしかないのか、という疑問から考えはじめる必要があるように思える。なぜ一〇〇パーセントではないのか？*1

——ネッサ・キャリー『エピジェネティクス革命』

遺伝子は二〇世紀を華々しく駆け抜け……われわれを生物学の新たな時代の端へと連れていった。さらに驚くべき前進を約束する時代だ。しかし、まさにその前進こそが、生物についてのべつの概念や、べつの用語や、べつの考え方を必要とし、その結果、生命科学の想像力をつかんでいる遺伝子の力を緩めることになるだろう。[*2]

——イーヴリン・フォックス・ケラー

『生物医学の人類学（*An Anthropology of Biomedicine*）』

前章の最後の段落に含まれている疑問に答えなければならない。もし「自己」が出来事と遺伝子とのあいだの偶然の相互作用によって生み出されるのなら、そのような相互作用は実際に、どのように記録されるのだろう？　双子のひとりは氷の上で転び、膝を骨折し、皮膚に硬結をつくるが、もうひとりは転ばない。双子の姉妹のひとりはデリーで成長中の会社の経営者と結婚するが、もうひとりは落ちぶれつつあるカルカッタの一家のもとへ嫁ぐ。こうした「運命の行為」はどのようなメカニズムを介して、細胞や体に記録されるのだろう？

その答えは何十年ものあいだ、お決まりのものだった。つまり遺伝子を介して記録される、というものだ。より正確には、遺伝子をオンにしたりオフにしたりすることによって記録されるというものだった。一九五〇年代のパリで、モノーとジャコブは、細菌の栄養源がグルコースからラクトースに切り替わると、細菌はグルコース代謝遺伝子のスイッチをオフにして、ラクトース代謝遺伝子のスイッチをオンにすることを示した（これらの遺伝子は、転写因子と呼ばれる主要調節因子、つまり活性化因子と抑制因子によってオンになったりオフになったりする）。それから三〇年近く経たのちに、線虫を使って研究していた生物学者が、近くの細胞からのシグナル（個々の細胞にとっての運命の出来事）もまたマスター遺伝子によるオンやオフによって記録され、その結果、細胞系統が変化することを発見した。双子のうちのひとりが氷の上で転ぶと、傷を治す遺伝子がオンになる。そうした遺伝子は皮膚を硬くし、骨折した部位の皮膚の表面に硬結を残す。複雑な記憶が脳に記録されるときも、遺伝子のオン・オフが関わっている。鳴き鳥が他の鳥の新しいさえずりを聞くと、鳥の脳の中でＺＥＮＫという遺伝子の発現が増加する。[*3] しかし、それがしかるべき鳴き声でない場合には（異なる種のさえずりや、半音下がっている場合には）、ＺＥＮＫの発現量は少なく、鳥がさえずることはない。

　しかし、転倒、事故、傷などの環境からのインプットに反応した細胞や体内での遺伝子の活性化や抑制は、永久に消えない痕跡や印をゲノムに残すのだろうか？　個体が繁殖する際にはどうなるのだろう？　ゲノム上の痕跡や印は子孫に受け継がれるのだろうか？　環境からの情報は世代を超えて伝わるのだろうか？

われわれは今から、遺伝学の歴史上最も多くの論議を呼んでいる領域に足を踏み入れようとしている。だがその前にまずは、いくつかの歴史的な背景に触れておかなければならない。イギリスの発生生物学者コンラッド・ワディントンは一九五〇年代に、環境のシグナルが細胞のゲノムに影響をおよぼすメカニズムの解明を試みた。[*4] ワディントンは、胚発生の過程で一個の受精卵から神経細胞、筋細胞、血液細胞、精細胞などの何千もの異なるタイプの細胞が分化する様子を観察し、胚の分化を、岩山や、隅や、裂け目だらけの坂を一〇〇〇〇個の大理石が転がり落ちていく過程にたとえることを思いついた。この「ワディントンの地形《ランドスケープ》」をそれぞれの道筋をたどりながら転がり落ちていく個々の細胞は、途中で特定の水路や裂け目にはまるために、最終的な細胞のタイプが決まるというのが彼の考えだった。

ワディントンがとりわけ強い興味を覚えたのは、細胞の環境が遺伝子の使われ方に影響をおよぼすメカニズムだった。彼はその現象を「エピ－ジェネティクス」と名づけた。文字どおりの意味は「遺伝子の上」だ。[†] ワディントンは次のように書いている。「(エピジェネティクスとは) 遺伝子と環境がどう相互作用し……その結果、どのような表現型がもたらされるのか (ということについての概念である)」

身の毛もよだつような人体実験が、ワディントンの理論を裏づける証拠を提供した。とはいえその結末がようやくはっきりしたのは、何世代もたってからのことだった。第二次世界大戦が最も苛烈な段階にあった一九四四年九月、オランダを占領していたドイツ軍が、オランダ西部への食糧と石炭の輸出を禁止した。列車は止められ、道路は封鎖された。運河での移動も停止した。クレーン船も、船も、ロッテルダム港の埠頭も爆破され、ラジオのアナウンサーの言葉にあるように、「苦しみ、血を流したオランダ」があとに残された。いくつもの運河と艀《はしけ》用水路が交差するオランダは、苦しみ、血を流していただけではな

---

† ワディントンは最初、「エピジェネシス」という言葉を、名詞ではなく、一個の細胞から胚が発生する過程を表すための動詞として使った（「エピジェネシス」とは、一個の受精卵から神経細胞や皮膚細胞などのさまざまな細胞が連続的に分化していくことによる胚発生を指す）。だがやがて、「エピジェネティクス」は、細胞や個体が遺伝子の塩基配列を変化させることなく、すなわち遺伝子調節を介して、さまざまな特徴を獲得する方法を指すようになった。最近では、DNAの塩基配列を変化させることなく遺伝子調節に影響を与えるDNAの化学的・物理的変化を指すようになっている。科学者の中には、遺伝性の変化、すなわち細胞から細胞へ、個体から個体へ受け継がれる変化のみを指す用語として「エピジェネティクス」を使うべきだと主張する人々もいる。このように、「エピジェネティクス」という言葉の意味はさまざまに変化しており、その結果、この分野に大きな混乱が生じている。

かった。腹も空かしていた。なぜならアムステルダムやロッテルダムやユトレヒトやライデンといった市《まち》は、食糧や燃料の定期的な輸送に依存していたからだ。一九四四年の初冬には、ワール川とライン川の北側の州に届く配給はごくわずかになり、人々は飢餓へとじりじりと近づいていた。一二月に運河での輸送が再開されたものの、そのころにはもう運河は凍りついていた。最初になくなったのはバターだった。それからチーズ、肉、パン、野菜がなくなった。寒さと飢えに苦しむ人々は、庭に植えられたチューリップの球根を掘り出し、野菜の皮を食べ、やがては樺の木の樹皮や、葉や、草まで食べるようになった。ひとりあたりの一日の摂取カロリーは最終的に、わずか四〇〇キロカロリー、ジャガイモ三個分にまで減少した。「胃といくらかの本能だけでできている人間[*5]」とある男性は書いている。オランダ国民の記憶に今も刻まれているその期間は、のちに「オランダの飢餓の冬」と名づけられた。

深刻な食糧不足は一九四五年まで続いた。何万人もの男女、子供が栄養失調のために命を落とし、数百万人が生き延びた。栄養状態の変化があまりに深刻かつ唐突だったために、飢餓の冬は恐ろしい自然実験となった。研究者たちは飢餓を生き延びた市民という明確なコホートを対象に、急速な飢餓の影響を調べることができたのだ。低栄養状態と発達遅滞との関連性などが予測され、さらに、飢餓を経験した子供たちはうつ、不安、心臓疾患、歯周病、骨粗鬆症《こつそしょうしょう》、糖尿病などの低栄養状態に関連した慢性的な健康問題を抱える傾向にあった（とてもスリムな女優のオードリー・ヘップバーンもこの飢餓を経験し、生涯を通じてさまざまな慢性疾患に悩まされたという）。

しかし一九八〇年代になって、より興味深いパターンが浮かび上がってきた。[*6] 妊娠期間に飢餓を経験した母親から生まれた子供も、大人になってから肥満や高血圧になる割合が高かったのだ。しかしこの結果は予想されたものだった。子宮内で低栄養状態にさらされると、胎児の生理機能が変化することが知られていたからだ。飢餓を経験した胎児は摂取カロリーの低下に対する自己防衛として脂肪を蓄えやすくなり、その結果、逆説的なことに、大人になってから肥満になったり、代謝の混乱が起きやすくなったりする。しかし、「オランダの飢餓の冬」に関する研究の最も不可解な結果は、さらに新しい世代が誕生して初めて明らかになった。一九九〇年代になって、飢餓を経験した男女の孫を調べた結果、やはり肥満や心疾患を高頻度に発症することが明らかになったのだ（これらの健康問題については今なお分析中である）。深刻な飢餓によって遺伝子が変化したのは、飢餓を直接経験した人々だけではなく、そのメッセージは孫にまで伝わっていた。なんらかの単一の遺伝因子、あるいは複数の遺伝因子が実際に飢餓を経験した男女のゲノムに刻み込まれ、少なくとも二世代へと受け渡されていた。飢餓の冬は国民の記憶に刻まれたが、遺伝的な

記憶にも染み込んでいたのだ。†

だが、「遺伝的な記憶」とはなんだろう？　遺伝子そのものを超えて、遺伝子の記憶はどのようにコードされるのだろう？　ワディントン自身はオランダの飢餓研究については知らなかったが（彼は一九七五年にひっそりとこの世を去った）、抜け目のない遺伝学者たちは、ワディントンの仮説とオランダ人コホートの数世代にわたる病気との関連性に気づいた。ここでもまた、「遺伝的な記憶」の存在は明らかだった。飢餓を経験した人々の子供や孫が、まるで彼らのゲノムに祖父母の代謝が味わった苦労が記憶されているかのように、代謝疾患を発症しやすい傾向にあったのだ。しかし、その「記憶」に関与する因子が塩基配列の変化であるはずはなかった。何十万人ものオランダ人コホートの遺伝子に三世代という短いスパンで突然変異が起きるはずはなかったからだ。「遺伝子と環境」の相互作用が表現型（ある疾患の発症しやすさ）を変化させており、飢餓にさらされたことで、永久に消えない遺伝性の印がゲノムに刻まれ、それが世代から世代へと受け継がれているにちがいなかった。

そのような情報の層がゲノムに差し込まれているとしたら、前例のない結果がもたらされることになる。まず第一に、古典的なダーウィン進化論の本質的な特徴に、疑問が投げかけられることになる。ダーウィンの理論の重要な概念上の要素は、遺伝子というのは、子孫に受け継がれる形で個体の経験を記憶することはない（できない）という点だった。レイヨウが高い木をめがけて一生懸命首を伸ばしても、遺伝子はその努力を記録せず、子供がキリンとして生まれてくることはない（適応が直接、遺伝的な特徴となるという考えは、適応による進化というラマルクのまちがった説の基盤だったことを思い出してほしい）。キリンというのはむしろ、自然に生じる変異と自然選択の結果、誕生したと考えるほうが正しい。樹木の葉を食べる祖先の動物の中に首の長い突然変異体が現れ、やがて食糧不足の時期が訪れて、この変異体が自然選択されたのだ。アウグスト・ヴァイスマンはマウスの尻尾を五世代にわたって切断するというやり方でこの説を正式に検証したが、六世代目のマウスは完璧に正常な尻尾を持って生まれてきた。進化は完全な適応性を持つ個体をつくりあげるが、意図的にそうしているわけではない。リチャード・ドーキンスの有

† 何人かの科学者は、オランダの飢餓研究は本質的にバイアスがかかっていると主張している。代謝障害を患っている（たとえば肥満の）両親は子供の食事の選択を変化させたり、非遺伝的な方法で習慣を変化させたりしている可能性があるからだ。世代を超えて受け継がれる「因子」とは、遺伝的なシグナルではなく、文化や食事に関する選択だというのが彼らの主張である。

名な言葉にあるように、進化は単に「盲目の時計職人」というだけではない。忘れっぽい時計職人でもあるのだ。進化の唯一の推進力は生存と選択であり、進化の唯一の記憶は突然変異なのだ。

それでも、飢餓の冬の経験者の孫は、祖父母が経験した飢餓の記憶をなぜか獲得していた。突然変異と選択によってではなく、どういうわけか遺伝性となった環境のメッセージを介して。こうした形での遺伝的な「記憶」というのは、進化のワームホール（時空のある一点から別の一点へと直結する空間領域）として働いている可能性があった。キリンの祖先は突然変異、生存、選択という陰気なマルサス理論の道のりをたどるのではなく、単に首を一生懸命伸ばし、その努力の記憶をゲノムに刻むことによってキリンを出現させたのかもしれない。尻尾を切られたマウスは、遺伝子にその情報を伝えることで短い尻尾のマウスを産むことができるのかもしれない。刺激的な環境で育った子供は、強い刺激を受けた子供を生み出すのかもしれない。こうした考えはダーウィンのジェミュール説を言い換えたものだった。ある個体の特定の経験や歴史はそのゲノムに直接メッセージを送ることができる。そのようなシステムは、個体の適応と進化とのあいだの高速輸送法のようなものだった。時計職人は目が見えるようになるのだ。

ワディントンにはそうした答えに執着したい個人的理由があった。早いうちからマルクス主義の熱心な支持者となった彼にとっては、そのような「記憶定着」システムをゲノム内に見つけることは、ヒトの発生学を理解するためだけでなく、自らの政治的プロジェクトにとっても重要だったからだ。遺伝子の記憶を操作することによって細胞に何かを教え込んだり、忘れさせたりすることができるのならば、ヒトにも教え込むことができるはずだった（小麦に対してこれと同じことを成し遂げようとしたルイセンコの試みや、反体制派のイデオロギーを消し去ろうとしたスターリンの試みを思い出してほしい）。そのような過程によって、細胞のアイデンティティを取り消し、細胞にワディントンのランドスケープをのぼらせ、その結果、成熟細胞を胚細胞へと戻すことができるかもしれない。すでに定着した人間の記憶やアイデンティティや選択を取り消すことすらできるかもしれない。

一九五〇年代末までは、エピジェネティクスは現実というよりもファンタジーに近かった。ゲノムの上に自らの歴史やアイデンティティを重ねている細胞を目にした者は誰もいなかったからだ。しかし一九六一年、お互いから三〇キロメートルと離れていない場所で六カ月以内におこなわれたふたつの実験が、遺伝子の概念を転換させ、ワディントンの理論の信憑性を高めることになった。

一九五八年の夏、オックスフォード大学の大学院生であるジョン・ガードンがカエルの発生の研究を始めた。ガードンは将来有望な学生とはほど遠かったが（科学の試験で、二五〇人中、二五〇番目の成績をとったこともあった）、彼の言葉を借りるなら「小さなスケールで物事をおこなう才能」[*7]があった。彼の最も重要な実験は確かに、最小スケールのものだった。一九五〇年代初め、フィラデルフィアのふたりの科学者が、核を吸い出して遺伝子をすべて取り除いたカエルの未受精卵に、べつのカエルの細胞のゲノムを注入するという実験をおこなった。それはまるで、巣から鳥の卵をどかしてべつの鳥の卵をこっそり入れ、その卵から鳥が無事に生まれてくるか確かめるような実験だった。はたして遺伝子を完全に取り除かれた「巣」（卵細胞）には、注入されたべつの細胞のゲノムから胚をつくるためのすべての因子が存在しているのだろうか？　存在していた。べつのカエルのゲノムを注入された卵のうちのいくつかから、オタマジャクシが誕生したのだ。それはまさに究極の寄生だった。卵細胞は注入された正常細胞のゲノムにとっての単なる宿主、あるいは入れ物になり、そのゲノムを完全に正常な成体へと成長させたのだ。フィラデルフィアの研究者たちはその手法を核移植と名づけたものの、あまりに成功率が低かったために、最終的にはその実験をほとんどおこなわなくなった。

　確かに成功率は低かったが、ガードンはその実験のまれな成功に魅了され、実験をさらに拡大した。フィラデルフィアの研究者が核を取り除いた卵に胎生初期の胚の核を移植するという実験をおこなったのに対し、ガードンは一九六一年、大人のカエルの腸管細胞のゲノムを移植してもオタマジャクシが誕生するか調べる実験を始めた。*8 技術的にはきわめてむずかしい実験だった。ガードンはまず、細胞質を傷つけることなく、未受精卵の核だけに細い紫外線のビームをあてる方法を習得した。次に、水を切るようにして水面下にすっと潜るダイバーよろしく、表面を波立たせることなく、極細の針で卵の膜を刺し、大人のカエルの細胞から取り出した微量な核を移植した。

成体のカエルの核（つまりゲノムをまるごと）を空《から》の未受精卵に移植するという方法はうまくいった。完全に正常なオタマジャクシが誕生したうえに、どのオタマジャクシも成体のカエルのゲノムの完全な複製を持っていたのだ。もしガードンが核を取り除いた複数の卵それぞれに、成体のカエルから採取した細胞の核を移植したならば、お互いの完全なクローンかつ成体のカエル（ドナー）のクローンでもあるオタマジャクシを何匹もつくることができるはずだった。そしてそのプロセスを無限に繰り返すことができるはずだった。クローンのクローンからつくられたクローン。そのどれもがまったく同じ遺伝型を持っているはずであり、それは、生殖によらない複製だった。

ガードンの実験は生物学者たちの想像力を刺激した。ＳＦファンタジーが現実になったように思えたのだからなおさらだ。ある実験では、ガードンは一匹のカエルの腸管細胞から一八のクローンを作製した。一八個の同じケースに入れられたそれらのカエルは、まるで一八個の並行宇宙に住む自らの分身のようだった。この実験に絡んでいる科学原理もまた、挑発的だった。完全に成熟した成体のゲノムを卵細胞に含まれる不老不死薬のような成分の中にいっとき浸しただけで、それらが胚へと若返ったのだ。つまり卵細胞には必要なものがすべて含まれているということだった。ゲノムに発達の時間をさかのぼらせて、完全に機能的な胚にすることのできるあらゆる調節因子が含まれているのだ。やがて、ガードンの手法は他の動物にも用いられるようになり、世界初の体細胞クローンである、羊のドリー誕生へとつながった。[*9] 生殖によらずに誕生した唯一の高等生物だ（生物学者のジョン・メイナード・スミスはのちに、「生殖によらずに誕生した（ドリー以外の唯一の）哺乳類にはそれほど信憑性はない」[*10] と語っている。彼がほのめかしていたのはイエス・キリストのことだ）。二〇一二年、ガードンは核移植の発見により、ノーベル賞を受賞した。[†]

　ガードンの実験は確かにすばらしかったが、それと同じくらい示唆に富んでいたのは、彼の失敗のほうだった。成体の腸管細胞からはオタマジャクシが誕生したものの、ガードンがいくら技術的な工夫を重ねても、オタマジャクシが生まれてくる頻度は極端に低かった。成体の細胞をオタマジャクシに変えることができる率はきわめて低く、従来の遺伝学だけではその理由を説明できなかった。成体のカエルのゲノム配列というのは結局のところ、胚やオタマジャクシのゲノム配列と同じである。つまり、胚から成体への成長をコントロールしているのは、すべての細胞が同じゲノムを持っているという遺伝学の根本原理ではないということなのだろうか？　異なる細胞に遺伝子がどう配備され、合図にしたがってどうオンにされたりオフにされたりするかという点なのだろうか？

† 卵から核を取り除き、完全に受精した核を移植するというガードンの手法はすでに、新しい技術として臨床に応用されている。ミトコンドリアはエネルギーを産生する細胞小器官で、すべてのヒト胎児は卵子（つまり母親）からだけミトコンドリアを受け継ぐため（精子のミトコンドリアが子に受け渡されることはない）、母親のミトコンドリア遺伝子に変異があれば、子は全員、その変異を受け継ぐことになる。ミトコンドリアに変異があると、エネルギー代謝が阻害され、筋肉疲労や、心臓の異常や、死がもたらされる。二〇〇九年におこなわれた一連の興味深い実験で、遺伝学者と発生生物学者は、母親のミトコンドリア異常に対処するための大胆な方法を提案した。母親の卵子と父親の精子とを受精させたあと、その受精卵の核を、完全な（「正常な」）ミトコンドリアを持つ正常な提供者の卵子に移植するという方法だ。ミトコンドリアは提供者のものであるため、母親のミトコンドリア遺伝子は正常となり、生まれてくる赤ん坊がミトコンドリアの異常を受け継ぐことはない。この方法で生まれてきたヒトはこうして、三人の親を持つことになる。「母親」（親1）と「父親」（親2）の結合によってつくられた受精卵の核が実質上すべての遺伝物質を提供し、三番目の親（卵子提供者）がミトコンドリアとミトコンドリア遺伝子のみを提供している。イギリスでは長い国民的議論のあと、二〇一五年にこの方法が合法化され、「三人の親を持つ子供」の最初の集団は今も誕生しつづけている。こうした子供たちは、人類遺伝学の予期せぬフロンティアと未来を象徴している。当然のことながら、自然界にはこれに相当する動物は存在しない。

　だがもし遺伝子が遺伝子以外の何ものでもないのなら、成体の細胞のゲノムはなぜこれほどまでに胚に戻りにくいのだろう？　なぜ若い動物の核のほうが成体の動物の核よりも若返りやすいのだろうか？　オランダの飢餓の冬の研究でも示されたように、ここでもまた、成体の細胞のゲノムにはなんらかの印が徐々に刻み込まれていき、そのせいでゲノムは発達の時間を逆戻りしにくくなるにちがいなかった。蓄積するなんらかの消せない印だ。そのような印は遺伝子配列そのものの中には刻まれていないが、遺伝子の上に刻まれているもの、そう、エピジェネティックな印にちがいなかった。ガードンはワディントンの疑問に戻った。あらゆる細胞が自らの歴史とアイデンティティをそのゲノム上に持っているのではないだろうか？　ある種の細胞記憶のようなものを？

　ガードンはそんなエピジェネティックな印をなんとなく思い描きはしたものの、カエルのゲノム上にそのような印を実際に見つけることはできなかった。一九六一年、かつてワディントンの学生だったメアリー・ライオンが、動物の細胞の中で起きているエピジェネティックな変化を視覚的にとらえた。公務員の父と教師の母を持つライオンは、気むずかしいことで有名なケンブリッジ大学のロナルド・フィッシャーのもとで博士号取得のための研究を始めたものの、すぐにエディンバラへと逃げ、そこで博士号を取得したあと、オックスフォードから約三〇キロメートル離れたハーウェルという静かな村の研究所で自らの研究グループを立ち上げた。

ライオンはハーウェルで化学的な染料を使って染色体を染め、染色体の生物学について研究した。驚いたことに、対をなす染色体同士はどれもまったく同じように染まったものの、雌の二本のX染色体だけはちがって見えた。雌のマウスの二本のX染色体のひとつは例外なく、より黒っぽく染まっていたのだ。黒っぽく染まる染色体の遺伝子は変化しておらず、二本のX染色体の実際のDNA塩基配列は同じだった。変化していたのは活性であり、黒っぽく染まる縮んだほうの染色体の遺伝子はRNAをつくらず、染色体全体が「沈黙していた」。まるで、わざと活動を停止させられ、オフになったかのように。ある細胞では父親由来のX染色体が不活性化されており、隣の細胞では母親由来のX染色体が不活性化されているといったように、X染色体はランダムに不活性化されていることにライオンは気づいた[*11]。このパターンはX染色体を二本持つすべての細胞、つまり雌の体のすべての細胞に共通する特徴だった。

X不活性化の目的はなんなのだろう？　雄はX染色体を一本しか持たないのに対し、雌は二本持っているため、二本のX染色体からもたらされる遺伝子の「量」を雄と同じにするためだ。このX染色体のランダムな不活性化は生物学的に重要な意味を持つ。雌の身体はふたつのタイプの細胞がモザイク状に組み合わさってできている。たいていの場合、X染色体のランダムな不活性化は目に見えないが、X染色体のうちの一本（たとえば、父親由来のX染色体）がたまたま、目に見える形質をもたらすような遺伝子多型を持つ場合には話がちがってくる。その場合には、ある細胞にはその多型の形質が現れるが、隣の細胞には現れないという現象が起き、その結果、モザイク効果が生まれる。たとえばネコでは、毛の色を指定する一個の遺伝子がX染色体上に存在しており、X染色体のランダムな不活性化によって、ある細胞はその毛の色を持つが、隣の細胞はべつの色を持つといったことが起きる。つまり雌の三毛猫の謎を解くのは遺伝学ではなく、エピジェネティクスなのだ（もしヒトのX染色体上に皮膚の色の遺伝子が存在していたならば、黒人と白人の両親を持つ女の子は皮膚の色が白と黒のまだらになるだろう）。

細胞はどのようにして染色体全体を「沈黙させること《サイレンシング》」ができるのだろう？　この過程では、環境の合図にもとづいて一個か二個の遺伝子が活性化されたり不活性化されたりしているわけではなく、染色体全体（そこに含まれるすべての遺伝子）が細胞の一生を通じてシャットダウンされているはずだ。一九七〇年代に提唱された最も論理的な推測は、細胞が染色体のDNAに永久に消えない化学的な印（分子的な「中止サイン」）を付加したのではないかというものだった。遺伝子そのものには変化がないために、それらは遺伝子の上にある印、つまりエピジェネティックな印にちがいなかった。
一九七〇年代末、遺伝子サイレンシングについて研究していた科学者たちが、DNAのいくつかの部分にメチル基という小さな分子が付加されていることが、遺伝子のスイッチがオフになっている状態と関係していることを発見した。このプロセスの主な扇動役のひとつは、XISTというRNA分子であることがのちにわかった。このRNA分子は染色体上のいくつかの遺伝子を「覆い」、その結果、染色体をサイレンシングさせるのに重要な役目をはたしていると考えられている。メチル基がまるでネックレスにチャームをつけるかのようにDNAの鎖を修飾し、その修飾が、特定の遺伝子をシャットダウンするシグナルとして認識されるのだ。

DNAのネックレスからぶら下がっているチャームはメチル基だけではなかった。一九九六年、ニューヨークのロックフェラー大学で研究していた生化学者のデイヴィッド・アリスが、永久に消えない印を遺伝子に刻むべつのシステムを発見した†(二九五頁)。この二番目のシステムでは、印は遺伝子そのものに直接つけられるのではなく、DNAを核に収納する梱包材のような役目をするヒストンというタンパク質につけられていた。

ヒストンタンパク質はボール状の構造をしており、このヒストン球にDNAのひもがきつく巻きついて立体構造が形成され、染色体の足場となる。この足場が変化すると、遺伝子の活性が変化する。それはまるで、パッケージのしかたを変えることで物の性質が変化するのに似ている（ひとかせの絹糸をボール状にするのと、一本のロープにした場合では性質が大きく異なるのと同じだ）。遺伝子に「分子の記憶」の印をつけることは可能だが、この場合は、ヒストンタンパク質にシグナルを付加することで間接的に印をつける（ヒストン修飾が遺伝子の活性に影響を与えているのか、それとも、こうしたヒストンの変化は単なる「バイスタンダー（傍観者）」にすぎないのか、あるいは遺伝子が活性化された結果もたらされた単なる副次的な変化なのかという点について、エピジェネティック研究者のあいだで大きな議論が交わされている）。こうしたヒストン・マークの遺伝性や安定性について、さらにはヒストン・マークが正しい遺伝子において正しいタイミングで現れるようにしているメカニズムについては今なお研究中だが、酵母や線虫などの単純な生物についていえば、ヒストン・マークは数世代にわたって受け継がれていると考えられている。[*12]

調節タンパク質（転写因子と呼ばれる）が遺伝子を活性化したり不活性化したりしているという理論は一九五〇年代以来確立されてきた。転写因子はいわば、細胞内の遺伝子交響曲の「指揮者」のようなものだ。指揮者は、他のタンパク質（ヘルパーと呼ぶことにしよう）を呼び寄せて、遺伝子に永久に消えない印をつけ、さらに、ゲノム上に印が維持されるようにもしている。‡このようにして、細胞や環境からの合図にしたがって、印が付加されたり、消されたり、増やされたり、減らされたり、そのオン・オフが切り替えられたりしている。†††

これらの印は、本の中の文章に上書きされたメモや、欄外の書き込み（鉛筆の線や、下線を引かれた言葉や、こすった跡や、×印で消された言葉や、下付き文字や、巻末の注）

† ヒストンが遺伝子を調節しているかもしれないという考えはもともと、一九六〇年代にロックフェラー大学の生化学者ヴィンセント・オルフレイが提唱したものだった。それから三〇年後、まさにその同じ大学で始められた話を完結させるかのように、アリスの実験がオルフレイの「ヒストン仮説」の正しさを証明することになった。

‡ マスター遺伝子は、「ポジティブ・フィードバック」と呼ばれるメカニズムを介して、ほとんど自動的に、標的となる遺伝子に対する活性を維持することができる。

††† 遺伝学者のティム・ベスターと彼の同僚は、DNAメチル化の印は主に、ヒトのゲノムに埋め込まれた古代のウイルス様の因子を不活性化したり、X染色体を（ライオン流に）不活性化したりするのに使われていると主張している。さらに、精子内の特定の遺伝子には印をつけるが卵子には印をつけないことで、どの遺伝子が父親由来かを個体が識別して「記憶」できるようにしていると考えている（「インプリンティング」と呼ばれる現象）。注目すべき点は、ベスターが、環境刺激はゲノムに大きな影響をおよぼしていないと考えていることだ。むしろ、エピジェネティック・マークは、発生やインプリンティングの過程で遺伝子発現を調節していると彼は考えている。

のようなものであり、実際の言葉を変えることなく文脈を修正する。個体のすべての細胞が同じ本を受け継ぐが、特定の文章をこすって消したり、書き込みを加えたり、特定の言葉を「沈黙させたり」、「活性化させたり」、特定のフレーズを強調したりすることによって、それぞれの細胞は同じ本をもとにして独自の小説を生み出している。付加された化学的な印のついたヒトゲノムの遺伝子は次のような文にたとえることができる。

…***This*** …… *is* … ***the*** ……,,, …… *struc* … *ture,* …… *of* … ***Your*** …… ***Gen*** … *ome* …

「……これ……が……、、、 ……ヒトの……………ゲノ…ム ……の……構造、 ……です……」

前述したように、この文中の単語は遺伝子に相当し、省略と句読点がイントロンや遺伝子間DNAや調節領域に相当する。太字や下線がゲノムに付加されたエピジェネティック・マークに相当し、文に意味の最終層を加えている。

ガードンがいくら苦労しても、成体のカエルの腸管細胞を胚細胞に戻し、その後、完全なカエルにすることがめったにできなかったのは、まさにこのためだった。腸管細胞のゲノムにはあまりに多くのエピジェネティックな「書き込み」があったために、それらを簡単に消すことができず、胚の状態に戻すことができなかったのだ。人間の記憶を変えることがむずかしいのと同様に、ゲノムに上書きされた化学的な走り書きを変えることは不可能ではないにしても、簡単ではない。なぜなら、細胞が自らのアイデンティティを固定できるように、そうした書き込みは簡単には消せないようにデザインされているからだ。胚細胞だけが多くの異なるアイデンティティを獲得できるだけの柔軟性のあるゲノムを持っており、身体のあらゆるタイプの細胞をつくり出すことができる。だが、胚細胞がいったん腸管細胞や、血液細胞や、神経細胞といったような固定されたアイデンティティを持つようになると、もとに戻ることはめったにない（だからこそガードンはカエルの腸管細胞からオタマジャクシをつくるのに苦労したのだ）。一個の胚細胞は同じ原稿をもとにして何千もの小説を書くことができるが、いったんヤングアダルト小説ができあがったなら、それをヴィクトリア朝ロマンス小説に簡単に書き換えることはできないのだ。

　遺伝子調節因子とエピジェネティクスとの相互作用によって、細胞の個性という謎の一部が解き明かされた。だがもしかしたら、個人の個性という、より難解な問題もそれによって解き明かされるかもしれない。「なぜ双子はちがっているのだろう？」とわれわれは以前、問いかけた。なぜなら、特異的な印を介して特異的な出来事が体に記録されているからだ。しかしどんなふうに「記録されている」のだろう？　遺伝子配列の中には記録されていない。たとえ五〇年間にわたって、一〇年ごとに一組の一卵性双生児のゲノムを解読しても、塩基配列にはなんの変化も起きていないことがわかる。だがもし一組の一卵性双生児のエピゲノムを数十年にわたって解読したならば、大きなちがいが生じていることに気づくだろう。実験開始時点では、血液細胞や神経細胞に付加されるメチル基のパターンは実質上同じだが、最初の一〇年のあいだに少しずつちがいが生じていき、五〇年後には相当なちがいが生まれている†。

怪我や、感染や、ある特定の夜想曲のトレモロや、パリで嗅いだあのマドレーヌの香りといったような偶然の出来事が双子のひとりだけに影響を与える。それらの出来事に反応して調節タンパク質が遺伝子をオンにしたりオフにしたりし、エピジェネティック・マークが遺伝子の上に徐々に重ねられていく‡。そうしたエピジェネティック・マークが遺伝子にどのような機能的な影響を与えているのかははっきりしないが、いくつかの実験から、これらのマークは転写因子とともに遺伝子の活性の調整に関与していることが示されている。

アルゼンチンの作家ホルヘ・ルイス・ボルヘスのすばらしい短篇「記憶の人、フネス」

に登場する青年フネスは、落馬の事故ののちに意識を取り戻し、自分が「完璧な」記憶を持っていることに気づく。[*13] 自分の人生のあらゆる瞬間のあらゆる詳細な出来事を記憶しているのだ。どんな物も、どんな出会いも、「雲の形……革装の本の模様」も覚えている。しかし、この並外れた能力はフネスを強くするどころか、反対に、麻痺させてしまう。沈黙させることのできない記憶がまるで消すことのできない人混みの雑音のように氾濫し、彼を圧倒する。語り手がフネスを訪ねると、フネスは暗い部屋の中で寝床に横たわっている。恐ろしい洪水のような情報の流れをせき止めることができず、フネスは世界を締め出すしかなかったのだ。

† より強力なメチル化分析法を用いた最近の研究から、双子のあいだの差異はそれほど大きくないことが示された。日進月歩のこの分野では、今なお多くの議論が交わされている。

‡ エピジェネティック・マークの永続性と、これらのマークに記録されている記憶の性質について、遺伝学者のマーク・プタシュンは疑問を投げかけている。プタシュンをはじめとする数人の遺伝学者の考えでは、主要調節タンパク質（分子的なオン・オフ切り替えスイッチ）が遺伝子の活性化と抑制を調整しており、エピジェネティック・マークは遺伝子の活性化や抑制の結果として付加されるとされている。エピジェネティック・マークは遺伝子の活性化や抑制の調節における付随的な役割をはたしている可能性があるが、遺伝子発現を主に調整しているのは主要調節タンパク質にほかならないと彼らは考えている。

ゲノムの一部を選択的に沈黙させることのできない細胞は「記憶の人、フネス」（あるいは、その小説に描かれているように、「無能な人、フネス」）のようになってしまう。ゲノムにはあらゆる器官のあらゆる組織のあらゆる細胞をつくる記憶が含まれている。そうした記憶はあまりに多量かつ、あまりに多様なため、それらを選択的に抑制したり、再活性化したりするシステムを持たない細胞は圧倒されてしまう。フネスの場合と同じく、どんな記憶であれ、それを機能的に利用できるかどうかは、逆説的なことに、記憶を沈黙させる能力にかかっているのだ。それゆえに、記憶を沈黙させることによってゲノムを機能させるエピジェネティックなシステムが存在する可能性がある。しかし実際のところ、そうしたシステムはまだほとんど見つかっていない。さまざまな細胞のゲノムが（環境などの）多様な刺激への反応として、化学的な印を付加されているが、それらの印が遺伝子の活性に関与しているのか、さらには、どのように関与しているのか、また、そうした印の機能とはどんなものなのか、といったことに関しては遺伝学者のあいだでいまだに熱い、ときに攻撃的な議論が交わされている。

主要調節タンパク質はエピジェネティック・マークと相互作用して、細胞記憶をリセットすることができる――。その事実を最も驚異的に示したのはおそらく、日本の幹細胞研究者である山中伸弥が二〇〇六年におこなった実験だろう。ガードンと同じく山中も、細胞内の遺伝子に付加された化学的な印が細胞のアイデンティティについての記憶としての役割をはたしている可能性に魅了されていた。だとしたら、その印を消したらどうなるだろう？　成体の細胞がもとの状態に逆戻りして、胚細胞になるのだろうか？　時間をさかのぼり、歴史を消去し、無垢な状態に戻るのだろうか？

ガードンと同じく山中も、成体のマウスの正常な細胞（完全に分化したマウスの皮膚細胞が使われた）のアイデンティティを逆戻りさせることを試みた。ガードンの実験は、卵の中に存在する因子（タンパク質とRNA）が成体の細胞のゲノム上の印を消去し、その結果、細胞の運命を逆戻りさせて、カエルの細胞からオタマジャクシをつくり出せることを示した。山中は、胚性幹細胞（ES細胞）のそうした因子を特定して単離し、それらを細胞の運命を消去する分子的な「消しゴム」として使えないかと考えた。一〇年におよぶ探索のあとで、山中はその謎めいた因子をわずか四つの遺伝子にコードされたタンパク質にまで絞り込み、それら四つの遺伝子を成体のマウスの皮膚細胞に導入した。

山中が驚いたことに、そしてその後、世界じゅうの科学者が仰天したことに、最終分化した皮膚細胞に四つの遺伝子を導入した結果、それらのいくつかが胚性幹（ES）細胞に似た細胞へと変化した。この幹細胞は当然のことながら、皮膚細胞になることができたが、そればかりか、筋肉や、骨や、血液や、腸管や、神経の細胞にもなることができた。実際、個体の全身に存在するあらゆるタイプの細胞になることができたのだ。山中と彼の同僚は、皮膚細胞が胚のような細胞になるまでの進行（というよりもむしろ退行）を分析し、その過程で何が起きているのかを解き明かした。遺伝子の経路が活性化されたり抑制されたりし、細胞の代謝がリセットされたり、エピジェネティック・マークが消去されたり書き換えられたりしていた。細胞は形と大きさを変化させていた。しわがなくなり、硬くなった関節が曲がるようになり、若さを取り戻した細胞は今では、ワディントンの坂をのぼることができるようになっていた。山中は細胞の記憶を消し去り、生物学的な時間を逆戻りさせたのだ。

この話にはちょっとしたひねりがある。細胞の運命を逆戻りさせるために山中が使った四つの遺伝子のうちのひとつはｃ－ｍｙｃという遺伝子だった。[*14] 若返りの因子であるｍｙｃは普通の遺伝子ではない。細胞の増殖と代謝を調節する最も強力な因子なのだ。ｍｙｃを強制的に発現させると、成体の細胞を胚に似た状態へと戻すことができるため、山中の実験は成功した（ｍｙｃがこの機能をはたすためには、山中が発見した他の三つの遺伝子の協力が必要だ）。だがｍｙｃはまた、最も強力ながん遺伝子のひとつでもあり、白血病、リンパ腫、膵臓がん、胃がん、子宮がんでも活性化されている。古い寓話にもあるように、永遠の美の探究には恐ろしい代償が伴うのかもしれない。細胞が死すべき定めと年齢を脱ぎ捨てられるようにするまさにその遺伝子が、細胞の運命を悪性の不死へと、永遠の増殖へと、永遠の若さへと（それらはすべてがんの特徴である）転換させることもできるのだ。

ではここで、オランダの飢餓の冬と、複数の世代にわたるその影響について、遺伝子と調節タンパク質の両方が関与するメカニズムから考えてみよう。一九四五年のその残酷な数カ月のあいだに人々を襲った急速な飢餓が、代謝と栄養の貯蔵に関わる遺伝子の発現を変化させたのはまちがいない。最初の変化は一時的なもので、おそらくは摂取する栄養に応じて遺伝子がオンになったりオフになったりしたにすぎなかったはずだ。

だが長期間の飢餓によって代謝の風景が凍てつき、リセットされ、一過性だったはずの風景が永続する風景へと変わっていくにつれ、ゲノムにも永続的な変化が刻まれていった。ホルモンが各器官へと広がり、食糧の欠乏が長期間続きそうなことを伝え、遺伝子発現のより広範囲な再設定を予告した。タンパク質が細胞内でそうしたメッセージを傍受し、遺伝子がひとつずつシャットダウンされ、DNAをさらに長いあいだシャットダウンするために印がつけられた。嵐に備えて鎧戸が下ろされた家のように、遺伝子プログラム全体がバリケードで封鎖された。メチル基が遺伝子に付加され、飢餓の記憶を留めるために、ヒストンが化学的に修飾された。
細胞ごとに、器官ごとに、体は生存するために再プログラムされていった。最終的には、生殖細胞（精子と卵子）までもが印をつけられた（精子と卵子がどのようにして、そしてなぜ、飢餓への反応の記憶を運んでいるのかは不明だ。ヒトのＤＮＡに存在する古代の経路が飢餓や欠乏を生殖細胞に記録しているのかもしれない）。[†] これらの精子や卵子から子供や孫がつくられる際には、胚についた印のために、代謝が変化する。飢餓の冬から何十年もたったあともゲノムに刻まれた変化だ。歴史の記憶はこのようにして、細胞の記憶へと転換される。

ここで注意書きをひとつ。エピジェネティクスもまた、危険な考えへと今にも転換しそうになっている。遺伝子のエピジェネティック修飾は確かに、細胞やゲノムの上に歴史や環境の情報を重ねることができるが、この能力は不確かで、限定的で、特異的で、予測不能だ。飢餓を経験した親の子供は肥満になったり、栄養過多になったりする可能性があるが、その一方で、たとえば結核を経験した父親の子供で結核に対する反応が変化しているということはない。エピジェネティックな「記憶」のほとんどは、太古の進化経路がもたらすものであり、望ましい遺産を子供に付加したいというわれわれの欲求がかなえられると勘ちがいしてはならない。

二〇世紀初頭の遺伝学がそうであったように、エピジェネティクスは今、偽科学を正当化し、正常の窮屈な定義を押しつけるために使われようとしている。遺伝を変えるとうたわれている食事や、暴露や、記憶や、治療はどれも、ショック療法を用いて小麦を「再教育」しようとしたルイセンコの試みを不気味なまでに思い出させる。妊娠中の母親は、なるべく不安を感じないようにしなさいと言われる。ミトコンドリアに傷がついて、そのせいで子供全員と、その子供の子供全員に悪影響が出るといけないから、と。まるでラマルクが新しいメンデルとなってよみがえりつつあるかのようだ。

エピジェネティクスについてのこうした軽率な発言は疑念を生む。環境の情報は確かにゲノムに刻まれうる。だがそうした印のほとんどは細胞内やゲノム内においてのみ「遺伝的な記憶」として記録されるだけで、それが次の世代へと受け渡されることはない。事故で片脚を失った男性は、その事故の印を細胞内や、傷の中や、傷痕の中に残してはいるが、

† 線虫やマウスを用いた実験の結果からも、飢餓の影響が世代を超えて伝わることが示された。とはいえ、それらの影響が多世代にわたって保たれるのか、それとも、世代を経るごとに弱まっていくのかは定かではない。そうした研究の中には、小型ＲＮＡがエピジェネティックな情報を次世代に伝えていることを示すものもある。

だからといって、男性の子供の脚が短くなることはない。同じく、故郷を追われた私の家族の人生が私や、私の子供たちに苦しい疎外感をもたらし、私たちの重荷になっているということもない。

ホメロス『オデュッセイア』のメネラオスの言葉とはちがって、私たちを見ても、私の父の血筋がまざまざとうかがえるということはないし、幸運なことに、父たちの弱点や罪が私たちの中に残っているということもない。これは悲しむべきことではなく、ありがたいことだ。ゲノムとエピゲノムは類似点や、遺産や、記憶や、歴史を記録し、それらを細胞から細胞へ、世代から世代へと受け渡すために存在する。突然変異や、遺伝子の混ぜ合わせや、記憶の抹消はこうした力を相殺し、相違点や、多様性や、奇形や、天才や、改造をもたらす。そして、どの世代にも、新たな出発という光り輝く可能性を与えるのだ。

ヒトの胚発生は遺伝子と外因との相互作用によって調整されている可能性がある。ここでふたたび、モーガンを悩ませていた問題へと戻ってみよう。単細胞の胚からいかにして多細胞の個体が生み出されるかという問題だ。受精後数秒で、胚の中でさかんな動きが始まる。タンパク質が細胞の核に到達し、遺伝的なスイッチをオンにしたりオフにしたりしはじめる。まるで休止中の宇宙船が動きだしたかのように、遺伝子が活性化されたり、抑制されたりする。それらの遺伝子にはべつのタンパク質がコードされており、そのタンパク質がさらにべつの遺伝子を活性化したり、抑制したりする。一個の細胞が分裂して二個になり、さらに分裂が繰り返されて、四個になり、八個になる。一層の細胞層が完全にできあがると、中に空洞ができて、細胞層はその外側を覆う皮膚になる。代謝と、運動性と、細胞の運命と、アイデンティティを調整する遺伝子が一斉に「オン」になる。ボイラー室が熱くなる。廊下に明かりがつく。インターホンがつながる。

マスター遺伝子に扇動されて、情報の二番目の層が活動を始め、それぞれの細胞でしかるべき遺伝子を発現させることで、各細胞にアイデンティティを獲得させ、定着させる。各細胞で、特定の遺伝子だけに化学的な印が付加されたり、べつの遺伝子からは消されたりし、細胞内での遺伝子発現が調節される。メチル基が付加されたり消されたりし、ヒストンが修飾される。

胚は段階的に成長していく。器官のもととなる原基が現れて、細胞は胚のさまざまな部分に自らの位置を定める。新しい遺伝子が活性化され、四肢や器官を形成させるための指令を出し、さらに多くの化学的な印が個々の細胞のゲノムに付加される。器官や構造をつくるために細胞が追加される。前肢、後肢、筋肉、腎臓、骨、目。いくつかの細胞がプログラムされた死を遂げる。機能や代謝や修復を維持する遺伝子がオンになる。ひとつの細胞から、ひとつの個体が誕生する。

今の説明を聞いて安心してはならない。「なんて複雑なレシピなんだろう！」と思い、そんなレシピを理解したり、改造したり、意図的に操作したりできる人などいるわけがないと思い込むのはまだ早い。

科学者が複雑さを過小評価すると、意図せぬ結果の罠《わな》に落ちることがある。そのような失敗には有名な例がいくつかある。たとえば、害獣を駆除しようとして外国の動物を持ち込んだところ、その動物自体が害獣になったり、都会の空気汚染を軽減しようとして煙突を立てたら、より上空に微粒子が排出されて空気汚染が悪化したり、心臓発作を予防するために造血を促進させたら、血液が濃くなって血栓ができやすくなったりしたといったような例だ。

しかし科学者以外の人々が「こんな暗号を解ける者などいるわけがない」などと言って複雑さを過大評価しすぎても、予期せぬ結果の罠に落ちることになる。一九五〇年代初頭、生物学者たちの中には、遺伝暗号というのはあまりにも強く状況に依存しているために（個々の器官の個々の細胞ごとに異なる、きわめて複雑な暗号であるために）、解読は不可能だと信じ込んでいる者がいた。しかし実際にはその反対だった。たったひとつの分子が遺伝暗号を運んでおり、たったひとつの暗号が生物界全体に広がっていることがわかったのだ。そして、もしその暗号を解読できたなら、われわれは生物の暗号を（最終的にはヒトの暗号を）意図的に変えられることが判明した。一九六〇年代には多くの人々が、たとえ遺伝子クローニング技術を使っても、異なる種のあいだで遺伝子を簡単に移動させられるわけがないと思っていた。だが、一九八〇年までには、細菌で哺乳類のタンパク質をつくったり、哺乳類の細胞で細菌のタンパク質をつくったりすることが実現可能になったばかりか、バーグの言を借りれば、「ばかみたいに簡単」になった。種というのはうわべの姿にすぎないことがわかった。「自然な状態」というのは「しばしば単なる見せかけ」にすぎないのだ。

遺伝的な仕様書をもとにしたヒトの発生というのは確かに複雑だが、だからといって、ヒトの発生を操作したり、ゆがめたりできないわけではない。形や、機能や、運命を決めるのは遺伝子だけではなく、遺伝子と環境の相互作用なのだと強調する社会科学者は、無条件かつ自律的に作用し、複雑な生理機能や構造を決定することのできるマスター遺伝子の威力を過小評価している。「複雑な状態や行動を操作するのに遺伝学を使うことはできない。なぜならそうした状態や行動というのはたいてい、何十もの遺伝子によってコントロールされているからだ」と主張する人類遺伝学者は、存在の状態を完全に「リセット」

できるマスター遺伝子などの一個の遺伝子の能力を過小評価している。四つの遺伝子の活性化によって皮膚細胞を多能性幹細胞にすることができるのなら、ひとつの薬によって脳のアイデンティティを逆戻りさせることができるのなら、一個の遺伝子の突然変異によって性別やジェンダー・アイデンティティを切り替えることができるのなら、われわれのゲノムやわれわれ自身というのは、想像していたよりもずっと変化しやすいということになる。

前述したように、テクノロジーというのは移行を可能にするときに最も強力になる。直線運動から円運動（車輪）へ、現実空間からバーチャル空間（インターネット）へというように。一方の科学は、体系の規則、すなわち法則を明らかにするときに最も強力になる。その法則はレンズとして働き、それをとおしてわれわれは世界を眺め、体系化することができる。技術者は移行をとおして、今の現実の制約からわれわれを解放しようと試みる。一方の科学は、可能性の境界線を引き、制約を決める。人類の最も偉大な技術革新には、エンジン（engine）（「才能」を意味するラテン語 *ingenium* より）や、コンピューター（computer）（「ともに考える」という意味のラテン語 *computare* より）など、世界を支配できる人類の優れた能力を主張するような名前がつけられている。一方、最も深い科学的な法則には、「不確実性」、「相対性」、「不完全性」、「不可能性」など、人類の知識の限界を象徴するような名前がつけられている。

あらゆる科学の中で、法則が最も少ないのは生物学だ。そもそも法則などほとんどないうえに、普遍的な法則となるとさらに少ない。言うまでもなく、生物は物理や化学の根本的な規則にしたがってはいるが、生命というのはしばしばそうした法則の隅っこや隙間に存在し、もう少しで破ってしまいそうなほどに法則を曲げている。宇宙は平衡状態を求めている。エネルギーを分散させ、秩序を混乱させ、混沌を最大限に広げたがっている。一方の生命はそうした力と闘うためにデザインされており、われわれは反応のスピードを緩め、物質を濃縮し、化学物質を分類し、毎週水曜日に洗濯物を選り分ける。「宇宙での私たちの究極の目的は、エントロピーを抑制することのように思える」[*15]とサイエンス・ライターのジェームズ・グリックは書いている。われわれは拡張と、例外と、言い訳を求めながら、自然の法則の抜け穴に生きている。自然の法則は許容範囲の限界を定めるが、生命はどこまでも独特で熱狂的で奇異であり、行間を読むことによって繁栄する。熱力学の法則を破ることはゾウにもできないが、その鼻はまちがいなく、エネルギーを使って物体を動かす方法としては、最も奇妙なもののひとつだ。

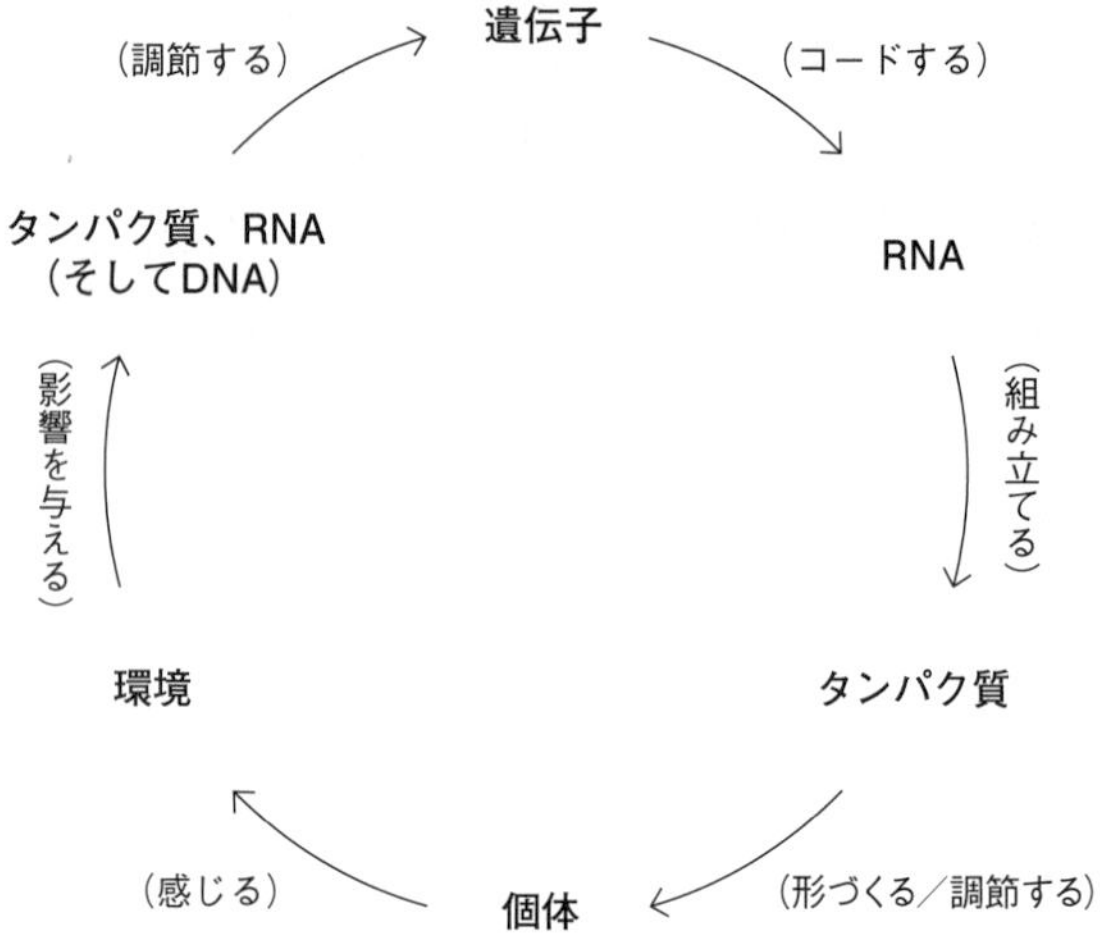

生物学的情報の流れは上の図のようになる。

もしかしたらこれは、わずかしかない生物学の法則のひとつかもしれない。この情報の流れの方向性には確かに例外があるし（たとえばレトロウイルスはＲＮＡからＤＮＡへと情報を「逆方向に」進ませる）、まだ見つかっていない生物界のメカニズムが生態系の情報の流れの順序や構成要素を変える可能性もある（たとえば今では、ＲＮＡが遺伝子調節に影響を与えることが知られている）。だが、概念的には、上の図のような流れになるはずだ。

生物学的法則といったものが存在するならば、この情報の流れはそれに最も近いものである。人類がこの法則を操作する技術を習得するとき、われわれは人類史上最も意味深い移行を達成することになる。われわれの自己とわれわれ自身を読んだり書いたりすることができるようになるのだ。

だがゲノムの未来に飛び込む前に、少しだけゲノムの過去に戻ってみたいと思う。われわれは、遺伝子がどこから来たのか、どのようにして出現したのかを知らない。さらには、ほかにもさまざまな方法が可能だったにもかかわらず、なぜ情報伝達とデータ貯蔵のこの方法が選ばれたのかも知らない。しかし試験管内で遺伝子の起源の再現を試みることは可能だ。おだやかな話し方をするハーバード大学の生化学者ジャック・ショスタクは、二〇年以上もの年月を費やして、試験管内で自己複製遺伝システムを構築し、遺伝子の起源を再現しようと試みてきた。[*16]

ショスタクの実験は、原始の地球の大気中に存在していたとされる簡単な化学物質を組み合わせて「原子のスープ」をつくるというもので、先見の明のある化学者スタンリー・ミラーの実験のあとを継いだものだった。[*17] 一九五〇年代にシカゴ大学で研究をしていたミラーは、密閉したガラスのフラスコにメタン、二酸化炭素、アンモニア、水素を入れ、そこに熱い蒸気を加えた。さらに、雷を模してフラスコ内部に放電をおこない、原始の不安定な状況を再現するために、フラスコを周期的に加熱したり冷却したりした。火と硫黄、天国と地獄、空気と水をフラスコ内で濃縮したのだ。

三週間たっても、ミラーのフラスコから生物が這い出てくることはなかった。だが、二酸化炭素、メタン、水、アンモニア、水素、そして熱と電気を組み合わせたフラスコ内の溶液中に、タンパク質の構成単位であるアミノ酸と、最も単純な糖がごくわずかに生成されているのがわかった。ミラーはその後、泥、玄武岩、火山岩を加えて同様の実験をおこない、その結果、脂質や脂肪、さらにはＲＮＡやＤＮＡの化学的な構成要素までもが生成されることを確認した。[*18]

ショスタクは、ふたつの物質の偶然の出会いによって、このスープの中で遺伝子ができたと信じている。ひとつめの物質は、スープ内の脂質が集合してできた「ミセル」だ。ミセルとは石鹸の泡に似た球状の膜で、内部に液体を取り込んで細胞膜のようなものをつくる（ある種の脂肪を溶液に溶かすと、自然に集合してそのような泡をつくることが知られている）。研究室での実験で、ショスタクは、こうしたミセルが原始細胞のようにふるまうことを示した。[*19]脂質をさらに加えていくと、この中空の「細胞」はどんどん大きくなっていった。拡大し、動きまわり、ひだのある細胞膜のような薄い膜を伸ばし、そして最終的に分裂して、ひとつのミセルがふたつになった。

ふたつめの物質は、ヌクレオシド（A、C、G、Uやそれらの化学的な祖先）が連なって形成されたRNAの鎖だ。ミセルの集合体が自然にできていくあいだに、膨大な量のRNA鎖が形成されていったが、それらには繁殖する能力がなく、自らのコピーをつくることはできなかった。しかし無数の複製しないRNAの中にたまたま、自らのコピーをつくる特殊な能力を持ったものがひとつだけ存在した。というよりも、自らの鏡像を使ってコピーをつくる能力といったほうがいいかもしれない（RNAとDNAがもともと自らの鏡像をつくれるようにデザインされていることを思い出してほしい）。このRNA分子は信じがたいことに、化学物質の混合物の中からヌクレオシドを集めてつなぎ合わせ、新しいRNAコピーをつくる能力を有していた。まさしく、自己複製化学物質だったのだ。

次の段階は、政略結婚のようなものだった。地球上のどこかで（ショスタクは、それは池か沼の隅っこだったのではないかと考えている）、自己複製するRNAが分裂するミセルと出会った。概念的に言って、それは激しい情事だった。ふたつの分子が出会って恋に落ち、夫婦となって長いあいだ絡み合った。自己複製するRNAは分裂するミセルの中に住みはじめた。ミセルはRNAを周囲から隔離して守り、やがて、その安全な泡の中で特別な化学反応が起きた。RNA分子は、自らの自己増殖に有利な情報だけでなく、RNA–ミセル複合体全体の自己増殖にとって有利な情報をコードしはじめた。やがて、RN

A―ミセル複合体にコードされた情報を使って、RNA―ミセル複合体の増殖が可能になった。

「RNAを基本にしたプロセスがその後どのように進化したのかは比較的簡単にわかる」[*20]とショスタクは書いている。「代謝が徐々に現れ……より単純で、より豊富にある出発材料から栄養素を合成できるようになった。次に、それらの個体が自分の持つ化学的トリックの袋にタンパク質合成を加えたのだろう」やがて「前遺伝子」であるRNAはアミノ酸に鎖をつくらせることができるようになり、その結果、代謝や、自己増殖や、情報伝達を効率よくおこなうことを可能にする万能の分子的マシーン、タンパク質がつくられたとショスタクは考えている。

情報の基本単位である個々の「遺伝子」はいつ、どのようにしてRNA鎖の上に現れたのだろう？　遺伝子は最初から基本単位という形で存在していたのだろうか？　それとも、中間段階のべつの形で情報が貯蔵されていたのだろうか？　この疑問は根本的に答えの出ないものだ。しかしもしかしたら、情報理論が重要なヒントを与えてくれるかもしれない。単位に分かれていない連続する情報の問題点は、扱いがおそろしくむずかしいという点だ。そのような情報は拡散し、腐敗し、絡まり、薄まり、減衰する傾向にある。一方の端を引っぱると、情報はずるずるとほどけていくし、情報の中に情報が流れ込むと、ゆがみが生じるリスクがさらに大きくなる（真ん中が一ヵ所へこんでしまったビニール盤のレコードを思い浮かべてほしい）。一方、「デジタル化」された情報は修復や回復がはるかに簡単だ。辞書全体をつくりなおすことなしに、辞書の中の一個の単語だけにアクセスし、それを変えることができるからだ。ひょっとしたら遺伝子はそれと同じ理由のために出現したのかもしれない。RNA鎖上の情報を担う個別の単位が、個別の機能をはたすための指示をコードするために使われたのかもしれない。

情報の非連続性にはそれ以外にも利点があったにちがいない。一個の遺伝子に突然変異が起きたとしても、残りの遺伝子はなんの影響も受けないという利点だ。突然変異は個体全体の機能を障害することなく、個別の情報単位上でのみ作用し、その結果、進化を加速させることができる。だがその利点は、マイナス面を伴ってもいる。あまりに多くの突然変異が起きると、情報が壊れたり失われたりするからだ。そこで、バックアップコピーが必要になったのかもしれない。オリジナルを守ったり、オリジナルが壊れた場合に復元したりするための鏡像だ。これが二本鎖の核酸を生み出した究極の推進力だった可能性がある。ひとつの鎖のデータはもうひとつの鎖上に完璧に反映されており、鎖の一部が壊れたなら、まるで陰が陽を守るように、もうひとつの鎖から復元される。生命はこのようにして、自らのハードドライブを生み出したのだ。

やがて、この新しいコピー、すなわちDNAのほうがマスター・コピーになった。RNAワールドの発明品だったDNAは、遺伝子の運び手としてまたたく間にRNAを圧倒し、生態系の遺伝情報の主な担い手になった。[†] われわれのゲノムの歴史には、ゼウスがクロノスを倒すという父親殺しの太古の神話が刻まれているのだ。

---

† ウイルスの中には、今もなお、RNAの形で遺伝子を運んでいるものがある。

第六部　ポストゲノム

運命と未来の遺伝学（二〇一五〜……）

地上のパラダイスをわれわれに約束する者は、地獄しかつくり出さなかった。[*1]

——カール・ポパー

未来を所有しようと望むのは我々人間だけなんだ。[*2]

——トム・ストッパード
『コースト・オブ・ユートピア——ユートピアの岸へ』

未来の未来

希望に満ち、物議を醸し、誇大に宣伝され、潜在的に危険ですらある。DNA科学のうち、それらの性質を併せ持つのは遺伝子治療と呼ばれる分野だけかもしれない。[*1]

――ジーナ・スミス『ゲノミクス時代（*The Genomics Age*）』

大気を清めて！　空をきれいにして！　風を洗って！　石から石をはがして、きれいに洗っておくれ、腕から皮膚をはがし、骨から肉をむしりとり、きれいに洗うのだ。石を洗え、骨を洗え、脳味噌《のうみそ》を洗え、魂を洗え、洗え、洗うのだ！[*2]

――T・S・エリオット『寺院の殺人』

ここでふたたび、城壁での会話に戻ろう。ときは一九七二年の晩夏。われわれはシチリアで開かれた遺伝学会に参加している。夜遅くのことで、ポール・バーグと大学院生のグループは市《まち》の夜景をのぞむ丘の上にいる。異なる生物から採取したDNA断片をつなぎ合わせて新しい「組み換えDNA」をつくることができるというバーグの発表が、驚きと不安の渦を巻き起こしている。大学院生たちはそのような新しいDNA断片の危険性を心配している。不適切な遺伝子が不適切な生物に導入されたなら、生物学的、生態学的な大惨事がもたらされる可能性があるからだ。しかし彼らが心配しているのは病原体のことだけではない。多くの学生の例に漏れず、彼らは問題の核心に迫っている。ヒト遺伝子工学の今後の展望について知りたがっているのだ。子孫に受け継がれる形でヒトゲノムに新しい遺伝子を永久的に導入するという展望だ。遺伝子から未来を予測し、遺伝子操作によって未来を変えられるようになるのだろうか？　「学生たちはすでに数歩先について考えていた」とバーグはのちに私に語った。「私も未来について心配していたが、彼らは未来の未来を心配していたんだ」

当面のあいだ、「未来の未来」は生物学的には手に負えないことのように思われた。組み換えDNA技術の発明からかろうじて三年たった一九七四年、遺伝子組み換えSV40ウイルスをマウスの初期胚の細胞に感染させるという実験がおこなわれた。[*3] それは、かなり大胆な実験だった。ウイルスに感染した胚細胞と正常な胚から採取した細胞とを混ぜて、二種類の細胞から発生学的な「キメラ」をつくり、それをマウスの子宮に移植したのだ。その結果、混合細胞から血液、脳、腸管、心臓、筋肉などのあらゆる細胞や器官ができ、最も重要なことには、精子と卵子もできた。こうして誕生したマウスの子の精子や卵子のうち、ウイルスに感染した胚細胞からつくられたものがあったとしたら、ウイルス遺伝子は世代から世代へと垂直方向に伝わることになる。ウイルスはまるでトロイアの木馬のように、動物の生殖細胞のゲノムに遺伝子を運び入れ、結果的に、遺伝子が組み換えられた最初の高等生物が誕生することになる。

　最初のうち、実験はうまくいったが、ふたつの予期せぬ効果によって窮地に追い込まれた。ひとつめは、ウイルス遺伝子を持つ細胞はマウスの筋肉や、脳や、神経には出現したものの、精子や卵子へのウイルス遺伝子の導入はめったに起きなかったという点だ。いくら努力を重ねても、科学者たちは世代から世代へ「垂直方向」に遺伝子を効率的に伝えることができなかった。ふたつめは、たとえウイルス遺伝子がマウスの細胞に導入されても、遺伝子の発現は固くシャットダウンされたままで、ウイルス遺伝子はＲＮＡもタンパク質もつくらない不活性な遺伝子のままだったという点だ。それから何年もたってから、遺伝子を沈黙させるためのエピジェネティック・マークが遺伝子に付加されていることが判明した。細胞には太古の昔から検出器のようなものが備わっており、それがウイルス遺伝子を見分け、ウイルス遺伝子の活性化を阻止するための消印のような印をつけることが今では知られている。

ゲノムはまるで自分を変えようとするこうした試みを事前に予測していたかのようだった。実験は完全に行き詰まった。マジシャンのあいだには、物の消し方を習得する前に、まずは物を再出現させる方法を習得することが不可欠だ、という古い諺がある。遺伝子治療にたずさわる者もまた、その教えを守らなければならなかった。遺伝子を細胞や胚の中に目に見えない形ですべり込ませるのは簡単だったが、ほんとうの挑戦は、その遺伝子をふたたび目に見えるようにすることだった。

初期のこうした研究がうまくいかなかったために、遺伝子治療という分野はその後一〇年あまり停滞したままだった。しかし、生物学者がＥＳ細胞を発見したことで一気に活気づいた。[*4] ヒトの遺伝子治療の未来を理解するためには、ＥＳ細胞を考慮に入れなければならない。脳や、皮膚といった器官を思い浮かべてほしい。動物が歳をとるにつれ、皮膚の表面の細胞は成長し、やがて死んで、剝がれ落ちる。火傷や、ひどい怪我などの場合には、この細胞死の波は大規模なものになる。死んだ細胞を取り替えるために、ほとんどの器官には自らの細胞を再生するしくみが備わっている。

　幹細胞は、細胞がとりわけ大規模に失われたあとに、そうした機能をはたす。幹細胞とはふたつの能力によって定義される特殊な細胞である。ひとつめは、神経細胞や皮膚細胞など、体をつくるさまざまな細胞をつくり出す能力、すなわち分化能である。ふたつめは、自分と同じ能力を持つ細胞をつくることができる能力、すなわち自己複製能である。幹細胞はまるで生殖能力を永久に失うことなく、子供や、孫や、ひ孫をつくりつづける祖父や曾祖父のようなものであり、組織や器官の再生のための究極の貯蔵庫なのだ。

　ほとんどの幹細胞は特定の器官や組織に存在し、そこで限られた種類の細胞をつくる。たとえば骨髄に存在する幹細胞は血液細胞だけをつくる。腸管の「陰窩《いんか》」と呼ばれる窪みの中に存在する幹細胞は、腸管の上皮細胞だけをつくる。しかし動物の胚の内部細胞塊からつくられるＥＳ細胞は、血液、脳、腸管、筋肉、骨、皮膚など、生物の体のあらゆる細胞に分化することができる。生物学者はＥＳ細胞のこの性質を表すのに、「多能性」という言葉を使う。

　ＥＳ細胞にはさらに、自然の気まぐれとも思える三つめの特殊な能力が備わっている。動物の胚から取り出して、研究室の培養皿の中で増殖させることができるのだ。ＥＳ細胞は培地上で増えつづけ、顕微鏡下では、小さな透明の球体がネックレスのように渦巻いて連なっているのが観察される。その姿は生み出されつつある生物というよりもむしろ、分解されつつある器官のように見える。実際、一九八〇年初頭にイギリスのケンブリッジの研究室でマウスから初めてES細胞が採取された際も、それに興味を示した遺伝学者はほとんどいなかった。発生生物学者のマーティン・エヴァンズは「誰も私の細胞には興味がないようだ」[*5]とこぼした。

しかしES細胞の真の力は、ここでもやはり、移行にある。DNAや遺伝子やウイルスと同じく、ES細胞をこれほどまでに強力な生物学的道具にしているのは、その存在の持つ本質的な二重性だ。ES細胞は培地上で他の細胞と同じように従順にふるまう。小瓶の中で冷凍させたあとでよみがえらせることもできれば、培養液で何世代も増やすこともできる。遺伝子をES細胞のゲノムに挿入したり、ゲノムから取り出したりするのも比較的簡単だ。

にもかかわらず、その同じ細胞をしかるべき状況でしかるべき環境に移したなら、そこから生命が文字どおり飛び出してくるのだ。ES細胞を初期胚の細胞と混ぜ合わせたものをマウスの子宮に移植すると、ES細胞は分裂し、層をつくり、血液、脳、筋肉、肝臓などのあらゆる細胞へと分化する。精子や卵子にすら分化する。細胞はやがて器官を形づくり、それらの器官が奇跡のように合体して、複数の層をなす多細胞の個体、そう、本物のマウスをつくる。このように、培養皿の中でおこなわれるどんな実験操作も、最終的にはマウスへと移すことができる。培養皿での一個の細胞の遺伝子組み換えが、子宮内の個体の遺伝子組み換えに「なる」のだ。それはまさに、研究室から生命への移行である。

ES細胞を使った実験が簡単であるという事実によって、ふたつめのむずかしい問題が克服された。ウイルスを使って細胞に遺伝子を運ぶ場合には、ゲノム上のねらった位置に遺伝子を挿入することは実質上、不可能だ。三〇億塩基対のDNAからなるヒトのゲノムは、たいていのウイルスの五万倍から一〇万倍もの大きさがある。したがって、ウイルスの遺伝子はまるで飛行機から大西洋に落とされるキャンディーの包み紙のように、ゲノムの上に落ちていく。どこに落ちるかを予測することはできないのだ。実質上、あらゆるウイルスがゲノムに遺伝子を挿入することができるため、HIVやSV40などはヒトゲノム上のどこかに遺伝子をランダムに組み入れる。遺伝子治療という観点からは、こうしたランダムな遺伝子挿入というのはひどく厄介だ。ゲノム上の沈黙した深い裂け目にウイルス遺伝子が落ち、決して発現することがない可能性もあれば、細胞が能動的に沈黙させている染色体上の領域に落ちる可能性もある。さらに悪いことに、遺伝子挿入によって重要な遺伝子に混乱が生じたり、がんを引き起こす遺伝子が活性化したりして、大惨事がもたらされる可能性もある。

しかしES細胞を使うことで、遺伝子をランダムに変化させるのではなく、ねらった遺伝子の内部など、目的とするゲノム上の場所を変化させられるようになった。[*6] インスリン遺伝子を変化させることに決めたなら（かなり基本的だが、それでいて巧妙な実験操作を用いて）、細胞内でインスリン遺伝子だけを変化させられるようになった。[*7] 遺伝子組み換えES細胞は原則的に、マウスの体内のあらゆる細胞をつくることができるため、変化したインスリン遺伝子を持つマウスは確実に誕生するはずだ。もし遺伝子組み換えES細胞が最終的に、成体のマウスで精子や卵子へと分化したならば、遺伝子はマウスからマウスへと世代を超えて受け継がれ、その結果、垂直方向の遺伝子の伝搬が可能になる。

この技術は広範囲にわたる影響力を持つ。自然界では、方向性のある遺伝子変化を成し遂げるための唯一の方法は突然変異と自然選択である。たとえばある動物をX線にさらしたならば、遺伝子変化が永久にゲノムに埋め込まれる可能性はあるが、X線をある特定の遺伝子だけに照射する方法はない。個体に最も高い適応力を与える変異が自然選択され、その変異は遺伝子プールの中でしだいにありふれたものになっていくが、この方法では、変異にも、進化にも、意図や方向性はない。自然界には遺伝子の変化を動かすエンジンはあっても、その車の運転席に座る運転手はいない。リチャード・ドーキンスがわれわれに再認識させたように、進化の「時計職人」[*8] は本質的に盲目なのだ。

しかしES細胞を使えば、科学者は実質上どんな遺伝子でも意図的に操作することができるうえに、その遺伝子の変化を動物のゲノムに永久的に埋め込むことも可能だ。変異と選択を一度におこなうこうした技術は、研究室の培養皿の上で進化を早送りするようなものだ。この技術はあまりに大きな変革をもたらすものだったために、この技術で誕生した個体を表す新しい名前が必要になり、「遺伝子を超えて」という意味から「トランスジェニック動物」と名づけられた。一九九〇年代初頭までに、さまざまな遺伝子の機能を解明する目的で、何百系統ものトランスジェニックマウスが世界じゅうの研究室でつくられた。クラゲの遺伝子をゲノムに導入されたマウスは暗闇の中、青い照明の下で光を放った。さまざまな成長ホルモン遺伝子を導入されたマウスは正常の二倍の大きさになった。アルツハイマー病、てんかん、早期老化を引き起こす遺伝子を導入されたマウスもいた。活性化されたがん遺伝子を導入されたマウスでは体じゅうにがんができ、遺伝学者はこのマウスをヒトの悪性腫瘍のモデルとして使うようになった。二〇一四年、遺伝学者は脳の神経細胞間コミュニケーションをつかさどる遺伝子に変異のあるマウスをつくった。するとマウスの記憶力や高度な認知機能が大幅に上昇し、マウスは齧歯《げっし》類の世界の学者になった。[*9] より速く記憶し、より長くその記憶を保持し、普通のマウスの二倍近い速さで新しい仕事を覚えたのだ。

だが、そうした実験は複雑な倫理的問題であふれていた。この技術は霊長類でも使えるのだろうか？　ヒトでも？　導入遺伝子を持つ動物の作製を誰が規制するのだろう？　どのような遺伝子を導入すればいいのだろう？　どんな遺伝子を導入できるのだろう？　遺伝子導入の限度とは？

幸運なことに、技術的な障壁が立ちはだかったために、倫理的な大混乱は起きずにすんだ。ＥＳ細胞についての初期の実験の多く（トランスジェニック動物の作製などを含む）はマウスのＥＳ細胞を使っておこなわれていたのだが、一九九〇年代初頭にヒトの初期胚の細胞からヒトのＥＳ細胞が採取されると、科学者は予期せぬ障壁に突きあたった。実験操作に従順にしたがったマウスのＥＳ細胞とはちがって、ヒトのＥＳ細胞は培地上で従順にふるまわなかったのだ。「これは誰にも知られたくないこの分野の秘密だろう。ヒトのＥＳ細胞にはマウスのＥＳ細胞のような能力がないなんて」[*10]と生物学者のルドルフ・イエーニッシュは言った。「クローニングもできなければ、遺伝子ターゲティングにも使えない……どんなこともできるマウスのＥＳ細胞とはずいぶんちがう」

こうして少なくとも一時的に、遺伝子導入というトラブルの種は阻止されたように見えた。

ヒトの胚の遺伝子組み換えというのは当面のあいだ論外だったものの、もっとおだやかな目標で手を打ったらどうだろうと遺伝子治療専門医は考えた。ヒトの非生殖細胞、すなわち体細胞（神経細胞や、血液細胞や、筋細胞など）に遺伝子を導入するためにウイルスを使えないだろうか？　ゲノムへのランダムな遺伝子導入という問題は残るうえに、遺伝子が次世代へ垂直方向に受け継がれることもないが、もしウイルスによってしかるべき細胞に遺伝子が導入されたなら、治療という目的が達成されるかもしれない。そうした形の達成もまた、未来の医療への跳躍を意味するはずだ。それはいわば、「手軽な遺伝子治療」とでもいうべきものだった。

一九八八年、オハイオ州ノースオームステッドに住むアシャンティ（アシ）・デシルヴァという名前の二歳の女児が奇妙な症状に襲われはじめた。[*11] 子供を持つ親なら誰でも知っているように、幼児期の子供というのはいろいろな一過性の病気にかかるものだ。しかし、アシの症状は明らかに異常だった（いつまでたっても治らない不可解な肺炎や感染症、完治しない傷、つねに正常値以下の白血球数など）。アシは子供時代の大半を入退院を繰り返しながら過ごした。二歳のときには、ごく普通のウイルス感染症が手に負えないほど重症になり、生命を脅かすような臓器内出血が引き起こされて、長期間の入院を余儀なくされた。

アシの症状に当惑した主治医はしばらくのあいだ、アシが繰り返し病気にかかるのは免疫機能が未発達なせいであり、成長に伴って免疫機能も成熟するはずだと考えていた。しかし三歳になっても症状が一向に軽減しないと、アシは詳しい検査を受けることになった。検査の結果、アシの免疫不全の原因は遺伝子にあることがわかった。二〇番染色体上のADAという遺伝子のコピーが両方とも変異していたのだ。そのころまでには、アシはすでに何度か生死の境をさまよっていた。彼女の体を襲った肉体的な打撃は計り知れなかったが、それよりも明白だったのは、彼女が経験した精神的苦痛のほうだった。四歳のとき、ある朝、目を覚ましたアシは母親にこう言った。「ママ、あたしみたいな子、生まれてこなければよかったのに[*12]」

ADA（アデノシンデアミナーゼ）遺伝子は、体内でつくられるアデノシンという天然の化学物質をイノシンという無害な産物へと変換する酵素をコードしている。したがってADA遺伝子が欠損すると、その解毒化反応が起きず、アデノシンの代謝における有害な中間産物が体内に蓄積する。その有害物質によって最も強い障害を受けるのは感染症と闘うT細胞であり、T細胞が障害される結果、免疫不全が引き起こされる。この疾患は非常にまれなうえに（ADA欠損症の子供は一五万人にひとりしか生まれてこない）、患者はほぼ例外なく幼少期に死亡するために、生存している患者数自体がきわめて少ない。AD

A欠損症は重症複合免疫不全（SCID）と呼ばれる悪名高き疾患群に含まれている。SCIDの患者で最も有名なのは、一二年の生涯をテキサスの病院のプラスチックの小部屋で過ごしたデイヴィッド・ヴェッターという名前の少年だ。マスコミに「バブルボーイ」と呼ばれたデイヴィッド[*13]は一九八四年、無菌のビニールの泡の中に閉じ込められたまま、骨髄移植の合併症のために息を引き取った。

デイヴィッド・ヴェッターの死をきっかけに、ADA欠損症に対する骨髄移植の効果に期待していた医師たちは思いとどまった。残る唯一の治療は、一九八〇年代半ばに初期の臨床試験段階にあった薬によるものだった。それは、ウシから採取して精製したADAタンパク質を、ポリエチレングリコール（PEG）で包んでPEG‐ADAとして血中に長く留まれるようにした薬だ（普通のADAタンパク質はすぐに分解されてしまうために治療には使えない）。しかしPEG‐ADAを用いても、患者の免疫不全はかろうじて改善されるだけで、分解されたPEG‐ADAを補充するために、患者は毎月のようにPEG‐ADAの注射を受けなければならなかった。さらに厄介なことに、PEG‐ADAが自らに対する抗体の産生を誘発したために、PEG‐ADAレベルが急速に低下して免疫不全がより深刻になるという事態が引き起こされた。もとの問題より解決策のほうがはるかに悲惨な結果をもたらしたのだ。

では、遺伝子治療でＡＤＡ欠損症を治すことはできるだろうか？　結局のところ、修正する必要があるのは一個の遺伝子だけであり、その遺伝子はすでに特定され、単離されていた。ヒトの細胞に遺伝子を運ぶ乗り物、つまりベクターもすでにあった。ボストンのウイルス学者で遺伝学者のリチャード・マリガンが、どんなヒトの細胞にも比較的安全に遺伝子を挿入できるレトロウイルスの特殊な株（ＨＩＶに類似したウイルス株）をつくったのだ。[*14] レトロウイルスは多くの細胞に感染するようにデザインできるうえに、自らのゲノムを細胞のゲノムに挿入できるという注目すべき能力を持っていた。すなわち自らの遺伝物質を細胞の遺伝物質に永久に添付することができるのだ。マリガンは技術の微調整によって、機能を部分的に失ったレトロウイルスをつくり出した。細胞に感染し、細胞のゲノムに自らのゲノムを一体化させることはできるが、細胞から細胞へと感染を広げることのできないウイルスだ。ウイルスは細胞に入るが、そこから出てくることはない。遺伝子はゲノム上に落ちたまま、ふたたび飛び出してくることはないのだ。

一九八六年、ベセスダの国立衛生研究所（ＮＩＨ）のウィリアム・フレンチ・アンダーソンとマイケル・ブレーズ[†]率いる[*15]遺伝子治療のチームは、マリガンのベクターの変異体を使って、ＡＤＡ欠損症の子供にＡＤＡ遺伝子を導入する治療をおこなうことに決めた。[‡]アンダーソンはべつの研究室からＡＤＡ遺伝子を入手し、遺伝子を運ぶレトロウイルスのベクターに挿入した。アンダーソンとブレーズはすでに一九八〇年代初めに、レトロウイルスのベクターを使ってマウスの（のちにサルの）造血幹細胞にヒトＡＤＡ遺伝子を挿入できるか確かめるための予備試験をおこなっており[*16]、アンダーソンは、造血幹細胞がＡＤＡ遺伝子を運ぶウイルスに感染すれば、そこからあらゆるタイプの血球ができ、その中に、機能的なヒトのＡＤＡ遺伝子が挿入されたＴ細胞も含まれているはずだと期待していた。

だが、結果はまったく思わしくなかった。遺伝子の挿入率がきわめて低かったのだ。治療された五匹のサルのうち、ウイルスによって挿入された遺伝子からヒトＡＤＡタンパク

† ケネス・カルヴァーもこの最初のチームの重要なメンバーだった。

‡ 一九八〇年、マーティン・クラインという名のカリフォルニア大学ロサンゼルス校（ＵＣＬＡ）の科学者が、知られるかぎり最初のヒト遺伝子治療をおこなった。血液学者のクラインは、βサラセミアという遺伝性疾患（ヘモグロビンのサブユニットをコードする一個の遺伝子の突然変異により重症な貧血が引き起こされる疾患）を研究対象に選んだ。外国では、ヒトへの組み換えＤＮＡの使用に対する制約や規制はあまり厳しくなかったために、クラインは、この臨床試験を外国でおこなうことができるのではないかと考え、勤務している病院の倫理委員会に通知することなく、イスラエルとイタリアのふたりのサラセミア患者に対して臨床試験をおこなった。クラインの臨床試験は結局、ＮＩＨとＵＣＬＡの知るところとなった。連邦の規制に違反したとして、彼はＮＩＨによる処罰を受け、結局、自らの学科の教授の座を退いた。彼の臨床試験の完全なデータが公式に発表されることはなかった。

質を長期的に産生するT細胞が血液中に確認されたのは一匹（サルのロバーツ）だけだった。しかしアンダーソンは動じなかった。「新しい遺伝子がヒトの体に入ったら何が起きるか、それは誰も予測できない」[*17]と彼は主張した。「いろいろな意見はあるが、実際には、完全なブラックボックスなんだ……試験管や動物を使った研究からわかるのはある程度までだ。結局はヒトで試さなければならない」

一九八七年四月二四日、アンダーソンとブレーズは、自分たちのプロトコールに沿って遺伝子治療を開始する許可をNIHに申請した。ADA欠損症の子供から骨髄の造血幹細胞を採取して、その細胞を実験室でウイルスに感染させ、遺伝子を組み換えられた細胞を患者に戻すというのがそのプロトコールの概要だった。造血幹細胞はT細胞とB細胞を含むあらゆるタイプの血球をつくるため、ADA遺伝子は自らが最も必要とされているT細胞にも組み込まれるにちがいなかった。

その提案は組み換えDNA諮問委員会（RAC）に送られた。アシロマ会議のバーグの勧告のあとでNIH内につくられたコンソーシアムだ。厳しい監視で知られるRACは、組み換えDNAに関するすべての実験の門番の役目をはたしていた（RACはたちが悪いことであまりに有名だったために、研究者のあいだでは、RACの承認を得ることは「拷問を耐え抜く」ようなものだと言われていた）。おそらくは誰もが予想したとおり、RA

Cはプロトコールを即座に却下した。[*18] その理由としてRACは、動物でのデータがお粗末であること、幹細胞への遺伝子の導入率がかろうじて検出できるレベルであること、実験の詳しい理論的な解釈が欠如していることを挙げ、さらに、ヒトの体内への遺伝子挿入というのは前例がないという点を指摘した。

アンダーソンとブレーズは研究室に戻ってプロトコールを見直し、そして不承不承ながら、RACの決断が正しいことを認めた。遺伝子を運ぶウイルスの造血幹細胞への感染率がかろうじて検出できるレベルであることは明らかに問題だったし、動物でのデータは確かに、気分を浮き立たせるものからはほど遠かった。しかし幹細胞が使えなければ、遺伝子治療が成功する望みなどあるだろうか？　自己複製できる幹細胞というのは遺伝子欠損を長期的に是正することができる体内で唯一の細胞だ。自己複製可能で、かつ長期生存できる細胞の供給源がなければ、たとえ遺伝子を人体に挿入できたとしても、遺伝子を持つ細胞は結局、死んで、消えてしまう。遺伝子を組み入れても、それが治療につながることはないのだ。

その年の冬、この問題について熟考していたブレーズは、潜在的な解決策を思いついた。造血幹細胞に遺伝子を挿入するのではなく、ADA欠損症の患者の血液からT細胞だけを取り出し、そこにウイルスを入れたらどうだろう？　幹細胞にウイルスを入れるという方法ほど徹底的でもなければ永続性もないが、毒性ははるかに低くなるうえに、臨床的にもはるかに簡単に達成できそうだった。T細胞は骨髄ではなく、末梢血から採取できるし、ADAタンパク質をつくって欠損を是正するのに十分な時間だけ生きているはずだった。遺伝子を組み換えられたT細胞が血液からいずれ消えていくのは避けられないが、その方法なら、幾度となく繰り返すことができる。決定的な遺伝子治療とまではいかないが、それでも、原理証明実験にはなるはずだった。いわば「さらに手軽な遺伝子治療」といったところだ。

アンダーソンは気乗りしなかった。人類初のヒトの遺伝子治療の臨床試験をおこなうなら、決定的なものにしたかったし、最初の遺伝子治療として医学史に残るようなものにしたかったからだ。だが結局、アンダーソンはブレーズの論法の妥当性を認め、彼の提案を受け入れた。一九九〇年、アンダーソンとブレーズはふたたびRACに許可を申請した。今度もまた、悪意に満ちた反対意見が出た。今回のT細胞のプロトコールには、それを支持するデータが最初のプロトコールよりさらに少なかったからだ。アンダーソンとブレーズはプロトコールを修正し、それをさらに修正した。なんの決定もくだされないまま、何カ月も過ぎた。一九九〇年の夏、一連の長い議論のあとで、委員会は臨床試験の開始を承認した。「医師たちはこの日を一〇〇〇年も前から待っていた」とRACの議長であるジェラルド・マクギャリティは言ったが、委員会の大半のメンバーは成功の見込みについてそれほど楽観視してはいなかった。

アンダーソンとブレーズは国じゅうの病院をあたって、臨床試験に参加してもらえそうなＡＤＡ欠損症の子供を探し、そして、オハイオ州で小さな宝庫に出くわした。ＡＤＡ遺伝子が欠損した患者が、なんと、ふたりも見つかったのだ。ひとりはシンシア・カッショールという名前の黒髪の長身の少女で、もうひとりは化学者と看護師を両親に持つアシャンティ（アシ）・デシルヴァという名前の四歳の少女だった。ふたりともスリランカ出身だった。

一九九〇年九月のどんよりとした朝、アシの両親であるヴァンとラジャのデシルヴァ夫妻は娘を連れてベセスダのＮＩＨにやってきた。アシはためらいがちで恥ずかしがり屋の四歳の女の子で、前髪を切り下げ、つやのある髪を肩のあたりで内巻にしていた。不安げな表情を浮かべてはいたものの、にっこり笑うと、さっと顔が輝いた。アシがアンダーソンとブレーズに会うのはこれが初めてで、ふたりが近づいてくると、目をそらした。アンダーソンはアシを病院の土産物店に連れていき、好きなぬいぐるみを選んでいいよと言った。アシはウサギを選んだ。

臨床センターに戻ると、アンダーソンはアシの静脈にカテーテルを挿入して血液を採取し、すぐにそれを研究室に送った。その後四日間にわたって、アシの血液から採取した二億個のT細胞に二億個のレトロウイルスを混ぜ合わせた。レトロウイルスに感染したT細胞は培養皿で増殖し、新しい細胞を次々と生み出していった。臨床センターの第一〇ビルディング（ほぼちょうど二五年前、そこから六〇メートルほど離れた場所で、マーシャル・ニーレンバーグが遺伝暗号を解明した）の湿度の高いインキュベーターの中で、細胞は昼も夜も倍増していった。

一九九〇年の九月一四日、アシ・デシルヴァの遺伝子組み換えT細胞の準備はすでに整っていた。その朝、アンダーソンは明け方に急いで家を出た。あまりの不安で吐き気がし、朝食は抜いた。三階の研究室までの階段を駆け上がると、デシルヴァの家族がすでに彼を待っていた。アシはまるで歯医者の検査を待っているかのように、座っている母親のそばに立ち、母親の膝の上に両肘をしっかりと置いていた。午前中は検査に費やされた。クリニックは静かだった。足早に出たり入ったりするリサーチ・ナース（臨床試験を専門的にサポートする看護師）の足音がときおり聞こえるだけだった。アシはゆったりとした黄色いガウンを着て、ベッドの上で上体を起こしていた。静脈に針を刺されると、少し顔をしかめたが、すぐに落ち着いた。点滴の針ならこれまでに何度も刺されたことがあったからだ。

午後一二時五二分、濁った液体入りのビニール袋がアシのところへ運ばれてきた。その中には、ADA遺伝子を運ぶレトロウイルスに感染した一〇億個近いT細胞が含まれていた。看護師が点滴ポールに袋をつるすと、アシは不安げに袋を眺めた。二八分後、袋は空になり、濁った液体の最後の残りがアシの体内に入った。アシはベッドの上で黄色いスポンジのボールで遊んでいた。血圧や脈拍は正常だった。下の階にある自動販売機でキャンディーを買うために、アシの父親が小銭を山ほど持って一階へ向かった。アンダーソンは明らかな安堵の表情を浮かべていた。「とてつもない瞬間が訪れて、去っていった。その重大さを思わせるような徴候はほとんどなかった」[*19]とある人物は書いている。みんなはカラフルなM&Mチョコレートで豪勢なお祝いをした。

「第一号だ」点滴が完了したあとで、アンダーソンはアシの車椅子を押して廊下を歩きながら、得意げにアシを指差して言った。遺伝子組み換え細胞を点滴された世界初のヒトを見ようと、NIHの同僚が数人、ドアの外で待っていたが、ほどなくして、科学者たちは研究室に戻っていった。「マンハッタンの中心部でイエス・キリストが通りかかっても、誰も気づかないとよく言われるが、まさにそんな感じだったよ」[*20]とアンダーソンは不平を言った。翌日、アシの家族はオハイオ州の自宅に戻った。

アンダーソンの遺伝子治療は実際のところ、うまくいったのだろうか？　その答えは誰も知らない。答えを知る日は来ないのかもしれない。アンダーソンのプロトコールは安全性の原理証明としてデザインされていた。つまり、レトロウイルスに感染したT細胞をヒトの体に安全に注入することができるかどうかを検証するためのものであり、効果を検証するためのものではなかったのだ。たとえ一時的でも、このプロトコールによってADA欠損症が治るのかどうか、それを調べるためのものではなかった。アシ・デシルヴァとシンシア・カッショールは遺伝子組み換えT細胞を注入された最初の患者だったが、ふたりとも人工的な酵素であるPEG‐ADAによる治療も継続していたために、遺伝子治療にどんな効果があったとしても、それをPEG‐ADAの効果と見分けることはできなかった。

それでも、デシルヴァとカッショールの両親はどちらも、遺伝子治療の効果はあったと確信している。「大きな改善はなかったけれど[*21]」とシンシア・カッショールの母親は認めたうえで、こう続けた。「ひとつ例を挙げると、あの子は風邪をひとつ乗り越えたの。風邪をひくとたいていは肺炎になるんだけど、そのときはならなかった……あの子にとっては、それだけで大きな前進だった」アシの父親のラジャ・デシルヴァも同じ意見だった。「PEGのおかげで症状がだいぶ改善したのは確かだったが、PEGを使っていても、いつも鼻水を垂らしていたし、ずっと風邪をひいていた。だから抗生剤をやめられなかったんだ。ところが一二月に二度目の遺伝子注入をしたあとから、変わりはじめた。ティッシュの箱を次から次へと空にすることがなくなって、変わったことに気づいたんだ」

アンダーソンの熱意や、家族からもたらされた事例証拠にもかかわらず、マリガンをはじめとする遺伝子治療の支持者の多くは、アンダーソンの臨床実験は宣伝行為にすぎないと考えていた。マリガンは、アンダーソンの臨床試験を最初から最も声高に批判していた人物だった。彼はとりわけ、データが不十分であるにもかかわらず、アンダーソンが成功したと主張していることに激怒していた。ヒトに対して試みられた最も野心的な遺伝子治療の臨床試験の結果が鼻水の頻度やクリネックスの箱の数で測定されるなどということは、この分野にとっての恥だとマリガンは考えており、アンダーソンのプロトコールについて記者に尋ねられると、「まがい物だ」と言った。標的遺伝子組み換えをヒトでおこなえるかどうか、さらには、そうした遺伝子が安全かつ効率的に正常な機能をもたらせるかどうかを検証するためには、注意深い、結果があいまいでない臨床試験をおこなわなければならないと彼は主張した。「混じり気のない、純粋な遺伝子治療」と彼が呼ぶところの臨床試験だ。

だがそのころまでには、遺伝子治療専門医の野心はあまりに熱狂的になっており、「混じり気のない、純粋」で慎重な実験をおこなうことは事実上、不可能になっていた。NI

HのT細胞臨床試験の報告を受けて、遺伝子治療専門医は嚢胞性線維症やハンチントン病といった遺伝性疾患の新しい治療法を思い描きはじめた。遺伝子は実質上、どんな細胞にも導入できることから、心臓病や、精神疾患や、がんを含むどのような疾患も遺伝子治療の候補になりえた。遺伝子治療という分野が今にも全力疾走を始めようとしていたそのころには、慎重さと自制を求めるマリガンのような意見はあっさり無視された。だが結局のところ、この熱意は高い代償を払うことになる。遺伝子治療と人類遺伝学という分野を大惨事の一歩手前まで追いやり、なんの希望もない、科学史上最悪の状態へと突入させることになるのだ。

アシ・デシルヴァが遺伝子組み換えT細胞による治療を受けてからちょうど九年がたとうとしていた一九九九年九月九日、ジェシー・ゲルシンガーという名前の少年がべつの遺伝子治療臨床試験に参加するためにフィラデルフィアにやってきた。ゲルシンガーはそのとき一八歳だった。おおらかで無邪気な性格の持ち主で、オートバイとレスリングに夢中だった。アシ・デシルヴァやシンシア・カッショールと同様に、ゲルシンガーは生まれつき代謝に関与する一個の遺伝子の突然変異を持っていた。彼の場合、その遺伝子とは肝臓で合成されるオルニチントランスカルバミラーゼ（OTC）という酵素をコードする遺伝子だった。ＯＴＣはタンパク質の分解における重要な段階をつかさどる酵素である。この酵素がないと、タンパク質代謝の副産物であるアンモニアが体内に蓄積する。洗浄液の成分であるアンモニアは、血管や細胞を障害し、脳血液関門を通過して脳の神経細胞をゆっくりと蝕んでいく。ＯＴＣ遺伝子の変異を持つ患者の多くは、子供時代を生き延びることができない。厳密にタンパク質を除去した食事をとっていても、成長に伴う自分自身の細胞の分解によって、体が毒されていくからだ。

　こうした不運な病を持って生まれてきた子供たちの中では、自分はとりわけ幸運なほうだとゲルシンガーは思っていたかもしれない。なぜなら彼のＯＴＣ欠損症は軽いタイプだったからだ。彼の場合、その突然変異は父親や母親から受け継いだものではなく、初期胚の段階にあった彼の細胞に、子宮内で自然に起きたものであると考えられた。遺伝学的に言って、ゲルシンガーはめずらしい症例だった。ＯＴＣ遺伝子が欠損した細胞と、ＯＴＣ遺伝子が機能している細胞とでできたパッチワークのような、ヒトのキメラだったからだ。それでも、彼のタンパク質代謝は強く障害されており、アンモニア値の上昇を防ぐために、ゲルシンガーは慎重に調整された食事（カロリーや一回量が厳密に測定され、適切に配分された食事）をとり、一日に三二錠もの薬を飲んでいた。こうした極端なまでに慎重な方法にもかかわらず、彼は何度か死にかけたことがあった。四歳のときには、ピーナツバター・サンドイッチを大喜びで食べたせいで昏睡状態に陥った。[*22]

一九九三年、ゲルシンガーが一二歳のときに、ペンシルヴェニア州のふたりの小児科医、マーク・バットショーとジェームズ・ウィルソンがOTC欠損症の子供を治療するための遺伝子治療の臨床試験を始めた。[*23] 大学レベルのフットボール選手だったウィルソンは危険を顧みない性格で、野心的なヒトの臨床試験に魅了されていた。ジェノヴァ社という、遺伝子治療を専門とする会社を設立し、さらに、ペンシルヴェニア大学にヒト遺伝子治療研究所を立ち上げてもいた。ウィルソンとバットショーはふたりとも、OTC欠損症に強い興味を抱いていた。ADA欠損症と同じく、一個の遺伝子の機能不全が原因であるOTC欠損症は、遺伝子治療の理想的なテストケースだったからだ。しかし、ウィルソンとバットショーが思い描いていた遺伝子治療は、ADA欠損症で用いられた方法よりもはるかに過激なものだった。細胞を取り出して遺伝子を組み換え、それからふたたび体内に戻すという、アンダーソンやブレーズのやり方を採用するのではなく、修正した遺伝子をウイルスを介して直接身体に挿入しようと考えていたのだ。それは「手軽な遺伝子治療」などではなかった。OTC遺伝子を持つウイルスをつくり、そのウイルスを血流を介して肝臓に送り込み、本来の場所で細胞に感染させるのだ。

ウイルスに感染した肝細胞はOTCタンパク質を産生しはじめ、OTC欠損を是正するはずだとバットショーとウィルソンは考えた。血中アンモニア濃度が低下すれば、うまくいったことがはっきりとわかる。「結果はあいまいなものにはならないはずだった」とウィルソンは回想している。遺伝子の運び手として、ウィルソンとバットショーはアデノウイルスを選んだ。アデノウイルスは普通の風邪を引き起こすウイルスで、深刻な病気には関係していないため、安全で理にかなった選択に思えた。ここ一〇年間で最も大胆なヒトの遺伝子実験で運び手として選ばれたのは、最もおとなしいウイルスだった。

一九九三年夏、バットショーとウィルソンは遺伝子組み換えアデノウイルスをマウスとサルに注射しはじめた。マウスの実験は予想どおりうまくいった。ウイルスは肝細胞に達して遺伝子を受け渡し、肝細胞を正常なOTCタンパク質の微細な工場へと変えた。しかしサルの実験のほうはむずかしかった。投与するウイルスの量が多いと、何匹かのサルで強い免疫反応が誘発され、炎症と肝不全が引き起こされ、一匹のサルが大量出血で死んだ。ウィルソンとバットショーはアデノウイルスをより安全な運び手にするために、免疫反応を誘発するウイルス遺伝子の多くを削ぎ落とし、さらに、ウイルスのヒトへの投与量を一七分の一に減らした。一九九七年、ふたりはあらゆる遺伝子治療臨床試験の門番の役目をはたしているRACにヒトを対象とした臨床試験の許可を申請した。以前は厳しかったRACも今では様変わりしており、ADAの臨床試験からウィルソンの申請までの一〇年のあいだに、かつては組み換えDNAの厳格な監視役だったRACはヒトの遺伝子治療の熱心なチアリーダーへと変貌しており、そうした熱意は諮問委員会の外にあふれてすらいた。ウィルソンの臨床試験についてRACから意見を求められた生命倫理学者たちは、重症なOTC欠損症の子供の場合には、遺伝子治療が「強制」的なものになってしまうおそれがあると主張した。瀕死の子供を救うかもしれない画期的な治療法があったなら、それを試してみたいと思わない親がいるだろうか？　したがって対象にすべきなのは、そうした重症例ではなく、健康なボランティアと、ジェシー・ゲルシンガーのような軽症のOTCの患者だと彼らは考えた。

その間にも、ゲルシンガーはアリゾナ州で、厳しい食事制限と投薬にいら立っていた（「ティーンエイジャーというのはみんな反抗するものだが、ハンバーガーと一杯の牛乳が絡んでいるときには、反抗はとりわけすさまじくなるんだよ」とゲルシンガーの父のポールは語った）。一九九八年夏、一七歳のとき、ゲルシンガーはペンシルヴェニア大学でのOTCの臨床試験のことを知り、遺伝子治療という考えに心を奪われた。過酷な日々から抜け出して、一息つきたかった。「しかし息子をさらに興奮させたのは、病気の赤ん坊のためにこれをやるんだという考えだった。だめだなんて、どうして言える？」とポールは回想している。

ゲルシンガーには臨床試験に登録する日が待ちきれなかった。一九九九年六月、臨床試験に参加するために、彼は地元の医師をとおしてペンシルヴェニア大学のチームに連絡をとった。その月のうちに、ポールとジェシーはフィラデルフィアに行ってウィルソンとバットショーと面会し、彼らの説明に感銘を受けた。ポールにはその臨床試験が「とても美しいもの」に思えた。臨床試験がおこなわれる病院を訪れてから、ふたりは興奮と不安でぼうっとしたまま市《まち》を歩きまわった。スペクトラム体育館の前のロッキー・バルボア像の前で、ジェシーは足を止め、ロッキーのように両腕を挙げてボクサーの勝利ポーズをしてみせた。ポールは息子のその姿を写真に撮った。

九月九日、大学病院で臨床試験に参加するために、ジェシーは衣類と本とレスリングのビデオの詰まったダッフルバッグを持って、ふたたびフィラデルフィアにやってきた。市に住むおじの家に泊めてもらい、指定された朝に病院に入院することになっていた。治療はなんの痛みもなく、すぐに終わると説明されていたので、ポールは治療が終わってから一週間後に息子を迎えにいき、飛行機で家に連れて帰る予定だった。

ウイルスの注射が予定されていた九月一三日の朝、ゲルシンガーの血中アンモニア濃度が約七〇マイクロモル／リットルと、正常値の二倍にまで上昇していることがわかった。それは、臨床試験の中止を検討すべき検査結果であり、看護師は検査結果の異常をウィルソンとバットショーに伝えた。だがその間にも、プロトコールの準備は着々と進んでいた。処置室の準備もすでに整っており、ウイルスの入った溶液は解凍され、光沢を放つビニール袋に入れられていた。ウィルソンとバットショーは臨床試験を予定どおりおこなうべきか否か議論し、そして、おこなっても臨床的には問題ないと判断した。結局のところ、ゲルシンガーの前に参加した一七人もの患者が注射に耐えたのだから。午前九時三〇分、ゲルシンガーは画像下治療のための部屋へ運ばれた。鎮静剤を投与され、ふたつの大きなカテーテルを脚から肝臓付近の動脈まで挿入された。午前一一時ごろ、濃縮されたアデノウイルスが含まれる濁った液体の入ったビニール袋から三〇ミリリットルが抜き取られ、ゲルシンガーの動脈に注入された。OTCを運ぶ、目に見えない無数の感染性の粒子が肝臓に流れ込んだ。正午までには、処置はすべて終わった。[*24]

午後にはとくに何も起きなかった。だがその日の夜、ゲルシンガーは四〇度の高熱を出し、顔が真っ赤になった。しかし、これまでにも一過性に発熱した患者はいたために、ウィルソンとバットショーはとくに気にしなかった。ジェシーはアリゾナのポールに電話をかけて、電話を切る前に「愛してるよ」と言った。それからベッドカバーを引っぱりあげて、朝までうとうとした。

　翌朝、ジェシーの白目がかすかに黄色くなっていることに看護師が気づいた。検査の結果、赤血球中のヘモグロビンから生まれ、肝臓で処理されてできるビリルビンが血液中に大量にあふれ出していることがわかった。ビリルビンが上昇する理由はふたつあった。肝細胞が傷害されているか、赤血球が壊されているか。いずれにしても、不吉な徴候であることに変わりはなかった。ジェシー以外の人ならば、少しくらい赤血球が壊れたり、肝機能が低下したりしてもたいして気にすることはない。だがＯＴＣ欠損症の患者では、このふたつが重なった場合には破滅的な状態がもたらされる。いちばん調子がいいときでもタンパク質代謝がうまくできない肝臓が傷害されると、代謝機能はいっそう低下し、赤血球から漏れ出す余分なタンパク質が肝臓で代謝されることはない。そのため、体は過剰なタンパク質という自らがつくり出した毒に蝕まれていく。正午までには、ゲルシンガーの血中アンモニア濃度は、正常の一〇倍近い三九三マイクロモル／リットルという驚異的な値にまで上昇していた。父親のポールとバットショーに連絡が入った。ウィルソンのところへは、ジェシーにカテーテルを挿入してウイルスを注入した外科医から知らせが入った。ポールはペンシルヴェニア行きの夜間飛行便を予約し、医師たちはＩＣＵに駆けつけて、昏睡を防ぐために透析を開始した。

翌朝の八時にポールが病院に到着したときには、ジェシーは過換気を起こし、混乱し、腎機能が低下していた。ICUのチームは、ジェシーを人工呼吸器につないで呼吸を安定させるために、鎮静剤を投与した。その日の夜遅く、炎症反応のせいでジェシーの肺に水がたまった。やがて肺は硬くなり、虚脱しはじめた。人工呼吸器は十分な酸素を肺に送り込むことができなくなり、ジェシーは酸素を直接血液に送り込む機械につながれた。脳機能の低下も見られた。神経内科医が呼ばれて診察し、ジェシーが伏し目がちなのに気づいた。脳が障害されていることを示す徴候だった。

翌朝、ハリケーン・フロイドが東海岸を襲い、鋭い音を立てる強風と豪雨がペンシルヴェニア州とメリーランド州の海岸に叩きつけた。病院に向かうバットショーを乗せた電車は途中で立ち往生し、携帯電話の残りのバッテリーを看護師や医師との会話で使いはたした彼は、不安でいら立ちながら、闇の中で座っていた。午後遅くには、ジェシーの状態はさらに悪化した。腎臓が機能しなくなり、昏睡が深まった。ホテルの部屋に取り残されていたポールはタクシーを見つけることができず、嵐の中、二キロの道のりを歩いてICUのジェシーのところへ行った。息子は別人のようになっていた。意識はなく、むくんでおり、痣《あざ》だらけで、黄疸のせいで黄ばみ、一〇本もの管やカテーテルにつながれていた。炎症を起こした肺に向かって、呼吸器がむなしく空気を吐き出すたびに、風が水を叩くときの平板な鈍い音が聞こえた。部屋の中には無数の機械が立てる電子音が響いていたが、機械が記録していたのは、生理学的な限界にある少年の状態が徐々に下降していくさまだった。

遺伝子が注入されてから四日後の九月一七日金曜日の朝、ジェシーは脳死と判定された。ポールは生命維持をやめる決断をした。病院つきの司祭が病室にやってきて、ジェシーの額に手を置いて聖油を塗り、主の祈りを唱えた。機械がひとつ、またひとつと切られていった。部屋の中は静まり返り、ジェシーの深い、死戦期呼吸の音だけが聞こえた。午後二時三〇分、ジェシーの心臓が停止し、正式な死亡宣告がおこなわれた。

「あんなに美しいものがどうしてあそこまでひどい結果になるんだろう？」[*25] 二〇一四年の夏に、私がポールと話をしたとき、彼はまだその答えを探していた。その数週間前に、私はポールにEメールを送り、ジェシーの話を聞かせてほしいと伝えていた。その後、彼と電話で話をし、アリゾナ州スコッツデールで開催される遺伝学とがんについての公開フォーラムの私の講演のあとで会う約束をした。講演を終えて講堂のロビーで立っていると、アロハシャツを着た、ジェシーに似た（ウェブサイトの写真で見たジェシーの顔をはっきりと覚えていた）正直そうな丸顔の男性が人混みをかき分けてやってきて、手を差し出した。

ジェシーの死をきっかけに、ポールは臨床試験の行きすぎと闘う、たったひとりの活動家になった。自分は医療や革新的技術に反対しているわけではないのです、と彼は言った。遺伝子治療の未来も信じています。でも、息子の死という結末をもたらした、熱気と幻想の充満した雰囲気には疑問を抱いています。人々がまばらになり、ポールは立ち去ろうと踵を返した。そのとき、ある認識が私たちのあいだを通り抜けた。医学と遺伝学の未来について書いている医師と、自らの物語が過去に刻まれた男。彼の声には無限の悲しみの層があった。「あの人たちはまだ対処できていなかった」と彼は言った。「試すのをあまりにも急ぎすぎたんです。ちゃんとできもしないのに。時期尚早だったんです。あまりにも時期尚早だった」

ペンシルヴェニア大学はOTC臨床試験の調査を開始し、一九九九年一〇月、「あそこまでひどいことになった」臨床試験で死亡したジェシーの剖検が本格的に始まった。《ワシントン・ポスト》の調査ジャーナリストがゲルシンガーの死を一〇月末に報道すると、世間の人々のあいだに激しい怒りが広がった。一一月、上院、下院、ペンシルヴェニア州検事がジェシー・ゲルシンガーの死についての公聴会を開いた。一二月には、RACとアメリカ食品医薬品局（FDA）によるペンシルヴェニア大学の調査が始まった。ジェシーのカルテ、前臨床試験の動物実験の記録、同意書、手順についてのメモ、検査結果、遺伝子治療臨床試験に参加した他のすべての患者のカルテが大学病院の地下から運び出され、青年の死の原因を突き止めようと、連邦監督機関が山のような書類を苦労して読み進んでいった。

最初の分析から浮かび上がったのは、医師の能力の欠如、いくつもの大きな失敗、怠慢、根本的な知識不足が組み合わさった悪質なパターンだった。ひとつめの問題点は、アデノウイルスの安全性を確立するための動物実験が性急におこなわれていた点だった。最も高濃度のウイルスを投与されたサルは死亡していた。このサルの死についてはＮＩＨに報告され、その結果、ヒトの患者への投与量が減らされたものの、ゲルシンガーの家族に渡された書類には、サルの死については何も書かれていなかった。「同意書のどこにも、治療が引き起こす可能性のある害について示唆している箇所はなかった。絶対に勝てるギャンブルみたいに書かれていたんです。利点ばかりでマイナス面はない、というように」とポールは語っている。ふたつめは、ジェシーの前に治療を受けたヒトの患者は実際に副作用を経験しており、なかには臨床試験を中断したり、手順の再検討を余儀なくされたりするほどの重症例もいたという点だった。発熱、炎症反応、初期の肝不全の徴候が記録されていたが、それらもまた過小申告されたり、無視されたりしていた。この遺伝子治療臨床試験から恩恵を受けるバイオテクノロジー会社とウィルソンとが利害関係にあったという事実[*26]も明らかになり、臨床試験が不適切な動機で性急におこなわれたのではないかという疑惑が深まった。

怠慢のパターンのあまりの悪質さに、臨床試験の最も重要な科学的教訓が危うく覆い隠されるところだった。医師らがいくら自分たちの怠慢と不注意を認めたところで、ゲルシンガーの死の原因はやはり謎のままだった。他の一七人の患者とはちがい、なぜジェシー・ゲルシンガーだけがウイルスに対してあそこまで重症な免疫反応を起こしたのか。それを説明できる者は誰もいなかった。アデノウイルスのベクターが（免疫反応を誘発しやすいタンパク質を取り除いた「第三世代」ウイルスですら）、重症な免疫反応を引き起こしうるのはまちがいなかった。ゲルシンガーの剖検の結果、彼の生理機能が免疫反応によって圧倒されていたことがわかった。注目すべきは、血液を分析した結果、このウイルスに高い反応性を持つ抗体が、ウイルスの注入前にすでに存在していたことが判明した点だった。ゲルシンガーの強い免疫反応は、おそらくは風邪をひいた際に同様のアデノウイルス株に暴露された経験があったためと考えられた。病原体への暴露によってつくられた抗体が、何十年ものあいだ体内に残ることはよく知られている（結局のところ、ワクチンが効くのはこのためである）。ジェシーの場合も、以前の暴露のために強い免疫反応が誘発された可能性があり、そして未知の理由のために、その反応が抑制できないほど勢いづいたと考えられた。皮肉なことに、遺伝子治療の最初のベクターとしてありふれた「無害な」ウイルスを選択したことが、臨床試験が失敗した主な原因だったと考えられる。

それでは、遺伝子治療に適したベクターとはどんなものだろう？　遺伝子をヒトに安全に運ぶためには、どんな種類のウイルスを選択すればいいのだろう？　さらには、適切な標的となりうるのはどの器官なのだろう？　遺伝子治療という分野が最も興味深い科学的問題に直面していたちょうどそのとき、遺伝子治療臨床試験の全般的な一時停止が命じられた。OTC臨床試験で発覚した数々の問題点というのは実のところ、その臨床試験だけに限ったものではなかった。二〇〇〇年一月にFDAがべつの二八の臨床試験を調べた結果、そのうちの半数近い試験について、緊急の是正措置が必要だと判明したのだ[27]。当然のことながら、FDAは危機感を覚え、ほぼすべての臨床試験の中止を命じた。「遺伝子治療という分野全体が自由落下を余儀なくされた[28]」とある記者は書き、次のように続けている。「ウィルソンはFDAが規制するヒトを対象とした臨床試験にたずさわることを五年間禁止された。彼はヒト遺伝子治療研究所の指導的立場を退き、ペンシルヴェニア大学の教授の座には留まったものの、ほどなく、研究所そのものが消えた。一九九九年九月には医療の最前線にあるように見えた遺伝子治療が、二〇〇〇年末には、科学の行きすぎを教える訓話になっていた」あるいは、生命倫理学者のルース・マックリンがずばりと指摘したように、「遺伝子治療はまだ治療ではなかった」[*29]のかもしれない。

最も美しい理論が醜い事実によって殺されることもある、というのはよく知られた科学の格言である。医学では、その同じ格言が異なる形をとる。美しい治療は醜い臨床試験によって殺される可能性があるのだ。あとから振り返ってみれば、OTC臨床試験は醜いとしか言いようがないものだった。急造されたその試験の計画はずさんなうえに、観察はいいかげんで、実際のやり方は散々だった。さらに、金銭的利害関係が絡んでいたことで、醜さは倍増した。提唱者は利益のためにそれをおこなったのだ。しかし臨床試験の背後にあった基本概念（遺伝子欠損を是正するためにヒトの体内や細胞に遺伝子を導入するという概念）は、何十年も前から存在しており、それ自体は理にかなったものだった。遺伝子治療の初期の提唱者の科学的、金銭的な野心さえ邪魔しなければ、ウイルスなどの遺伝子のベクターを使って細胞に遺伝子を挿入するという方法は原理上、強力な新しい医療技術になるはずだった。

遺伝子治療は最終的には、治療になる。初期の臨床試験の醜態から立ち直り、「科学の行きすぎを教える訓話」[*30]に暗示された道徳的教訓を学ぶことになる。しかし、いったん開いた裂け目を科学が越えるまでには、さらに一〇年という年月と、さらなる学習が必要だった。

遺伝子診断――「プリバイバー」

人間存在のすべてを、
ただの錯雑にすぎぬもののすべてを。*1

――W・B・イェイツ「ビザンティウム」

非決定論者はこう言いたがる。DNAは取るに足らないものだが、われわれのあらゆる病気はDNAを原因とする。そして、（あらゆる病気は）DNAで治せる。*2

――ジョージ・チャーチ

ヒト遺伝子治療が追放され、科学のツンドラ地帯をさまよっていた一九九〇年代末、ヒトの遺伝子診断のほうは驚くべき復興を遂げていた。この復興を理解するためにまずは、バーグの学生たちがシチリアの城壁で思い描いていた「未来の未来」へと話を戻そう。学生たちが想像したように、ヒト遺伝学の未来はふたつの根本的な要素の上につくられるはずだった。ひとつめの要素は遺伝子をもとにして疾患や、アイデンティティや、選択や、運命を予測したり決定したりする「遺伝子診断」だ。ふたつめの要素は遺伝子を変化させることによって疾患や選択や運命の未来を変える「遺伝子改変」だ。

遺伝子治療の臨床試験が唐突に禁止されたことによって、このふたつめのプロジェクトである国際的な遺伝子改変（「ゲノムを書くこと」）は明らかに行き詰まった。だが、遺伝子から未来の運命を予測する（「ゲノムを読む」）というひとつめのプロジェクトのほうは勢いづいた。ジェシー・ゲルシンガーの死のあとの一〇年間で、遺伝学者たちは、それまでは遺伝子が主な原因とは考えられていなかった、最も複雑で謎めいたヒトの疾患のいくつかに関与する遺伝子を次々と発見した。こうした発見によって、病気を発症前に診断するためのきわめて強力な新技術の開発が可能になった一方で、遺伝学や医療は、歴史上最も深い医学的、道徳的な謎に対峙しなければならなくなった。臨床遺伝専門医のエリック・トポルはこう述べている。「遺伝子検査は道徳の検査でもある。人が〝未来のリスク〟を調べる際には、必然的に、どんな未来なら覚悟してもいいか？　と自問してもいるからだ[*3]」

　三つの症例研究が、遺伝子から「未来のリスク」を予測することの利点と危険性を浮き彫りにしている。最初の症例には、乳がん遺伝子のBRCA1が関わっている。一九七〇年代初頭、遺伝学者のメアリー・クレア・キングは、大規模な家系調査をおこなって、乳がんと卵巣がんの遺伝について研究しはじめた。数学者としての教育を受けたキングだったが、カリフォルニア大学バークレー校でアラン・ウィルソン（ミトコンドリア・イヴという概念を提唱した人物だ）に出会ったことをきっかけに、遺伝子の研究と遺伝系統の作成へと方向転換した（ウィルソンの研究室でおこなったキングの初期の研究によって、チンパンジーとヒトのゲノムは九〇パーセント以上一致することが示された）。

　大学院修了後、キングはべつの種類の遺伝系統の研究、つまりヒトの病気の系統を調べるという研究を開始した。彼女がとりわけ興味を覚えたのは乳がんだった。何十年にもわたる綿密な研究によって、乳がんには散発性のタイプと、家族性のタイプがあることがわかった。散発性のタイプでは、乳がんの家族歴のない女性に乳がんの発症が見られるが、家族性のタイプでは、同じ家系の複数の世代に乳がんが発生する。典型的な家系では、診断時の年齢やがんのステージはそれぞれちがっているものの、ある女性と、その妹と、娘と、孫が乳がんを発症するというパターンが見られる。乳がんを高頻度で発症するこうした家系では、卵巣がんも驚くほど高頻度に発症する場合があり、そのことから、どちらのがんにも共通の変異が関わっていることが示唆された。

一九七八年にアメリカ国立がん研究所による乳がん患者の調査が始まったときには、乳がんの原因についての意見は大きく割れていた。がんの専門家からなるある陣営は、乳がんはウイルスの慢性感染が原因であり、経口避妊薬の乱用が誘因となって発生すると主張していた。またある陣営は、ストレスと食事が原因だと主張していた。キングは国立がん研究所の調査に次のふたつの質問事項を追加してほしいと頼んだ。「乳がんの家族歴はありますか？　卵巣がんの家族歴はありますか？」調査が終わるころには、遺伝的な関係性は疑いの余地がなくなっており、キングは乳がんと卵巣がん両方の家族歴を持つ家系を突き止めていた。一九七八年から一九八八年にかけて、キングは何百もの家系のリストをつくり、乳がんの女性の広範囲にわたる家系図を作成した。[*4] 一五〇人以上のメンバーからなるある家系では、乳がんの女性が三〇人もいることがわかった。

すべての家系図を詳しく分析した結果、家族性の乳がんの多くには一個の遺伝子が関与していることが判明した。だが、その遺伝子を特定するのは簡単ではなかった。原因遺伝子を持つと乳がんのリスクが一〇倍以上も高くなっていたものの、同じ遺伝子を受け継いだ女性全員が乳がんを発症するわけではなかった。キングは、乳がん遺伝子の「浸透率は不完全である」ことに気づいた。遺伝子が変異していても、その効果が一〇〇パーセント「浸透」するわけではないのだ。

浸透率が不完全なために、原因遺伝子を特定するのはむずかしかったものの、キングが集めた症例数がきわめて膨大だったことが功を奏した。彼女は複数の家系の複数の世代にわたって連鎖解析をおこない、その結果、原因遺伝子が一七番染色体上にあることを突き止めた。一九八八年までには、キングは原因遺伝子の位置をさらに狭い領域にまで絞り込んでおり、やがて一七番染色体上の17q21という領域に存在することを突き止めた。[*5]「その遺伝子はまだひとつの仮説にすぎない」と彼女は述べている。だが少なくとも、ヒトの染色体上に物理的に存在することはわかった。「何年ものあいだ不確かなことで満足するというのは……ウィルソンの研究室で学んだ教訓だったし、わたしたちがしていることの本質でもあった」。[*6]まだ単離してはいなかったものの、彼女はその遺伝子をBRCA1と名づけた。

BRCA1遺伝子の染色体上の位置が絞られたことをきっかけに、その遺伝子を特定するための熱い競争が始まった。一九九〇年代初め、キングをはじめとする世界じゅうの遺伝学者のチームがBRCA1のクローニングに乗り出した。ポリメラーゼ連鎖反応（PCR）などの新しい技術の導入によって、遺伝子のコピーを試験管内で何百万個もつくれるようになり、遺伝子クローニングや遺伝子解読や遺伝子マッピングなどの巧妙な技術を併用することで、染色体上の位置から一個の遺伝子へとすばやく到達することが可能になった。一九九四年、ユタ州の民間企業ミリアド・ジェネティックス社がＢＲＣＡ１遺伝子を単離したと発表し、一九九八年にはＢＲＣＡ１塩基配列の特許を取得した。[*7] ヒト遺伝子の塩基配列に特許が下りたのはそれが初めてだった。

ミリアド社にとって、臨床医学でのＢＲＣＡ１の実際の使い道は遺伝子検査だった。一九九六年、ＢＲＣＡ１の特許が下りる前にもかかわらず、ミリアド社はＢＲＣＡ１の遺伝子検査を市場に出しはじめた。検査は簡単だった。乳がんのリスクがある女性はまず遺伝カウンセラーの調査を受け、家族歴から家族性の乳がんが疑われる場合には、綿球で口内から細胞が採取され、中央研究室に送られる。研究室でＢＲＣＡ１遺伝子の一部がＰＣＲで増幅され、その部分が解読され、変異遺伝子が特定される。検査結果は「正常」、「変異」、「不確定」（まれな突然変異の中には乳がんのリスクとの関連が完全にわかっていないものもある）のいずれかとなる。

二〇〇八年夏、私はがんの家族歴を持つ女性に会った。ジェーン・スターリングという名前のその女性は、マサチューセッツ州ノースショアに住む三七歳の看護師だった。彼女の家族歴はメアリー・クレア・キングの症例ファイルからそのまま抜き取られたようなものだった。曾祖母は若いころに乳がんを発症しており、祖母は四五歳のときに根治的乳房切除術を受け、母親は六〇歳で両側乳がんと診断されていた。スターリングには娘がふたりいた。彼女は一〇年近く前からBRCA1のことを知っており、ひとりめの娘が生まれたときに検査を受けることを考えたが、結局、受けなかった。ふたりめの娘が生まれ、親しい友人が乳がんと診断されたことをきっかけに、彼女はようやく遺伝子検査を受ける決心をした。

検査の結果、BRCA1の変異を持つことがわかった。二週間後、彼女は質問を書き込んだ紙の束を持ってふたたびクリニックを訪れた。検査結果を知った今、わたしはいったいどうすればいいのだろう？　BRCA1の変異を持つ女性の八〇パーセントが一生のうちに乳がんを発症することが知られている。しかし遺伝子検査からは、いつがんを発症するのか、どんなタイプのがんを発症するのかはわからない。BRCA1の浸透率は不完全なため、BRCA1の変異を持つ女性は、三〇歳で手術不能な進行の速い治療抵抗性のがんを発症する可能性もあれば、五〇歳で治療に反応しやすいタイプのがんを発症する可能性もある。あるいは、七五歳で進行がきわめて遅いタイプのがんが見つかる可能性もあれば、がんをまったく発症しない可能性もある。

娘たちにいつ検査結果を知らせればいいのだろう？　「ＢＲＣＡ１の変異を持つ女性たちの中には、母親を憎む人もいる」*8 自分がＢＲＣＡ１の変異を持つと知ったある書き手はそう書いている（母親に対する憎しみだけをとってみても、遺伝学についての根深い誤解と、その誤解が人の精神をいかに消耗させるかが浮き彫りになる。実際には、ＢＲＣＡ１の変異は母親だけでなく、父親からも受け継ぐ可能性があるのだ）。姉や妹にも知らせたほうがいいのだろうか？　おばたちにも？　またいとこたちにも？

治療の選択の不透明さによって、なりゆきの不透明さがいっそう強まった。スターリングは何もせずに経過を見守ることもできた。あるいは、乳がんと卵巣がんのリスクを大きく減らすために、両側乳房切除術と両側卵巣の摘出術を受けるか、そのどちらか一方を受けるという選択をすることもできた。ＢＲＣＡ１の変異を持つある女性が言ったように「遺伝子にいやがらせをするために、乳房を切り取る」のだ。初期のがんを発見するために、マンモグラフィー、自己診察、ＭＲＩを使った強化スクリーニングを継続的に受けるか、ある種の乳がんのリスクを下げる、タモキシフェンなどのホルモン剤を服用することもできた。

経過がここまで大きく異なる理由のひとつは、ＢＲＣＡ１の根本的な生物学的機能にある。ＢＲＣＡ１は損傷されたＤＮＡを修復するうえで重要な役割を担っている。細胞にとって、壊れたDNA鎖というのは情報が失われたこと、つまり危機を意味する。まさに大惨事の前触れである。DNAが損傷を受けるとすぐに、BRCA1タンパク質が損傷部位に呼び出され、修復をおこなう。正常なBRCA1遺伝子を持つ人では、BRCA1タンパク質が連鎖反応を引き起こして何十種類ものタンパク質を損傷部位に集め、それらのタンパク質がすみやかに裂け目を塞ぐ。しかし、変異したBRCA1遺伝子を持つ患者では、変異BRCA1タンパク質が局所に適切に誘導されないために、損傷部位は修復されない。このようにして、火が火をいっそう燃え上がらせるかのように、BRCA1の変異がさらなる突然変異の出現を許し、やがて細胞の増殖調節と代謝制御に異常をきたし、最終的にがんが発生する。しかし、たとえBRCA1の変異を持っていても、乳がんが発生するには、さらに複数の誘因を必要とする。環境は明らかに一役買っており、DNAに損傷を与える化学物質やX線への暴露により、突然変異率はいっそう高くなる。突然変異はランダムに起きるため、その蓄積には偶然も一役買っている。さらに、DNAの修復に関わる遺伝子や、DNAの損傷部位にBRCA1タンパク質を誘導する遺伝子などの他の遺伝子がBRCA1変異の効果を加速させたり、減速させたりする。

このように、BRCA1の変異から未来を予測することはできるものの、この場合の予測とは嚢胞性線維症やハンチントン病の場合とはちがう。BRCA1に変異を持つ女性の未来は、その事実を知ったことで根本的に変わるが、それと同じくらい根本的に、不透明なままだ。なかには遺伝子診断によってひどく消耗させられる女性もいる。がんを予想し、いまだに発症していない病気であるがんとともにどう生きるかを想像することだけに人生と活力が費やされてしまうのだ。こうした女性たちを指して、ジョージ・オーウェル風の響きを持つ、いかにも不安をかき立てられるような新しい言葉がつくられた。プリバイバー（プリ・サバイバー、すなわち、がんを生き抜く前の人という意味だ）。

遺伝子診断のふたつめの症例研究は統合失調症と双極性障害に関わるものだ。ここで、この本の話はぐるりとまわって出発点に戻る。一九〇八年、スイスの精神医学者オイゲン・ブロイラーが、認知機能の分裂、思考途絶を特徴とする独特の精神疾患を表すのに統合失調症 *schizophrenia* という用語をつくった。[*9] それまでは「早発性痴呆」*dementia praecox* と呼ばれていたその疾患は、若い男性に好発し、認知機能がゆっくりではあるが不可逆的に障害されていく。頭の中で声が聞こえ、その声が患者に、場ちがいで奇妙な行動をとるように命じる（「ここで小便しろ、ここで小便しろ」とモニにうるさく命じた内なる声を思い出してほしい）。患者はときおり幻覚を見るようになり、情報を系統化したり、目的のある仕事をしたりすることができなくなる。やがて新しい言葉や恐れや不安が、まるで心の中の死の世界からやってきたかのように現れる。最終的に、思考過程が完全に崩壊しはじめ、患者は精神的瓦礫の迷路の中に閉じ込められる。ブロイラーは、この疾患の主な特徴は認知機能の分裂、というよりもむしろばらばらになることだと主張し、そこから「分裂した脳」という意味の *schizo-phrenia* という病名が生まれた。

多くの遺伝性疾患と同じく、統合失調症にも家族性と散発性のふたつのタイプがある。統合失調症の家系では、複数の世代に統合失調症の患者が存在し、ときに、双極性障害の患者も存在する（モニ、ジャグ、ラジェッシュ、というように）。一方、散発性の場合には、統合失調症はまるで青天の霹靂《へきれき》のように現れ、家族歴のまったくない若い男性にいきなり、たいていはなんの前触れもなく、認知機能の障害が現れる。遺伝学者はこのパターンを理解しようと努力してきたが、うまく説明づけることができなかった。なぜ同じ疾患に散発性と家族性があるのだろう？　双極性障害と統合失調症という、一見、無関係なふたつの精神疾患にはどんな関連があるのだろう？

統合失調症の病因についての最初のヒントは双生児研究からもたらされた。一九七〇年代におこなわれた双生児研究の結果、双子での統合失調症の一致率が驚くほど高いことがわかった。*[10] 一卵性双生児では、ひとりが統合失調症を発症した場合にもうひとりも発症する確率は三〇パーセントから五〇パーセントだったのに対し、二卵性双生児では一〇パーセントから二〇パーセントだった。統合失調症の定義を広げて、軽度の社会性や行動面の障害も含めたなら、一卵性双生児での一致率は八〇パーセントまで上昇した。

遺伝的な原因を示すこうしたヒントがあるにもかかわらず、一九七〇年代の精神科医のあいだでは依然として、統合失調症は行き場のない性的衝動が形を変えたものだという考えが主流だった。フロイトがパラノイア（偏執病）の原因を支配的な母親と弱い父親によってつくり出された「無意識の同性愛的衝動」だとしたのは有名な話である。一九七四年、精神科医のシルヴァーノ・アリエティは自著の中で、統合失調症の原因は「子供に自己主張する機会を絶対に与えなかった、支配的で、口やかましく、冷淡な母親」[*11]にあるとした。実際の研究から得られた証拠はそれとはまったくちがっていたが、その考えがあまりに魅惑的だったために（性差別と、性的傾向と、精神疾患の組み合わせほど人々に強い興味を抱かせるものがあるだろうか？）、アリエティには全米図書賞の科学部門賞[*12]をはじめとする数々の賞が与えられた。

狂気の研究に正気がもたらされるまでには、人類遺伝学の必死の努力が必要だった。一九八〇年代をとおしておこなわれた一連の双生児研究によって、統合失調症は遺伝的な原因によるものであるという説が確固たるものになっていった。どの研究でも、一卵性双生児での一致率が二卵性双生児での一致率を驚くほど大きく上まわっていたために、もはや遺伝的な原因を否定するのは不可能だった。統合失調症と双極性障害の患者が複数存在する、わが家のような家系が何世代にもわたって記録された結果、やはり、遺伝的な原因があることが明らかになった。

しかし実際にはどんな遺伝子が関与しているのだろう？　一九九〇年代末以来、ディープ・シークエンシング、あるいは次世代シークエンシングと呼ばれる新しいDNA解読法が開発され、ヒトゲノムの塩基対を何億も解読できるようになった。次世代シークエンシング法は従来の解読法の規模を大幅に拡大したものだ。ヒトゲノムを何万もの短い断片にし、それらのDNA断片の配列を同時に（つまり並行して）解読したあとで、コンピューターを使ってオーバーラップ（重複）した部分をつなぎ合わせ、ゲノムを「アセンブリ（再構築）」する。この方法は、ゲノム全体の解読（「全ゲノム解析」と呼ばれる）や、タンパク質をコードしている領域であるエクソンの解読（「エクソーム解析」と呼ばれる）などに適応できる。

次世代シークエンシング法は似通ったゲノム同士を比較できる場合の遺伝子探索にとりわけ効果的である。家族のひとりだけが病気を発症し、ほかの全員が発症していない場合に、原因遺伝子を見つけることが容易になるのだ。その場合の遺伝子探索はまるで巨大なスケールの「仲間はずれを探せ」ゲームのようなものだ。同じ家系のメンバー同士の遺伝子配列を比較することによって、病気を発症している人は持っているが、発症していない人は持っていない変異を見つけることができるのだ。

散発性の統合失調症は、このアプローチの威力を試す完璧なテストケースとなった。二〇一三年、大規模調査によって、両親や兄弟姉妹が正常である六二三人の統合失調症の若い男女が特定され、そうした人々の家系を対象に遺伝子解読がおこなわれた。[*13] ゲノムのほとんどの領域は家族に共通のものであるため、原因遺伝子と推定される遺伝子だけが異なっているはずだった。[†]

六一七の症例で、両親には存在しない変異が見つかった。ひとりの患者は平均で一個の変異しか持っていなかったが、ときおり複数の変異を持つ患者もいた。そうした変異の八〇パーセントが父親由来の染色体上に存在しており、父親の年齢が主な危険因子であることが判明した。男性が高齢になるにつれ、精子形成の際に変異が起きやすくなるのではないかと考えられた。こうした変異の多くは予想どおり、神経細胞同士の接合部位であるシナプスに関与する遺伝子や、神経系の発達に関わる遺伝子に起きていた。六一七のそれぞれの症例でさまざまな変異が起きていたが、ときおり、いくつかの家系で同じ変異が見つかり、そうした変異と統合失調症との関連性が強まった。[‡] 受胎に際して新たに発生するそのような変異は、デノボ（新たに発生する）変異と呼ばれ、散発性の統合失調症は、神経系の発達をつかさどる遺伝子のデノボ変異によって、神経の発達のしかたが変化したために引き起こされている可能性がある。驚くべきことに、この研究で見つかった遺伝子の多くは、散発性の自閉症や双極性障害にも関与していることが判明している。†††

† 新しい変異が見つかった際に、それが散発性の疾患の原因かどうか見極めるのは簡単ではない。まったくの偶然により、病気とはなんの関係もない偶発的な変異が子供で見つかる可能性もあれば、病気の発症には特定の環境誘因が必要な場合もあるからだ。いわゆる散発性のタイプというのは実のところ、環境や遺伝的な誘因によって後戻りできない状態へと追いやられ、病気の発症へとつながった家族性のタイプなのかもしれない。

‡ 統合失調症に関連する重要な突然変異のタイプは、コピー数多型（CNV）と呼ばれるものである。ゲノムのDNAは普通、二コピーずつ存在するが、一コピー以下しか存在しない領域（欠失）や、三コピー以上存在する領域（重複）があり、そうした現象をCNVと呼ぶ。CNVは散発性の自閉症をはじめとする精神疾患にも関与していることが知られている。

††† デノボ変異を持つ子供のゲノムをその両親のゲノムと比較するという方法の先駆者は、二〇〇〇年代の自閉症研究者たちだった。この方法によって、精神疾患の遺伝学という分野は劇的に発展した。サイモンズ財団のサイモンズ・シンプレックス・コレクションというプロジェクトによって、両親は自閉症ではなく、ひとりの子供だけが自閉症スペクトラムを発症した二八〇〇の家族が特定された。両親のゲノムと患者である子供のゲノムを比較した結果、そうした子供でデノボ変異がいくつか見つかった。注目すべき点は、自閉症の子供で見つかった変異のいくつかは、統合失調症の症例にも存在していたということだ。それにより、ふたつの疾患の深い遺伝的な関連性が示唆された。

それでは、家族性の統合失調症の遺伝子についてはどうだろう？　家族性のタイプの遺伝子を見つけるのはもっと簡単に思えるだろう。のこぎりの刃のように何世代にもわたって家系を深く貫いている統合失調症というのはそもそも、より頻度が高く、患者を見つけるのも、追跡するのも、より簡単だ。しかし、おそらくはそうした直観に反して、複雑な家族性の疾患の原因遺伝子というのは特定するのがはるかにむずかしいことがわかっている。散発性や、自然発生的なタイプの疾患の原因遺伝子を見つけるのは、干し草の山の中から一本の針を見つけるようなものだ。十分なデータとコンピューターの力を借りてふたつのゲノムを比較し、小さなちがいを探したならば、たいてい見つかる。一方、家族性の疾患の原因となる複数の遺伝子多型を見つけるのは、干し草の山の中から干し草の山を見つけるようなものだ。「干し草の山」のどの部分（遺伝子多型のどの組み合わせ）がリスクを高め、どの部分が無害なバイスタンダー（傍観者）なのだろう？　親と子のゲノムには多くの共通部分があるが、どの共通部分が遺伝性疾患に関与しているのだろう？　「外れ値を見つける」というひとつめの問題を解決するにはコンピューターの力を借りなければならないが、「類似性をほどく」というふたつめの問題を解決するには、概念上の細かい区別が必要になる。

　こうしたハードルにもかかわらず、原因遺伝子の染色体上の物理的な位置を突き止めるための連鎖解析や、病気に関連した遺伝子を見つけるための大規模な関連解析や、原因となる遺伝子や変異を見つけるための次世代シークエンシングなどの遺伝学のさまざまな技術を組み合わせて、遺伝学者はそのような遺伝子の系統的な探索を始めた。ゲノム解析にもとづいて、今では少なくとも一〇八個の統合失調症に関与する遺伝子（というよりもむしろ、ゲノム上の領域）が知られているが[14]、そのうち、何をしているかが判明している遺伝子はわずかしかない†（三七六頁）。注目すべきことに、それだけでリスクを高めるような強力な遺伝子はひとつもなく、その点は、乳がんと大きく異なっている。遺伝性乳がんの発症にも確かに複数の遺伝子が関与しているが、ＢＲＣＡ１などの一個の強力な遺伝子の変異だけでリスクが上がるのに対し（ＢＲＣＡ１変異を有する女性がいつ乳がんを発症するか予測することはできないが、その女性が生涯のうちに乳がんを発症する確率は七〇パーセントから八〇パーセントである）、統合失調症にはそのような強力な単一のドライバーや予測因子は存在しないと考えられている。ある研究者は次のように述べている。「ゲノム上に散らばるたくさんのありふれた小さな遺伝子の効果が関わっている……多くの異なる生物学的な過程が関与しているのだ[16]」

　家族性の統合失調症はこのように、知能や気質などの正常なヒトの特徴と同じく遺伝性ではあるが、親から子へ遺伝する可能性はあまり高くない。つまり、遺伝的な決定因子である複数の遺伝子が、統合失調症を将来発症するかどうかを決めるうえで重要な役割を担っているということだ。ある特定の遺伝子の組み合わせを持っている場合には、この疾患を発症する確率はきわめて高くなり、一卵性双生児での一致率が高いのはそのせいだ。一方、統合失調症の世代から世代への遺伝は複雑である。新しい世代が誕生するたびに、遺伝子は混じり合い、新たに組み合わされるため、父親、あるいは母親とまったく同じ遺伝子変異の組み合わせを受け継ぐ可能性はとても低いのだ。家系の中には、強力な効果を持つ少ない遺伝子変異の組み合わせにより病気を発症している例があり、そうした家系では、複数の世代で繰り返し発症が見られる。またべつの家系では、遺伝子変異の効果が弱いために、病気の発症にはより深い修飾や誘因を要する。さらにべつの家系では、浸透率の高い一個の遺伝子が受精の前に精子や卵子の細胞で偶然突然変異し、その結果、散発性の統合失調症が発生する。‡

† 統合失調症に関与する最も強力かつ最も興味深い遺伝子は、免疫系に関係する遺伝子だ。[*15] C4と呼ばれるこの遺伝子にはC4AとC4Bという、互いに関連し合うふたつの型があり、そのふたつの遺伝子はゲノム上でぴたりと接している。どちらの遺伝子もウイルスや細菌を認識し、除去し、破壊するために使われるタンパク質をコードし

ているが、これらの遺伝子が統合失調症にどのように関与しているのかはきわめて興味深い謎のままだった。

二〇一六年一月、大きな影響力を持つある研究によって、謎の一部が解けた。脳では、神経細胞はシナプスと呼ばれる特別な接合部を使って他の神経細胞とコミュニケーションをとっている。これらのシナプスは脳が発達する過程で形成され、その接続性は、ちょうどサーキットボードのワイヤの接続性がコンピューター機能の鍵であるように、正常な認知機能の鍵となっている。

サーキットボードをつくる際にワイヤを切ったり、熱したりするように、こうしたシナプスもまた、脳の発達過程で刈り込まれたり、再構築されたりしなければならない。驚くべきことに、死んだ細胞や残骸や病原体を認識して取り除くと考えられているC4タンパク質が「べつの目的のために再利用され」、シナプスを削るために駆り出されるのだ。この過程は「シナプスの刈り込み」と呼ばれる。ヒトでは、シナプスの剪定は子供時代をとおしておこなわれ、三十代まで続けられる。三十代というのはまさに、統合失調症の症状が出現する時期に一致している。

統合失調症の患者では、C4遺伝子の変異によって、C4AタンパクタンパクとC4Bタンパク質の量と活性が増加しており、その結果、発達過程で「刈り込まれすぎた」シナプスができあがる。したがって、C4AタンパクとC4Bタンパク質の抑制因子を用いれば、子供や若者の感受性の高い脳に正常な数のシナプスが取り戻される可能性がある。

四〇年にわたる科学（一九七〇年代の双生児研究、一九八〇年代の連鎖解析、一九九〇年代と二〇〇〇年代の神経生物学と細胞生物学）がついに、この発見に収束した。C4遺伝子と統合失調症の関連性がわかったことで、わが家のような家系に、統合失調症の診断と治療における明るい前途がもたらされた。が、それと同時に、そのような診断的検査や治療をいつどのようにおこなうかという厄介な問題も生まれた。

‡

「家族性」と「散発性」の統合失調症という区別は遺伝子レベルではごちゃ混ぜになり、崩れつつある。家族性の統合失調症で見つかったいくつかの変異遺伝子は散発性でも存在していることが判明しており、そうした変異遺伝子は統合失調症の強力な原因である可能性がきわめて高い。

統合失調症の遺伝子検査というのは、つくれるのだろうか？　第一段階は、関与しているすべての遺伝子の一覧表を作成することであり、それは人類遺伝学にとっての壮大なプロジェクトになるはずだ。だが、一覧表だけでは不十分だ。遺伝学的研究により、いくつかの変異はほかの変異と協力しあうことで初めて病気を引き起こしうることが示唆されている。したがって、病気の実際のリスクの予測因子となりうるような遺伝子の組み合わせを見つけなければならない。

次の段階は、不完全浸透率や、変化しやすい発現度に対処することだ。まずは、遺伝子解読の研究において、「浸透率」と「発現度」が何を意味するか理解することが重要である。統合失調症（あるいは、どんな遺伝性疾患でもいいが）の子供のゲノムを解読し、正常な兄弟姉妹や両親のゲノムと比較する際に、研究者の頭の中にあるのは「統合失調症と診断された子供は〝正常な〟兄弟姉妹と遺伝的にどこがちがっているのだろう？」という疑問であって、次のような疑問ではない。「子供が変異遺伝子を持つ場合、その子供が統合失調症や双極性障害を発症する確率はどのくらいだろう？」

このふたつの疑問のちがいはきわめて重要である。人類遺伝学はしだいに遺伝性疾患の「後ろ向きのカタログ」（バックミラーのようなもの）をつくることに熟達していった。ある子供が病気にかかっていることを知ったうえで、どの遺伝子が変異しているか調べるのだ。しかし浸透率や発現度を予測するためには、われわれは「前向きのカタログ」をつくらなければならない。ある子供が変異遺伝子を持つ場合、その子供が病気を発症する確率はどのくらいか予測するのだ。どの遺伝子からも、リスクを完全に予測できるのだろうか？　同じ遺伝子変異の組み合わせから、さまざまな表現型が生まれるのだろうか？　ある人は統合失調症を、べつの人は双極性障害を、またべつの人は軽躁病を発症するというように？　ある遺伝子変異の組み合わせが病気を発症させるには、他の変異や誘因を必要とするのだろうか？

診断についてのこの謎には、最後にもうひとひねりある。それを説明するために、少し話を変えよう。ラジェッシュが亡くなる数カ月前の一九四六年のある夜、彼はなぞなぞのような数学の難問を大学から持ち帰った。ふたりの弟がそれに飛びつき、三人はまるでサッカーボールをパスしあって遊ぶかのように、その問題に取り組んだ。彼らを駆り立てていたのは兄弟同士のライバル心であり、思春期のもろいプライドであり、移民の回復力であり、容赦のない市《まち》で失敗することへの恐怖だった。私には一三歳、一六歳、二一歳の三人の姿が見えるようだ。細長い部屋の三つの角にそれぞれが陣取り、独自のやり方で問題に挑んでいる。頑固で、厳格で、決断力があり、几帳面だが、直観力のない私の父。斜に構えて型にはまらず、独創的だが、自己管理できないジャグ。完璧主義者で、情熱的で、自制心を持つが、しばしば傲慢になるラジェッシュ。

夜の帳《とばり》が降りても、問題は解けなかった。その晩の一一時ごろ、弟たちは順に眠りについた。だがラジェッシュは一晩じゅう起きていた。部屋の中を行ったり来たりし、解答を走り書きしてはまたべつの解答を書いた。夜が明けるころ、彼はついに問題を解いた。四枚の紙に解答を書き、ひとりの弟の足元に置いた。

家族に伝わる伝説に残っているのはここまでであり、その後どうなったのかはよくわからない。それから何年もたってから、父が私にそのエピソードに続く恐怖の週について話してくれた。ラジェッシュが眠れなかったのはその晩が初めてだったが、その後も眠れない夜が続いた。一晩じゅう起きていたために、激しい躁状態になったのだ。いやむしろ、すでに躁状態にあったために、徹夜で問題と格闘して解くことができたのかもしれない。いずれにしろ、その後の数日間、彼は消息を絶った。やがて弟のラタンに見つかり、むりやり家に連れ戻された。今後また精神に異常をきたすことがないようにと、祖母は家でパズルやゲームをすることを禁じた（祖母は生涯を通じて、ゲームに対して疑念を抱いていた。子供のころの私たちはゲームを禁じられた家で息の詰まる思いをしたものだった）。ラジェッシュにとって、これは未来の前触れであり、その後彼を襲うことになる数々の精神異常の最初のひとつだった。

オベード。父は遺伝をそう呼んだ。「分割できないもの」という意味だ。大衆文化には「狂気の天才」という古い言いまわしがある。狂気と明敏さとに分裂した心は、たったひとつのスイッチが切り替わっただけで、このふたつの状態を行ったり来たりする。しかしラジェッシュにはスイッチはなかった。分裂もなければ、ふたつの状態を行ったり来たりすることも、振り子のように揺れることもなかった。魔法のような才気と躁状態は完全に連続しており、いわばパスポートなしで渡ることのできるふたつの王国のようなものだった。それらはどちらも、分割できない共通の全体に含まれていたのだ。

「われわれ詩人はみな狂っている」*17と狂人たちの大指導者であるバイロン卿は書いている。「ある者は浮かれすぎ、ある者は憂鬱《ゆううつ》にとらわれているが、誰もが多かれ少なかれ、精神を病んでいる」双極性障害や、ある種の統合失調症や、めずらしいタイプの自閉症について、これと同じことが繰り返し言われてきた。みんな「多かれ少なかれ精神を病んでいる」のだから、と。精神疾患を美化するというのは魅惑的なことだ。だからこそ強調しておきたいのは、こうした精神疾患を患う人々は途方もない認知的、社会的、心理的な混乱を経験しており、それらが彼らの人生に破壊的な深い傷を負わせているということだ。しかしそれと同時に、精神疾患の患者の中には例外的で非凡な能力を持つ者がいることも昔から知られている明らかな事実だ。双極性障害の患者の活発さはすばらしい創造性に結びついており、ときに、患者がそうした躁状態にあるあいだに創造的な衝動が現れる。

狂気と創造性の関連についての信頼できる研究書である『タッチト・ウィズ・ファイア（*Touched with Fire*）』の中で、精神科医で文筆家の著者、ケイ・レッドフィールド・ジャミソンは「多かれ少なかれ精神を病んでいる」人々のリストを挙げている。[18] それはまるで、文化的・芸術的偉業を成し遂げた人々の名士録のようだ。バイロン（言うまでもなく）、ゴッホ、ヴァージニア・ウルフ、シルヴィア・プラス、アン・セクストン、ロバート・ローウェル、ジャック・ケルアック。そのリストには科学者（アイザック・ニュートン、ジョン・ナッシュ）や音楽家（モーツァルト、ベートーヴェン）も含まれており、さらに、エンターテイナーのロビン・ウィリアムズの名前もある。躁状態から生まれたハイテンションなトークという独特の芸風を確立したウィリアムズは、やがてうつに屈し、自ら命を絶ったと考えられている。自閉症の子供たちの特徴について初めて報告した心理学者のひとりであるハンス・アスペルガー[19]がある種の自閉症の子供たちを「小さな天才」と呼んだのには正当な理由があった。対人関係や社会性が障害され、言語の発達が遅れてすらいるそうした子供たちは、「正常な」世界でこそうまくやっていけないものの、エリック・サティの「ジムノペディ」をこの世のものとは思えないほど美しくピアノで弾いたり、一八の階乗を七秒で計算したりできるからだ。

つまりこういうことだ。精神疾患と創造的な衝動の表現型を区別することができないのなら、精神疾患と創造的な衝動の遺伝型を区別することもできないのだ。片方（双極性障害）の「原因となる」遺伝子は、もう一方（創造的な興奮）の「原因となる」。この難問はわれわれをヴィクター・マキューズィックが提唱した病気の概念へと引き戻す。病気とは絶対的な障害ではなく、遺伝型と環境との相対的なミスマッチであるという考えだ。高機能型の自閉症の子供はこの世界では障害者かもしれない。だがたとえば、複雑な計算能力や、微妙な色調のちがいによって対象を分類するといった能力が生存や成功に不可欠な世界があったとしたら、そこではきわめて優秀だとみなされる可能性がある。

それでは、統合失調症の遺伝子診断という難題についてはどうだろう？　ヒトの遺伝子プールから統合失調症を撲滅するような未来を想像できるだろうか？　遺伝子検査を用いて胎児診断をおこない、陽性と判定された場合には妊娠中絶をおこなうというやり方で撲滅するような未来を？　そうした未来を想像しようとするたびに、われわれは、痛みを伴う未解決の問題が残されていることを認めざるをえない。まず第一に、統合失調症の多くのタイプに一個の遺伝子変異が関係していることは判明しているものの、既知のものも未知のものも含めて、実際には何百もの遺伝子変異が関与していると考えられているからだ。

さらに、どの遺伝子変異の組み合わせが最も強力な原因なのかもまだわかっていない。

ふたつめは、統合失調症に関係するすべての遺伝子のカタログをつくることができたとしても、膨大な数の未知の因子によって病気のリスクが変化する可能性が残されているからだ。さらに、個々の遺伝子の浸透率もわからなければ、ある特定の遺伝型を持つ場合に、どのような要因が統合失調症のリスクを変化させるのかもわからない。

三つめは、ある種の統合失調症や双極性障害で特定された遺伝子のいくつかは、実際のところ、ある種の能力を増大させてもいるからだ。精神疾患の最も重症なタイプと高機能なタイプとを遺伝子や遺伝子の組み合わせだけから区別することができるのなら、そのような検査は信頼できるかもしれない。だがその手の検査には、実際のところ、本質的な限界がある可能性が高い。ある状況で病気を引き起こす遺伝子の大半は、べつの状況ではきわめて高い創造性を生み出している可能性が高いからだ。画家のエドヴァルド・ムンクはこう言っている。[*20]「(私の抱える問題というのは) 私自身と私の作品の一部である。それは私自身と区別できないものであり、(治療は) 私の作品をだめにするだろう。私はこの苦しみを持ちつづけたいのだ」まさにこの「苦しみ」こそが、二〇世紀を象徴する最も有名なイメージの背後にあったことを忘れてはならない。人間の心の神秘を探究する時代に浸りきっていた男は、「叫び」という方法でしか、人間の心の闇を表現することができなかったのだ。

このように、統合失調症や双極性障害の遺伝子診断を可能にするためには、われわれはまず、不確かさ、リスク、選択の性質という根本的な問題と対峙しなければならない。われわれは苦しみがなくなることを望んではいるが、それと同時に「苦しみを持ちつづけたい」のだ。スーザン・ソンタグは病気を「人生の夜側」と呼んだ。[*21] そうした考え方は容易に理解できるものであり、多くの病気にあてはまる。だが、すべてにあてはまるわけではない。むずかしいのは、たそがれがどこで終わって、夜明けがどこで始まるかを定義することだ。ある状況での病気がべつの状況では並外れた能力の定義となりうるという、むずかしい問題も残されている。地球のある側では夜でも、べつの大陸では光りきらめく、まばゆい昼かもしれないのだ。

二〇一三年の春、私は学会に出席するためにサンディエゴに飛んだ。ラホヤにあるスクリプス研究所の海をのぞむ会議センターで開催された「ゲノム医療の未来」と題したその学会[*22]は、私がこれまでに参加した中で最も挑発的な学会だった。会議センターはブロンドウッド、無骨なコンクリート、スティールの中方立てからなるモダニズムの記念建造物のような建物だった。海が光を反射して眩しくきらめき、さらなる進化を遂げた人類であるポストヒューマンを思わせる、ひょろ長い体形の人々が遊歩道をジョギングしていた。集団遺伝学者のデイヴィッド・ゴールドスタインが「子供の診断未確定な状態の遺伝子解読」について講演をし、次世代シークエンシング法を診断未確定の子供の病気の遺伝子解読へと拡大する試みについて話した。内科医から遺伝学者に転向したスティーヴン・クエイクは「胎児のゲノミクス」について講演した。母親の血液中に自然に混じっている胎児のDNAを採取して、成長中の胎児が持つすべての変異を診断するという方法だ。

会議二日目の朝、一五歳の少女（ここではエリカと呼ぶことにする）が母親に車椅子を押されて登壇した。エリカはレースのついた白いワンピースを着て、首にスカーフを巻いていた。重症な進行性の遺伝性変性疾患を患っている彼女には、話したいことがあった。遺伝子や、アイデンティティや、運命や、選択や、診断についての話だ。発症したのは一歳半のときで、最初の症状は筋肉のわずかなピクつきだった。だが四歳になると、振戦《しんせん》がひどくなり、筋肉の動きを止めることがほとんどできなくなった。毎晩、止まらない振戦に苦しみ、一晩に二〇回から三〇回も汗ぐっしょりの状態で目を覚ました。眠ると症状がひどくなる傾向にあったので、両親は交替でエリカのそばにいて、数分でいいから眠れるようにと、毎晩、エリカを慰めた。

医師らはまれな遺伝性疾患を疑ってはいたものの、あらゆる遺伝子検査をおこなっても診断には至らなかった。二〇一一年六月、エリカの父親は全米公共ラジオ局（NPR）でカリフォルニアのある双子の話を聴いた。アレクシス・ビアリーとノア・ビアリーという名のその双子も長いあいだ筋肉の症状に苦しんでいた。[*23] 双子の遺伝子が解読された結果、ふたりが患っているのは新たに発見されたまれな疾患であることがわかった。その遺伝子診断にもとづいて5-ヒドロキシトリプタミン（5-HT）という化学物質を補充したところ、双子の筋肉症状が劇的に改善した。[*24]

自分も同じ結果が得られるのではないかと期待したエリカは二〇一二年、ゲノム解読による病気の診断を目的とする臨床試験の最初の参加者となった。二〇一二年の夏には解読が終わり、エリカのゲノムにはひとつではなく、ふたつの変異があることがわかった。ひとつは、ADCY5という遺伝子の変異であり、そのせいで神経細胞間のシグナル伝達が障害されていた。ふたつめは、神経シグナルを調節して筋肉の協調運動を可能にするDOCK3という遺伝子の変異であり、このふたつの変異によって、筋肉を消耗させ、振戦を起こす症候群が引き起こされていた。その現象はまるで遺伝的な月蝕のようだった。ふたつのまれな症候が重なりあい、きわめてまれな疾患をもたらしたのだ。

エリカの講演のあと、聴衆が講堂からロビーへと流れていくあいだ、私はエリカと彼女の母親に偶然出くわした。エリカはとてもチャーミングな女の子だった。控えめで、思慮深く、まじめで、辛辣なユーモアのセンスの持ち主だった。骨折したものの自力で修復し、より強くなった骨のような知恵を持っていた。すでに本を一冊書き、今はべつの本を執筆中だということだった。ブログを開設し、何百万ドルもの研究資金の調達にも尽力していた。エリカは、私がそれまでに出会った中で最も明確な話し方をする内省的なティーンエイジャーで、私が病気について尋ねると、病気のせいで家族が味わった苦悩について率直に話してくれた。「娘がいちばん恐れていたことは何も見つからないのではないかということだった。何もわからないということほど最悪のことはない」と彼女の父親は語っている。

しかし「わかった」ことで、すべてが変わったのだろうか？　確かに、エリカの恐怖は軽減したが、変異遺伝子やそれが彼女の筋肉におよぼす影響についてはどうすることもできないままだった。二〇一二年に、エリカは筋肉のけいれん全般に効くことが知られているダイアモックスという薬を試してみた。すると、一時的に症状が和らぎ、一八晩も眠ることができた（生まれてこのかた、一晩ぐっすり眠った経験がほぼ皆無だったティーンエイジャーにとっては一生分の眠りだった）。だが病気はやがて再発し、振戦が戻ってきた。筋肉は今も痩せ衰えつづけており、彼女は今も車椅子で生活している。

この病気の出生前診断が可能になったらどうなるだろう？　スティーヴン・クエイクが

ちょうど、「胎児の遺伝学」についての発表を終えたばかりだった。胎児ゲノム解読に関する彼の発表にもあったように、すべての胎児のゲノムを対象に、あらゆる潜在的な変異の有無を調べ、それらの多くを重症度や浸透率にもとづいてランクづけすることがもうすぐ可能になる。われわれはエリカの遺伝性疾患の性質について完全に理解しているわけではないが（もしかしたら、ある種の遺伝性のがんのように、ほかにも「協力的な」変異がゲノムに隠れているのかもしれない）、遺伝学者の大半は、彼女が持っているのは高い浸透率を持つふたつの変異だけで、そのふたつだけで病気が引き起こされていると考えている。

胎児の全ゲノムを解読し、そのような重症の遺伝性疾患の原因となる変異が存在するとわかった場合には、両親が妊娠中絶を選択できるようにすべきなのだろうか？　確かに、エリカの変異をヒトの遺伝子プールから消すことはできる。だがそれと同時に、エリカという人までも消してしまうことになる。エリカや彼女の家族の途方もない苦しみを過小評価するつもりはないが、そうすることによって、深い損失がもたらされることは疑いの余地がない。エリカの苦悩の深さを認識できないとしたら、われわれの共感力には欠陥があるということになる。しかし反対に、この交換条件で支払われる代償を認識できないとしたら、われわれの人間性に欠陥があるのだ。

エリカと彼女の母親のまわりを人々が行き交っていた。私はサンドイッチや飲み物がふるまわれている浜辺まで歩いていった。エリカの発表は、それ以外は楽天主義で染まった学会の目を覚まさせるような大きな影響力を持っていた。ゲノムを解読し、特定の変異による症状を和らげるための最適な薬を見つけるというのはむずかしく、こうしたまれな重症疾患に対処するための最も簡単な選択肢は依然として、出生前診断と妊娠中絶だった。だがそれらはまた、倫理的には最もむずかしい選択肢だった。「テクノロジーが進歩するにつれ、われわれはどんどん未知の領域に入っていく。まちがいなく、とんでもなくむずかしい選択をしなければならなくなるはずだ」と学会の主催者であるエリック・トポルは私に言った。「新しいゲノミクスでは、無料《ただ》のランチなんてものはほとんどないんだ」

実際、ランチ休憩がちょうど終わったところだった。ベルが鳴り、未来の未来について思いをめぐらすために遺伝学者たちは講堂へ戻った。母親に車椅子を押されて、エリカが講堂から出てきた。私は手を振ったが、彼女は気づかなかった。私が建物の中に入りかけたとき、駐車場を渡っていく彼女の姿が見えた。スカーフがまるでエピローグのように後ろにたなびいていた。

ジェーン・スターリングの乳がん、ラジェッシュの双極性障害、そしてエリカの神経筋疾患という三つの症例を私がここで選んだのは、それらが遺伝性疾患の広がりを表しており、遺伝子診断をめぐる最も痛烈な難問を浮き彫りにしているからだ。スターリングは一個の原因遺伝子（ＢＲＣＡ１）の中に、乳がんというひとつの病気を引き起こす特定可能な変異を持っていた。その変異の浸透率は高く、変異を有する女性の七〇パーセントから八〇パーセントが乳がんを発症するが、浸透率は完全ではないうえに（一〇〇パーセントではない）、将来的にどのようなタイプのがんを発症するのか、いつ発症するのか、リスクはどれほどなのかはわからず、おそらくは今後もわからないままだろう。乳房切除術、ホルモン療法といったすべての予防的治療は身体的・心理的苦痛をもたらし、さらに、それ自体にリスクがある。

一方、統合失調症と双極性障害は浸透率の低い複数の遺伝子の変異を原因とする疾患である。予防的治療もなければ、完治させることもできない。どちらも慢性的な病であり、精神を破壊し、家族をばらばらにする。だが、これらの病を引き起こすまさにその遺伝子が、まれな状況においてではあるが、疾患そのものと根本的に関係する、謎めいたタイプの創造的な衝動をもたらす場合がある。

最後に、エリカの神経筋疾患について考えてみよう。彼女の疾患は、ゲノム上のひとつかふたつの浸透率の高い変異によって引き起こされるめずらしい遺伝性疾患で、患者をひどく消耗させる、不治の病である。医学的な治療法が見つかる可能性はゼロではないが、きわめて低い。胎児のゲノム解読を妊娠中絶と組み合わせたなら（あるいは、原因となる変異の有無を調べ、変異のない胚だけを子宮に戻したなら）、遺伝性疾患を見つけることが可能になると同時に、ヒトの遺伝子プールから消すこともできる。また、なかには医学的な治療や将来の遺伝子治療に反応する可能性の有無が、遺伝子解読によって判別できる場合もある（二〇一五年の秋、筋力低下、振戦、進行性の視力障害、よだれといった症状の見られる一五カ月の女児がコロンビア大学に紹介された。女児は以前、「自己免疫疾患」を患っているという誤診を受けていた。遺伝子配列の解読によって、ビタミン代謝に関係している遺伝子に変異が見つかった。その変異のために大幅に欠乏していたビタミンB2を投与された結果、女児の神経機能に著しい改善が見られた）。

スターリング、ラジェッシュ、エリカは三人とも「プリバイバー」だ。彼らの未来の状態はいずれもゲノムの中に潜在しているものの、プリバイバーとしての彼らの実際の物語と選択は、これ以上ないといっていいほど異なっている。もしわれわれがゲノムに書かれた自分の未来についての情報を知ったなら、その後はどうすればいいのだろう？　「ほんとうの履歴書は細胞の中にある」とSF映画「ガタカ」の主人公ヴィンセントは言った。人間の遺伝的な履歴書を、われわれはどこまで読んだり、理解したりすることができるのだろう？　ゲノムにコードされた運命を、それを利用できるような形で解読することはできるのだろうか？　さらには、どのような状況なら運命に介入していいのだろうか？　あるいは介入すべきなのだろうか？

まずは最初の疑問から考えてみよう。われわれは未来を予測するのに役立つ形でヒトゲノムをどの程度「読む」ことができるのだろう？　最近まで、ヒトゲノムから運命を予測するという能力には、ふたつの根本的な制約があった。ひとつめは、リチャード・ドーキンスが述べたように、たいていの遺伝子は「青写真」ではなく、「レシピ」だという制約だ。それらが指定しているのは部品ではなく、プロセスであり、形をつくるための調合だ。青写真を変えたなら、最終生産物は完全に予測可能な方向へと変化する。青写真の中である部品を指定している箇所を消したなら、その部品のない機械ができあがる。しかし、レシピや調合を変えても、生産物は予想可能な方向には変化しない。ケーキのバターを四倍にしても、最終的な効果は、単にバターが四倍含まれたケーキではなく、もっと複雑なものになる（一度試してみるとわかるが、全体がべちゃっと崩れてしまう）。同様の論理で、遺伝子変異の大半を個別に調べたところで、形や運命に対するその影響を解読することはできない。たとえば、DNAの化学修飾に関与するMECP2遺伝子に変異があっても、そのせいである種の自閉症が引き起こされると予測するのは簡単ではない[25]（遺伝子が神経発達過程をどのようにつかさどっているかを理解しているのなら話はべつだが）。

ふたつめはおそらく、より重大な制約、つまり、いくつかの遺伝子の効果は本質的に予測不能だという制約だ。たいていの遺伝子は他の誘因（環境、偶然、行動、さらには親が受けた暴露や、胎児期の暴露）と交差し、その結果、個体の形や機能が決まり、さらに、個体の未来に遺伝子がどのような影響をもたらすかが決まる。こうした相互作用のほとんどは系統立っていないことがわかっている。それらは偶然の結果として起こるため、確実に予測することも、モデルをつくることもできず、遺伝子決定論（遺伝子が身体的・行動的形質を決定するという信念）はこの相互作用によって強く制限される。遺伝子と環境の交差の最終的な効果を遺伝学だけで確実に予測することは絶対にできないのだ[26]。実際、双子のひとりの病気をもとにして、もうひとりが将来発症する病気を予測するという最近の試みすら、ささやかな成功しか収めていない。

しかし、こうした不確かさはあるものの、ヒトゲノムに存在するいくつかの予測因子については、もうすぐ明らかになるはずだ。強力なコンピューターを使って遺伝子やゲノムをより巧妙に、網羅的に調べられるようになれば、われわれはゲノムをより徹底的に「読む」ことができるようになるだろう。少なくとも、確率的な意味で。今のところ、臨床の場においておこなわれているのは、浸透率の高い単一の遺伝子変異を原因とする疾患（テイ・サックス病、嚢胞性線維症、鎌状赤血球症など）と、染色体全体の変化を原因とする疾患（ダウン症候群など）だけだが、遺伝子診断の対象をこれらに限定すべき理由はない。[†] さらに言うならば、病気だけに「診断」を限定すべき理由もない。十分に強力なコンピューターを使えば、レシピのプログラミングが可能になるかもしれないし、ある変化をインプットした場合に、それが生産物にもたらす効果を算出できるようになるかもしれない。

二〇一〇年代の終わりまでには、遺伝子多型や変異の順列と組み合わせをもとにして、ヒトの表現型、疾患、運命が予測されるようになるはずだ。なかにはそうした遺伝子検査では予測できない疾患もあるが、最も重症なタイプの統合失調症や心疾患、最も浸透率の高いタイプの家族性のがんなどは、数個の遺伝子の組み合わせから予測可能になるだろう。「過程」についての理解にもとづいて予測アルゴリズムをつくったなら、さまざまな遺伝

† 病気のリスクに関係する変異や多型は、タンパク質をコードする領域だけに存在するわけではなく、調節領域や、タンパク質をコードしていない領域にも存在すると考えられている。実際、特定の疾患や表現型のリスクに影響することが現在知られている変異や多型の多くはゲノム上の調節領域や非コード領域に存在する。

子多型や変異の相互作用をもとにして、病気だけでなく、個人の身体的・精神的特徴に対するそうした作用の最終的な効果を算出できるかもしれない。計算アルゴリズムによって、心疾患や喘息や性的指向の可能性が算出され、さまざまな運命の相対的リスクがそれぞれのゲノムに割りあてられるかもしれない。このように、ゲノムは絶対的なものとしてではなく、可能性として読まれるようになるはずだ。成績ではなく、見込みが書かれた通知表のように。過去の経験ではなく、未来の可能性について書かれた履歴書のように。ゲノムはプリバイバーのマニュアルになるかもしれない。

一九九〇年四月、ヒトの遺伝子診断に対する注目度を上げる試みともとれる論文が《ネイチャー》に掲載された。その論文では、子宮に戻される前の胚に対して遺伝子診断をおこなう新たな技術の誕生が宣言されていた。[*27]

この技術は人体発生の独特の性質を利用している。体外受精(IVF)で胚がつくられると、女性の子宮に戻される前に数日間、培養器の中で培養される。湿度の高い培養器内の栄養豊富な培養液の中で、一細胞の胚は分裂を繰り返し、やがて複数の細胞からなる輝く球になり、三日目の終わりには八細胞から一六細胞の胚になる。この段階で数個の細胞を取り除いても、驚くべきことに、残った細胞が分裂して失われた細胞の隙間を埋め、胚はまるで何事もなかったかのように正常な成長を続ける。われわれ人間にもつかの間、イモリのような、というよりもむしろイモリの尾のような時期があり、四分の一を切りとられても、完全に再生することができたのだ。

この性質を利用すれば、ヒトの初期胚に生検をおこなうことが可能だ。数個の細胞を取り出して遺伝子検査をおこない、検査が終わったら、しかるべき遺伝子を持つ胚だけを選んで子宮に移植するのだ。この方法を少し変えることによって、受精前の卵母細胞（女性の卵子）に遺伝子検査をおこなうこともできる。「着床前診断（PGD）」と呼ばれるこれらの技術は道徳的な観点から言って、一見不可能と思えるような芸当をやってのける。「しかるべき」胚を選んで移植し、それ以外の胚を殺すのではなく凍結保存することによって、堕胎することなく胚を選択することができるからだ。着床前診断は胎児の死を伴わない積極的優生学であると同時に、消極的優生学でもあるのだ。

着床前診断が胚を選択するために初めて用いられたのは一九八九年の冬のことだった。対象となったのは二組のイギリス人夫婦で、一方の夫婦のひとりには、X染色体が関与する精神遅滞の家族歴があり、もう一方の夫婦のひとりには、X染色体が関与する免疫不全症候群の家族歴があった。どちらの疾患も、男児だけに発症する不治の遺伝性疾患だった。着床前診断によって女児の胚だけが子宮に戻された結果、いずれの夫婦にも女の子の双子が生まれた。予想どおり、どちらの双子も正常だった。

この最初の二例が引き起こした倫理的なめまいのあまりの激しさに、いくつかの国がただちに行動を起こし、着床前診断を規制した。当然と言えるのかもしれないが、着床前診断を最も厳しく制限した最初の国々には、人種差別、大量殺戮、そして優生学という過去の遺産の傷を負っているドイツとオーストリアが含まれていた。きわめて露骨な性差別主義の文化が根づいているインドのある地域では、早くも一九九五年に出生前診断によって子供の性別を「診断する」という試みがおこなわれたと報告されている。インド政府はどのような形式の性別選択も禁止しており、男女産み分けを目的とした着床前診断をすぐに禁止したものの、問題を食い止めるには至っていないようだ。インドや中国出身の読者は羞恥心を抱きながら、厳粛な気持ちで次の事実に注目するかもしれない。人類史における最大規模の「消極的優生学」プロジェクトは、一九三〇年代のナチスドイツやオーストリアでのユダヤ人大虐殺ではない。それよりはるかに大規模な優生学プロジェクトがインドと中国でおこなわれており、幼児殺しや、妊娠中絶や、ネグレクトにより、一〇〇〇万人以上の女児が成人する前に姿を消している。邪悪な独裁者や残虐な国家というのは優生学の絶対的な必要条件ではない。インドの場合には、完全に「自由な」市民が、政府に命令されなくても、女性に対する醜い優生学プロジェクトを実行に移すことができるのだ。

着床前診断は現在、嚢胞性線維症や、ハンチントン病や、テイ・サックス病といった単一遺伝子疾患を対象におこなわれている。しかし、遺伝子診断は原理上、単一遺伝子疾患だけに限定されるものではない。遺伝子診断という概念がいかに深い動揺をもたらすのかをわれわれが身に染みて感じるのに、「ガタカ」のような映画は必要ない。子供の未来が確率で説明され、誕生前にすでに未来の疾患が診断され、受胎前からすでに「プリバイバー」になるような世界を理解するためのモデルや比喩は存在しないのだ。診断*diagnosis*という言葉は「ちがいを認識する」という意味のギリシャ語に由来する。しかし「ちがいを認識する」ことには、医学や科学をはるかに超えた道徳的、哲学的な結果が伴う。「ちがいを認識する」技術のおかげで、人類は病人を見つけ、治療し、完治させることが可能になった。こうした技術の持つ慈悲深い側面のおかげで、検査や予防的措置によって病気の発症を未然に防いだり、適切な方法で病気を治療することができるようになった（たとえば、ＢＲＣＡ１遺伝子の変異を調べることによって、乳がんの発症を未然に防ぐための治療が可能になった）。しかしそれと同時に、「ちがいを認識する」技術は異常であることの息苦しい定義づけを可能にし、弱者と強者を分け、さらには行きすぎた優生学へと醜い変貌を遂げた。人類遺伝学の歴史がわれわれに繰り返し思い出させてきたように、「ちがいを知る」ということは最初こそ「知る」ことに重点を置いていたものの、最終的には

「分ける」ことに重点を置くようになった。ナチスの科学者による大規模な人体計測プロジェクト（顎の大きさ、頭の形、鼻の長さ、身長を取り憑かれたように測るというプロジェクト）も、かつては「ヒトのちがいを知る」として正当化されていたという事実は偶然ではない。

政治理論家のデズモンド・キングはこう述べている。[*28]「いずれにせよ、われわれはみな〝遺伝子管理〟という領域に引きずり込まれていくだろう。遺伝子管理とはつまり、優生学である。表向きの目的は、集団全体の適応度を上げることではなく、あくまでも個人の健康の向上ということになるはずだ。管理者になるのはあなたかもしれないし、私かもしれないし、医師かもしれないし、国かもしれない。遺伝子改変は個人の選択という名の見えざる手によって管理されるが、最終的な結果は同じになるだろう。つまり、次世代の遺伝子を〝改良する〟ための協調的な努力になるのだ」

最近まで、遺伝子診断および介入という領域は三つの暗黙の原則によって導かれてきた。ひとつめは、ひとつだけで病気の強力な決定因子として働く遺伝子変異だけに診断的検査を限定するという原則だ。すなわち、その変異を持つとほぼ一〇〇パーセントの確率で病気が発生する、浸透率がきわめて高い変異だけに検査を限定するのだ（ダウン症、嚢胞性線維症、テイ・サックス病などがあてはまる）。ふたつめは、これらの変異によって引き起こされる病気が患者に大きな苦しみをもたらし、「正常な」人生を送ることを不可能にする場合だけに介入を限定するという原則だ。三つめは、ダウン症候群の子供を堕胎したり、BRCA1変異を持つ女性に手術をおこなったりするという介入が正当化できるかどうかは、社会的、医学的な総意によって決定されるという原則であり、あらゆる介入は完全なる選択の自由にもとづいておこなわれるというものだ。

　前記の三つの原則は三角形の三辺のようなものであり、ほとんどの文化が越えるのをためらうような道徳的な境界線とみなすことができる。たとえば、将来がんを発生させる確率が一〇パーセントしかない遺伝子変異を持つ子供を堕胎するということは、浸透率の低い変異への介入を禁じる境界線を越えることになる。同様に、遺伝性疾患の患者に対して、本人の同意もないままに（胎児の場合には両親の同意もないままに）、国の命令による医学的措置をおこなえば、強制ではない自由な選択という一線を越えることになる。

　しかし、こうしたパラメーターは本質的に自己増強的な論理の影響を受けやすいという事実を無視することはできない。「大きな苦しみ」を定義するのは私たちであり、「正常」と「異常」の境界線を引くのも私たちだ。介入という医学的選択をするのも私たちであり、「正当化できる介入」とはどのようなものかを決めるのも私たちだ。ある特定のゲノムを与えられた人間が、他のゲノムを与えられた人間を定義し、操作し、ときに殺すための基準を決める責任を持つ。「選択」とは、自分自身に似た遺伝子を増やすために遺伝子が考え出した、幻想のようなものなのだ。

たとえそうでも、浸透率の高い遺伝子、大きな苦しみ、強制ではない正当化できる介入という境界線からなるこの三角形は、許容できる遺伝子操作を定めるガイドラインとして役立つことが判明している。しかし実際には、それらの境界線は破られている。例として、一個の遺伝子多型にもとづいて社会工学的な選択をするという一連の刺激的な研究を挙げよう。*29 一九九〇年代末、脳内のある神経細胞間のシグナル伝達を調節する5HTTLPRという遺伝子が精神的ストレスへの反応に関与していることがわかった。5HTTLPR遺伝子の多型には長、短の二種類がある。人口の約四〇パーセントの人が持つ5HTTLPR／shortと呼ばれる短い遺伝子はタンパク質の生成量が少なく、不安行動、うつ、トラウマ、アルコール依存症、危険性の高い行動と関連していることを示す研究結果がいくつも報告されてきた。そうした症状と短い5HTTLPRの関連性自体はそれほど強くないものの、この多型の影響は広範囲におよび、たとえば、ドイツ人のアルコール依存症患者の自殺傾向を高めたり、アメリカの大学生がうつ病にかかるリスクを高めたり、兵士が心的外傷後ストレス障害（PTSD）を発症するリスクを高めたりすることが知られている。[*30]

二〇一〇年、ある研究チームがジョージア州の田舎の貧困地帯で「強いアフリカ系アメリカ人家族（SAAF）」プロジェクトという名の研究を開始した。[*31]そこは、非行、アルコール依存症、暴力、精神疾患、麻薬が氾濫する衝撃的なまでに殺伐とした地域だった。窓ガラスの割れた下見板張りの空き家が点在し、犯罪がはびこり、駐車場には注射針が散乱していた。成人の半数が高校教育を受けておらず、半数近い家庭が母子家庭だった。

思春期前期の子供のいるアフリカ系アメリカ人の家庭、計六〇〇世帯が研究に参加し、[*32]それぞれの家庭が無作為にふたつのグループに割りあてられた。ひとつめのグループの子供とその親は、七週間にわたって集中教育と、カウンセリングと、感情面の支援を受け、さらに、アルコール依存症、無謀な行動、暴力、衝動性、薬物使用を予防するための体系化された社会的介入を受けた。一方、対照群の家庭は最低限の介入しか受けなかった。それと並行して、ふたつのグループの子供たちの5HTTLPR遺伝子が解読された。

この無作為試験の最初の結果は、それまでの研究から十分に予想されたものだった。対照群では、短い遺伝子（「ハイリスク」なタイプの遺伝子）を持つ子供はそうでない子供に比べて、過度の飲酒や、薬物使用や、乱交といったハイリスク行動をとる割合が二倍高く、この遺伝子を持つグループの危険性の高さを示す以前の研究結果が裏づけられた。が、ふたつめの結果は驚きだった。このグループに属する子供たちは、社会的介入に反応する割合が最も高いことがわかったのだ。社会的介入を受けたグループでは、ハイリスクなタイプの遺伝子を持つ子供たちが最も明確に、そして最も早く「正常化した」。すなわち、最もハイリスクな行動をとる子供が、社会的介入に最もよく反応したのだ。並行研究でも、短い5HTTLPR多型を持つ孤児のほうが、長い5HTTLPR多型を持つ孤児よりもより衝動的で、問題行動をとる割合が高かったが、より適切な養育環境を提供できる里親に預けることで、改善する可能性が高かった。

こうした結果から、短い遺伝子がコードしているのは、精神的な感受性を高める過敏な「ストレス・センサー」であると同時に、感受性に働きかける介入に鋭敏に反応するセンサーでもあることが示唆される。もろくて弱い精神は、トラウマを引き起こすような環境によってゆがみやすいが、標的を絞った介入によって回復しやすい。まるで、打たれ強さ（リジリエンス）そのものが遺伝的に決まるかのようだ。人間には、生まれつき打たれ強いものの介入にはあまり反応しない者と、生まれつき打たれ弱いが、環境の変化に反応しやすい者がいるのかもしれない。

「打たれ強さの遺伝子」という考えは社会工学者を魅了してきた。二〇一四年に《ニューヨーク・タイムズ》に掲載された記事[*33]の中で、行動心理学者のジェイ・ベルスキーはこう論じている。「かぎりある財源から、介入や福祉などのプログラムに資金を提供する際には、最も敏感な子供たちを見つけ出して、そうした子供に的を絞るべきなのだろうか？　その答えはイエスだと信じている……よく使われる比喩にあるように、なかにはデリケートな蘭のような子供もいるのだ……ストレスや欠乏にさらされたらすぐにしおれてしまうが、手厚いケアやサポートによって花を咲かせる。また、なかにはタンポポのような子供もいる。逆境に対して打たれ強い一方で、よい経験をしても、そこから恩恵を受けることはない」このような「デリケートな蘭」と「タンポポ」のような子供を見極めることによって、社会は限りある資源ではるかに効率よく成果をあげることができるとベルスキーは主張した。「小学校の生徒全員の遺伝型を調べて、最も支援の恩恵を受けやすい子供に優れた教師を割りあてるといったような日が来るかもしれない」

小学校の生徒全員の遺伝型を調べる？　遺伝子プロファイリングにもとづいた里親の選択？　タンポポと蘭？　遺伝子をめぐる会話や人々の考え方の傾向がすでに高い浸透率や、大きな苦しみや、正当化できる介入という境界線を越えて、遺伝型にもとづく社会工学へと進んだことはまちがいない。子供の遺伝型を調べた結果、単極型うつ、あるいは双極性障害を将来発症するリスクが高いと判明したらどうなるだろう？　暴力や、犯罪傾向や、衝動性の遺伝子プロファイリングについてはどうすればいいのだろう？　「大きな苦しみ」とはどんな苦しみで、どのような介入が「正当化」できるのだろう？

正常とはなんだろう？　親が「正常な」子供を選択するというのは許されることなのだろうか？　（ハイゼンベルクの不確定性原理の心理学バージョンのようなものにしたがうなら）介入というまさにその行為によって、異常のアイデンティティが強固なものになったらどうなるだろう？

本書は私の個人的な歴史で始まった。しかし私が今、心配しているのは、私個人の未来のほうだ。父親か母親が統合失調症の場合、その子供が六〇歳までに同じ病気を発症する確率は一三パーセントから三〇パーセントだと言われている。両親がどちらも統合失調症の場合には、リスクは五〇パーセントまで上がる。おじのひとりが統合失調症の場合には、リスクは一般人口のリスクの三倍から五倍になる。ふたりのおじとひとりのいとこ（ジャグ、ラジェッシュ、モニ）がその病気を患っている場合には、一般的なリスクの一〇倍にまで跳ね上がる。私の父と、姉と、父方のいとこが今後、同じ病を発症したならば（高齢になってから発病する場合もある）、リスクはさらに数倍跳ね上がる。なりゆきを見守り、運命のコマをまわしてはまたまわし、私の遺伝的リスクを見積もってはまた見積もりなおすしかないのだ。

家族性の統合失調症の遺伝学についての歴史的な研究結果が報告されて以来、私は自分と何人かの家族のゲノムを解読することについてしばしば考えてきた。技術はある。私の研究室には、ゲノムを抽出し、解読し、解析する道具がそろっている（私は日々この技術を使って、受け持ちのがん患者の遺伝子を解読している）。足りないのは、リスクを上げる遺伝子多型や変異、その組み合わせのアイデンティティについての情報だ。しかし、二〇一〇年代の終わりまでには、そうした遺伝子多型や変異の多くが特定され、それらがもたらすリスクの性質が特定されるのはまちがいない。私の家族のような家系にとって、遺伝子診断という見通しはもはや抽象概念ではなく、臨床的、個人的な現実になるだろう。考慮すべき三角形（浸透率、大きな苦しみ、正当化できる介入）は私たち個人の未来に刻まれるはずだ。

われわれは前世紀の歴史から、遺伝的な「適応度」（誰が三角形の内側に生き、誰が外側で生きるか）を決める権限を政府に与えることの危険性を知った。今この時代が直面している問題は、その権限を個人に譲ったらどうなるかということだ。われわれは、必要以上に苦しむことのない、幸福と達成感のある人生を送りたいという個人の欲求と、病気という重荷を軽減し、障害者にかかる経費を減らすことだけを短期的に目指している社会の欲求とのバランスをとらなければならない。しかし、それらの背後で静かに機能している三番目の因子がある。そう、われわれの遺伝子そのものだ。遺伝子は人間のそうした欲求や衝動には気づかぬまま、新たな多型や変異をつくり出している。だが直接的であれ、間接的であれ、強くであれ、弱くであれ、人間の欲求や衝動に影響を与えているのだ。一九七五年にパリのソルボンヌ大学で講演した際に、文化史家のミシェル・フーコーは次のように提唱した。「知と権力の系統立ったネットワークが構築されるまさにそのときに、異常者の技術が現れる」[*34] フーコーの頭の中にあったのは、人間の「系統立ったネットワーク」だった。だがそれは、遺伝子のネットワークといってもよかったかもしれない。

遺伝子治療――ポストヒューマン

何を恐れるのだ？　この俺を？　ほかには誰もいはしない。*[1]

――ウィリアム・シェイクスピア
『リチャード三世』（第五幕第三場）

現在、生物学には抑えきれない期待感がある。二〇世紀の物理化学を思い起こさせるような期待感だ。それは未知の世界へと前進していくという感じであり、この前進の先にあるのは興奮に満ちた、謎めいた場所にちがいないという認識だ……二〇世紀の物理学と二一世紀の生物学は、よかれあしかれ、この先も似通ったものでありつづけるだろう。*[2]

――「生物学のビッグバン」（二〇〇七年）

ヒトゲノム計画が始動してまもない時期の一九九一年の夏、ひとりの記者がニューヨークのコールド・スプリング・ハーバー研究所のジェームズ・ワトソンを訪ねた。[*3] 蒸し暑い午後のことで、ワトソンはオフィスの窓際に座っており、窓からは、陽に照らされて輝く入り江が見えた。記者はワトソンに、ゲノム計画の未来について尋ねた。私たちのゲノムのすべての遺伝子が解読され、科学者がヒトの遺伝情報を好きなように操作できるようになったら、どうなると思いますか？

ワトソンは含み笑いをし、眉を上げた。「彼は薄くなった白髪をかき上げた……いたずらっぽい光が目に宿った……〝われわれの遺伝情報を変えることについて大勢が心配している。だが、遺伝情報というのは、今はもう存在しないある特定の状態に人間を適応させるためにデザインされた進化の産物にすぎないんだ。自分たちがどれほど不完全かということは誰もが知っている。もう少し生存に適するように自分たちを変えてみてもいいんじゃないか？〟と彼は言った」

「われわれがやろうとしているのはまさしく、それなんだよ」とワトソンは言い、記者に目をやって、いきなり声をあげて笑った。科学界では嵐の前触れとしておなじみの、例の上機嫌な高笑いだった。「それをやろうとしているんだ。自分たちをもう少しよくしようとしているんだよ」

ワトソンのそのコメントは、シチリアのエーリチェでの会議で学生が挙げたふたつめの懸念へとわれわれを引き戻す。ヒトゲノムを意図的に変えられるようになったらどうなるのだろう、という懸念だ。一九八〇年代末までは、ヒトゲノムをつくり変える（遺伝的な意味で「われわれをもう少しよくする」）方法というのは、浸透率の高い、きわめて有害な遺伝子変異（テイ・サックス病や嚢胞性線維症を引き起こすような変異）を子宮内で見つけて妊娠中絶をおこなうことだった。一九九〇年代には着床前診断（ＰＧＤ）によって、両親はそのような変異のない胚だけを選択して子宮に移植することができるようになった。命を終わらせるというジレンマを選択のジレンマに置き換えたのだ。それでも、人類遺伝学者は前述した境界線（浸透率の高い遺伝子変異、大きな苦しみ、正当化できる強制でない介入）のつくる三角形の内側で活動していた。

一九九〇年代末に遺伝子治療が出現したことで、この議論で使われる用語が変わった。今では人体の内部で遺伝子を意図的に変えることができるようになったのだ。これは「積極的優生学」の生まれ変わりであり、科学者は今では、有害な遺伝子を持つ人間の命を終わらせる代わりに、欠陥のある遺伝子を修正し、ゲノムを「少しよく」することを思い描けるようになった。

概念上は、遺伝子治療には明確に異なるふたつの種類がある。ひとつめは、血液細胞や、脳細胞や、筋細胞などの体細胞のゲノムを変える治療だ。体細胞の遺伝子改変は、その機能に影響を与えるものの、次世代のゲノムまで変えることはない。筋肉や血液の細胞の遺伝子を変化させる場合には、その変化がヒトの胚に伝わることはなく、細胞が死ねば、変化した遺伝子も失われる。アシ・デシルヴァ、ジェシー・ゲルシンガー、シンシア・カッショールの三人はいずれも体細胞遺伝子治療を受けた。三人とも、外来遺伝子の導入によって血液細胞が変化したが、精子や卵子などの生殖細胞系列は変化しなかった。

ふたつめは、ゲノムに加えた変化が生殖細胞にも影響をおよぼすようにする、より根本的な遺伝子治療だ。精子や卵子（つまり、ヒトの生殖細胞系列）のゲノムを変化させた場合、その変化は自己増殖性となり、ヒトゲノムに永久に組み込まれ、世代から世代へと伝わっていく。挿入された遺伝子はヒトゲノムと密接不可分になる。

生殖細胞系列の遺伝子治療というのは、一九九〇年代末には考えられなかった。遺伝子の変化をヒトの精子や卵子に伝えるための確実な技術というものが存在しなかったからだ。加えて、非生殖細胞系列の遺伝子治療の臨床試験すら、休止していた。《ニューヨーク・タイムズ・マガジン》が「バイオテクノロジーがもたらした死」[*4]と表現したジェシー・ゲルシンガーの死は、遺伝子治療という分野に大きな苦悩をもたらし、アメリカでのあらゆる遺伝子治療が実質上、中止されたのだ。会社は倒産し、科学者は他の分野へと移っていった。ゲルシンガーの臨床試験は遺伝子治療全体の土壌を焼き尽くし、その分野に永久に消えない傷痕を残した。

しかし、遺伝子治療はやがて復活した。慎重に一歩ずつ。一九九〇年から二〇〇〇年までの一見停滞した一〇年間は、内省と再考の期間だった。まず最初に、ゲルシンガーの臨床試験のミスというミスを洗い出さなければならなかった。肝臓へ遺伝子を運ぶ無害なはずのウイルスがなぜあそこまで破壊的で致死的な反応を誘発したのだろう？　医師や、科学者や、監督官が臨床試験を厳密に調べた結果、失敗の原因が明らかになった。ゲルシンガーの細胞に感染させるために選ばれたベクターのヒトに対する安全性は、それまで十分に吟味されたことがなかったのだ。しかし最も重要だったのは、ベクターであるウイルスに対するゲルシンガーの免疫反応は予測可能だったという点だ。ゲルシンガーは遺伝子治療の臨床試験で使われたアデノウイルス株にかつて自然に暴露されていた可能性が高かった。彼の激しい免疫反応は異常なものではなく、おそらくは風邪をひいた際に遭遇したことのある病原体に対する、あたりまえの反応にすぎなかった。ヒトに感染するありふれたウイルスを遺伝子の運び手として選んだことは、遺伝子治療専門医の決定的な判断ミスだった。彼らは、自分たちが遺伝子を導入しようとしている体には歴史も、傷も、記憶もあることを、そして、かつてウイルスにさらされた経験もあることを考慮するのを怠ったのだ。「あんなに美しいものがどうしてあそこまでひどい結果になるんだろう？」と父のポール・ゲルシンガーは問いかけた。われわれは今ではその答えを知っている。美だけを追究していた科学者たちには、惨事に対する心構えができていなかったからだ。ヒトの治療のフロンティアを広げようと努力しつづけていた医師たちは、風邪について考えるのを忘れてしまったのだ。

ゲルシンガーの死後二〇年のあいだに、最初の遺伝子治療で使われた道具のほとんどは第二世代、第三世代の技術に取って代わられた。ヒトの細胞への遺伝子の運び手としては新しいウイルスが使われるようになっており、遺伝子導入をモニターする新しい方法も開発された。これらの新しいウイルスの多くは、研究室での操作が簡単なうえに、ゲルシンガーの体内で起きたような制御不能の激しい免疫反応を誘発しないという点から選ばれている。

二〇一四年、《ニューイングランド・ジャーナル・オブ・メディシン》に、血友病の遺伝子治療が成功したことを告げる歴史的な論文が載った。*5 血液凝固因子の遺伝子の変異を原因とする恐ろしい出血性疾患である血友病は、遺伝子の歴史を貫く一本の鎖であり、いわば、DNAの物語の〝DNA〟のようなものである。一九〇四年に誕生したロシア皇太子アレクセイ・ニコラエヴィチが生まれつき血友病だったために、その病はいやおうなしに、二〇世紀前半のロシアの政治生活に深い影響を与えることになった。血友病はヒトで初めて特定されたX連鎖遺伝疾患のひとつであり、血友病とX染色体との関係が明らかになったことによって、遺伝子が染色体上に物理的に存在することが判明した。血友病はまた、一個の遺伝子に原因があることが明確に示された最初の疾患のひとつでもあった。さらに、ジェネンテック社が一九八四年に成功したように、欠乏しているタンパク質が人工的につくられた初めての遺伝性疾患のひとつでもあった。

血友病の遺伝子治療という考えが初めて検討されたのは一九八〇年代半ばのことだった。血友病は血液を凝固させるタンパク質の欠乏や機能低下を原因とするため、ウイルスを使ってその遺伝子を細胞に運び、血液凝固機能を体に取り戻させるのは可能なことに思えた。それから二〇年近くもたった二〇〇〇年初め、遺伝子治療専門医たちはふたたび、血友病の遺伝子治療に挑戦することを決めた。血友病は、欠乏している凝固因子の種類によって、大きくAとBのふたつに分けられる。そのうち、遺伝子治療の対象として選ばれたのは、第Ⅸ因子の遺伝子に変異があるために正常なタンパク質がつくられない血友病Bだった。

この臨床試験のプロトコールは単純なものだった。重症型の血友病Bを患う一〇人の男性に、第Ⅸ因子の遺伝子を運ぶウイルスを一回注射し、その後数カ月にわたって、ウイルスがコードしているタンパク質の血中濃度を測定するというものだ。注目すべき点は、この臨床試験が安全性だけでなく効果も確かめるためにおこなわれたということだ。ウイルスを注射された一〇人の患者について、出血のエピソードや、第Ⅸ因子の追加投与が必要だったかどうかが調査された。ウイルスが導入した遺伝子によって、第Ⅸ因子の濃度は正常値の五パーセントしか上昇しなかったものの、出血のエピソードに対する効果には目を見張るものがあった。患者の出血の回数はじつに九〇パーセントも減少しており、第Ⅸ因子を追加投与する頻度も同じくらい劇的に減ったうえに、その効果は三年以上も続いたのだ。

欠乏しているタンパク質を五パーセント補っただけで高い治療効果が得られたという事実は、熱意を抱く遺伝子治療専門家にとってのかがり火となった。その事実はヒト生物学における同義性の力を思い出させる。ヒトの血液の凝固機能をほぼ完全に取り戻すのに五パーセントの凝固因子だけで十分ならば、残りの九五パーセントのタンパク質は余分だということになる。それらは緩衝液か、貯蔵液のようなものであり、おそらくは大出血が起きた際のバックアップとして人体が保持しているものと考えられる。嚢胞性線維症などの単一の遺伝子を原因とする他の疾患にも同じ原則があてはまるとしたら、遺伝子治療はそれまで考えられてきたより、はるかに簡単だということになる。たとえ少数の細胞にしか治療的な遺伝子を導入できなくても、致死的な疾患を治療するのに十分である可能性があるからだ。

それでは、生殖細胞の遺伝子を改変してヒトゲノムを永久に変化させるという人類遺伝学の長年の幻想、すなわち「生殖細胞系列遺伝子治療」は実現するのだろうか？　永久に変化したゲノムを持つヒトの胎児である「ポストヒューマン」や「トランスヒューマン」をつくれるのだろうか？　一九九〇年代初頭までには、生殖細胞系列を対象にしたヒトゲノム工学の課題は、三つの科学的ハードルへと集約されていた。どの課題もかつては絶対に解けない科学的難題のように思われていたが、それが今では、あと一歩で解明されそうになっている。ヒトゲノム工学についての最も驚くべき事実は、そうした技術があまりに遠くて手が届きそうにないということではなく、じれったいほどに手が届きそうなところにあるということだ。

ひとつめの課題は、信頼できるヒトの胚性幹（ES）細胞を樹立することだった。ES細胞とは発生の初期段階にある胚の内部の細胞塊からつくられる幹細胞で、研究室で細胞株として増やしたり、操作したりすることができると同時に、生きた胚のすべての組織を形成することができる。したがって、ES細胞のゲノムを変化させることは、個体のゲノムを永久に変化させるための便利な方法であるといえる。ＥＳ細胞のゲノムを意図的に変えることができたなら、その変化は胚へ、すなわち胚の中で形成されるすべての器官へも、そして個体へも導入される可能性があるからだ。ＥＳ細胞の遺伝子改変というのは、生殖細胞系列遺伝子工学のあらゆるファンタジーの通り道なのだ。

一九九〇年代末、ウィスコンシン大学の発生生物学者ジェームズ・トムソンがヒト胚から幹細胞を取り出す実験を開始した。マウスのＥＳ細胞の存在は一九七〇年代末から知られていたのに対し、ヒトのＥＳ細胞を見つけようとする試みは失敗に終わっていた。トムソンは、そうした失敗には原因がふたつあることを突き止めた。悪い種子と悪い土壌だ。ヒトの幹細胞を樹立するための出発材料はたいてい質が悪いことが多いうえに、増殖のための条件も最適とはいえなかった。一九八〇年代、大学院生だったトムソンはマウスＥＳ細胞の研究に没頭し、まるで外来の植物を自然生息地ではない場所で育て、増やすことのできる温室専門の庭師のように、ＥＳ細胞の数々の風変わりな特徴を学んでいった。ＥＳ細胞は気むずかしく、むら気で、こだわりが強く、ほんの些細な刺激でも縮まって死んでしまうことがわかった。自分を育ててくれる「フィーダー（保育）」細胞を必要としており、凝集しやすい性質を持っていることもわかった。そしてＥＳ細胞を顕微鏡で観察するたびに、トムソンは細胞の放つ催眠作用のある半透明な光沢に釘づけになった。

一九九一年、ウィスコンシン大学の霊長類センターに移ったトムソンは、サルのES細胞の樹立に取りかかった。妊娠中のアカゲザルから六日齢の胚を取り出し、培養皿の上で培養した。六日後、細胞の果実の皮をむくようにして胚の外側の層を取り除き、内細胞塊から細胞を取り出した。サルの細胞もマウスの細胞と同じく、重要な成長因子を供給するフィーダー細胞の巣の中で培養しなければならないことがわかった。フィーダー細胞がないと、ES細胞は死んでしまったのだ。一九九六年、この手法をヒトに適用できると確信したトムソンは、ウィスコンシン大学の規制委員会にヒトES細胞の樹立の許可を申請した。

しかし、マウスとサルの胚は簡単に見つかったものの、受精したばかりのヒトの胚をどこで見つければいいのだろう？　トムソンはすぐに供給源を見つけた。体外受精（IVF）クリニックだ。一九九〇年代末には、IVFはさまざまな原因による不妊症の治療に用いられる一般的な方法となっていた。IVFをおこなうには、まず女性の卵巣から排卵直前の卵子を採取する。たいていの場合、複数の卵子が採取され（ときに一〇個から一二個も採取される場合がある）、採取された卵子を培養皿上で精子と受精させる。胚ができると、数日間培養器の中で培養されたあと、子宮に戻される。

しかしIVFでできた胚がすべて子宮に戻されるわけではない。安全性という観点から、三個以上の胚を戻すことはほとんどなく、残った胚は廃棄されることが多い（あるいはまれに、「代理母」となる他の女性の子宮に移植される）。一九九六年、ウィスコンシン大学からの許可を得て、トムソンはIVFクリニックから三六個の胚を入手した。そのうちの一四個が培養器の中で光沢のあるボール状の細胞塊を形成した。サルの実験で習得した技術（外側の層をはがして細胞を取り出し、「栄養細胞」やフィーダー細胞の巣の中でやさしく成長を促す）を使って、トムソンは数個のヒトのES細胞を単離した。マウスに移植すると、それらの細胞はヒト胚を構成する三つの層（皮膚、骨、筋肉、神経、腸管、血液といったあらゆる組織の原始の供給源）を形成した。

IVFで廃棄された胚からトムソンが樹立したES細胞は、ヒト発生のプロセスを概ねなぞることができたが、そこには大きな限界があった。それらの細胞は実質的に、あらゆるヒトの組織をつくることができたものの、精子や卵子などの組織をつくり出すことはできなかったのだ。つまり、ES細胞に導入される遺伝子変化は胚のすべての細胞に伝わるが、最も重要な細胞、すなわち遺伝情報を次世代に受け渡すことのできる細胞には伝わらないということだ。一九九八年にトムソンの論文が《サイエンス》に掲載されるとすぐに、アメリカ、中国、日本、インド、イスラエルの研究者をはじめとする世界じゅうの科学者チームが、生殖細胞へと分化でき、次世代へ遺伝情報を伝えることのできるヒトES細胞を見つけようと、胎児の胚組織から数十のＥＳ細胞株を樹立しはじめた。[*6]

だがそこで、ほとんどなんの前触れもなしに、研究はいきなり中止された。トムソンの論文から三年後の二〇〇一年、ジョージ・Ｗ・ブッシュ大統領が、連邦の助成によるＥＳ細胞研究をすでに樹立された七四株の細胞に限定するように命じたのだ。[*7] ＩＶＦで廃棄された胚組織から新しい株を樹立することもできなくなった。ＥＳ細胞の研究をしていた研究室は厳しい監視下に置かれ、資金を削減された。二〇〇六年から二〇〇七年にかけて、ブッシュ大統領は、新しい細胞株の樹立に対する連邦政府の資金提供を禁じた。変性疾患や神経疾患の患者などからなる幹細胞研究の支援者たちが、ワシントンＤＣの通りに押し寄せ、禁止令を出した連邦機関を訴えると脅した。するとブッシュは「廃棄された」ＩＶＦの胚を代理母に移植して誕生した子供たちを同席させて記者会見を開き、そうした要求に対抗する姿勢を示した。

新しいＥＳ細胞株樹立に対する連邦政府の助成の禁止は、少なくとも一時的に、ヒトの遺伝子工学の野心そのものを凍結した。しかし、永久に受け継がれるゲノム変化をつくり出すために必要な第二段階の進歩のほうは、その禁止によって止まることはなかった。すでに存在しているＥＳ細胞のゲノムを意図的に改変するための、正確で、効率的な方法の進歩だ。

最初は、これもまた乗り越えられない技術的な難題に思えた。ヒトゲノムを変化させる技術というのは実質上、どれも荒削りで非効率的だった。幹細胞に放射線を浴びせれば突然変異は起きるが、ゲノム上にランダムに起きるために、ゲノムのねらった場所を変化させることはできない。遺伝子を組み換えられたウイルスはその遺伝子をゲノムに挿入することができるが、挿入部位はたいていランダムであるうえに、挿入された遺伝子が発現しない場合もよくある。一九八〇年代、ゲノムのねらった場所を変化させるための新たな方法が開発された。挿入したい部分の塩基配列を両側に持った外来DNA断片を用いる方法だ。その方法を試したところ、外来DNAが細胞の遺伝物質の中に直接挿入されたり、メッセージがゲノムにコピーされたりし、そうしたプロセス自体はうまくいったが、その方法はあまりに非効率的で、ミスが起きやすいことがわかった。意図的な変化を正確に、そして効率的にもたらす（特定の方法で、ねらった遺伝子だけに意図的な変化をもたらす）ことなど不可能に思えた。

二〇一一年の春、ジェニファー・ダウドナという名の研究者が、微生物学者のエマニュエル・シャルパンティエに声をかけられた。シャルパンティエはそのとき、ヒトの遺伝子やゲノム工学とは一見、関係がなさそうな難題に頭を悩ませていた。プエルトリコの微生物学会に参加していたふたりは、ビエホ・サン・ファンの路地を歩きながら話をした。アーチ形の出入り口のある家々のファサードには、赤紫色や黄土色の彩色が施されていた。シャルパンティエはダウドナに、細菌の免疫系、つまり細菌がウイルスから身を守るメカニズムがいかに興味深いかを語った。ウイルスと細菌の闘いはあまりに長いあいだ、あまりのすさまじさで続いているために、まるで古代の宿敵同士のように、それぞれが相手によって定義されるまでになった。どちらの遺伝子にも相手に対する敵意が刻まれているのだ。ウイルスのほうは、細菌の中に侵入して殺すための遺伝的なメカニズムを進化させ、一方の細菌は、それに対抗するための遺伝子を進化させた。「ウイルスによる感染は、時限爆弾のようなもの」であることをダウドナは知っていた。「細菌はウイルスの感染後、数分で爆弾を爆発させなければならない。自分が殺される前に」

二〇〇〇年代半ば、フィリップ・オルヴァートとロドルフ・バラングという名のフランス人科学者たちが、細菌の自己防衛メカニズムのひとつを発見した。オルヴァートとバラングはデンマークの食品会社ダニスコの社員で、チーズをつくったり、ヨーグルトをつくったりする細菌を研究していた。そうした細菌の種の中には、侵入してきたウイルスのゲノムを切断してウイルスを麻痺させるメカニズムを進化させたものがいた。分子の飛び出しナイフのようなこのメカニズムは、連続犯であるウイルスをそのDNA塩基配列で見分けることができるうえに、切断場所はランダムではなく、ウイルスDNAの特定の場所だった。

ほどなく、こうした細菌の防御システムには、少なくともふたつの重要な要素があることがわかった。ひとつめは「シーカー（捜索者）」だ。「シーカー」とは、細菌のゲノムにコードされているRNAで、自分の鏡像の配列をウイルスのDNA内に見つけ出す。ウイルスを見つけ出す方法はここでもまた、結合だ。RNA「シーカー」は、侵入してきたウイルスのDNAを認識して、それが自分の敵であることを知る。なぜならそのDNAは自分の鏡像であり、それらは陰と陽の関係にあるからだ。たとえるならば、自分の敵の写真をずっとポケットに入れて持ち歩いているようなものだ。細菌の場合には、敵の裏返しの写真がゲノムに消えることなく焼きつけられている。

防御システムのふたつめの要素は、「ヒットマン（殺し屋）」だ。ウイルスのDNAが認識され、裏返しのイメージから敵であることがわかったなら、キャス9《ナイン》（Cas9）という名のタンパク質が出動して、ウイルス遺伝子を切断し、ウイルスを殺す。「シーカー」と「ヒットマン」は協力しあって働き、認識要素である「シーカー」によって塩基配列の照合がおこなわれたあとで初めて、キャス9はゲノムを切断する。これはまさに、昔ながらの協力者の組み合わせである。偵察者と執行者、ドローンとロケット、ボニーとクライドといったような。

それまでずっとRNAの研究に没頭してきたダウドナは、そのメカニズムに魅了された。だが、最初は単なる好奇心の対象にすぎなかった。ダウドナはそのメカニズムについて、のちにこう述べている。「それまで研究した中で、最も不明瞭なものだった」しかしシャルパンティエとの共同研究によって、ダウドナはそのメカニズムを解きほぐしていくことになった。

二〇一二年、ダウドナとシャルパンティエは、そのメカニズムが「プログラム可能」だということに気づいた。細菌がウイルス遺伝子の写真を持っているのは、言うまでもなく、ウイルスを探し出して破壊するためであり、ウイルス以外のゲノムを認識して切断しなければならない理由は細菌にはない。だが、その自己防衛システムについて詳しく調べたダウドナとシャルパンティエは、今ではそこに細工をすることができるようになっていた。認識要素をべつの認識要素に取り替えることによって、ウイルス以外の遺伝子やゲノムのねらった場所を切断することができるようになったのだ。「シーカー」を入れ替えれば、他の遺伝子が探し出されて、切断されることになる。

前記の最後から二番目の文章には、どんな人類遺伝学者の心にも空想を広げ、彼らの心を落ち着かなくさせるフレーズがある。遺伝子の「ねらった場所の切断」によって、ねらった場所に変異を起こすことが可能になるのだ。たいていの突然変異はゲノム上にランダムに起きる。嚢胞性線維症の遺伝子やテイ・サックス病の遺伝子だけをピンポイントに変化させるようにX線に命じたり、宇宙線の方向を操作したりすることはできないのだ。しかしダウドナとシャルパンティエの方法では、変異はランダムに起きるわけではない。自己防衛システムによって認識されたまさにその場所で変異が起きるようにプログラムすることができる。認識要素を入れ替えることによって目的の遺伝子を切断し、遺伝子に思いどおりの変異を起こすことができるのだ†。

　このメカニズムはさらに操作することができる。遺伝子が切断されると、ふたつのDNAの先端が切れたひものようにむき出しになり、その後、きれいに刈り込まれる。切断とトリミングは壊れた遺伝子を修復するためのものであり、遺伝子はその際、切断されていない自らのコピーを探して、失われた情報を取り戻そうとする。物質はエネルギーを保存するが、ゲノムは情報を保存するようにデザインされている。切断された遺伝子はたいてい、細胞内に存在する自らのコピーから失われた情報を取り戻す。しかし、もし細胞内に外来DNAがあふれていたら、遺伝子は自らのバックアップコピーからではなく、そうしたおとりのＤＮＡの情報をうっかりコピーしてしまう。おとりのＤＮＡに書き込まれた情報はこうして、ゲノムに永久に取り込まれるのだ。それは、文中の一文字を消して、そこにべつの文字を意図的に書き込むのに似ている。このようにして、あらかじめ決められた遺伝子変異がゲノムに書き込まれ、たとえば、ＡＴＧＧＣＣＧだったところが、ＡＣＣＧＣＣＧＧＧ（などの意図的な塩基配列）へと変化する。この方法を使えば、変異した嚢胞性線維症遺伝子を野生型の遺伝子に修正することもできれば、個体にウイルスへの抵抗性を与える遺伝子を導入することもできる。変異したＢＲＣＡ１遺伝子を野生型に戻したり、変異したハンチントン病遺伝子の単調で陰気な繰り返し配列を分断し、削除することもできる。そうした技術は「ゲノム編集」と呼ばれている。

ダウドナとシャルパンティエが二〇一二年に、クリスパー／キャス９（ＣＲＩＳＰＲ／Ｃａｓ９）と名づけた微生物の防御システムについてのデータを《サイエンス》に発表する[*8]と、その論文はすぐに生物学者の想像力に火をつけ、ふたりの歴史的研究が発表されてからの三年間で、この技術は爆発的に広がった。[*9]この方法には依然として根本的な制約が

† ＤＮＡ切断酵素を使って、特定の遺伝子に「プログラム可能な」切断をするべつの機序も現在開発中である。「ＴＡＬＥＮ」と名づけられたこの酵素もまた、ゲノム編集に用いることができる。

あり、ときどき、ちがう遺伝子が切断されたり、修復が効率的におこなわれず、ゲノムの特定の位置の情報を「書きなおす」ことができなかったりする。しかしこの技術は実質上、これまでに開発されたほかのどんなゲノム改変法よりも簡単で、強力で、効率的だ。生物学の歴史上、これほどまでにすばらしい偶然のめぐり合わせというのはきわめてまれである。微生物がつくり出し、ヨーグルト技術者が発見し、ＲＮＡ生物学者が再プログラムした神秘的な防御システムによって、何十年ものあいだ遺伝学者が切望していた革新的な技術、すなわちヒトゲノムの特定の塩基配列だけをピンポイントで修正する、的を絞った効率的な方法へとつながる道が生み出されたのだ。遺伝子治療の先駆者であるリチャード・マリガンはかつて、「混じり気のない、純粋な遺伝子治療」を夢見た。この方法はまさに、混じり気のない、純粋な遺伝子治療を可能にするものである。

ヒトの個体のゲノムに永久に残る意図的な修正を加えるためには、最後にもう一段階必要だ。ヒトＥＳ細胞でつくられた遺伝子変化をヒト胚に組み込むという段階だ。ヒトＥＳ細胞を生存能力のあるヒト胚に直接変化させるのは、技術的な理由からも、倫理的な理由からも不可能だ。たとえヒトＥＳ細胞が研究室という環境であらゆるタイプのヒトの組織を生み出すことができたとしても、生存可能なヒト胚に変化することを願って、女性の子宮にES細胞を直接移植するというのは考えられない。ヒトES細胞を動物に実際に移植しても、ヒト胚の組織が大ざっぱに形成されるだけであり、そこで起きていることは、ヒトの発生過程で受精卵に起きているような解剖学的、生理学的な協調からはほど遠い。

代案として考えられるのは、胚が基本的な構造を形成したあとで（受精後数日から数週間たったあとで）、胚の遺伝子をそっくり修正するという戦略だ。しかしこの戦略も、実際にはむずかしい。いったん構造ができあがってしまったあとのヒト胚というのは根本的に、遺伝子改変を受けつけないからだ。こうした技術的な障壁はさておき、何より大きいのは、このような実験に対する倫理的な不安だ。生きたヒト胚のゲノムを修正するという実験は、生物学や遺伝学という領域をはるかに超えた、ありとあらゆる問題を生じさせる。たいていの国では、そのような実験は許容範囲を超えたものと考えられている。

おそらく最もアプローチしやすいのは次の戦略だろう。ここではまず、標準的な遺伝子組み換え技術を用いてヒトのES細胞の遺伝子を改変し、その後、この遺伝子組み換えES細胞を精子や卵子などの生殖細胞に分化させられると仮定しよう。ES細胞が真に多能性の幹細胞ならば、ヒトの精子や卵子をつくり出せるはずだ（本物のヒト胚というのは結局のところ、自分自身の精子や卵子をつくるのだから）。

ではここで、ある思考実験をしてみよう。このような遺伝子組み換え精子や卵子を体外受精させて、ヒトの胚をつくったとしたら、その胚は必然的に自らの精子や卵子を含むすべての細胞にその遺伝子変化を持つことになる。この実験なら、ヒト胚を実際に変化させたり、操作したりすることなく（それゆえに、ヒト胚の操作という道徳的な障壁を安全によけながら）、その予備段階を試してみることができる。[†] 最も重要なことは、すでに確立している体外受精のプロトコールにこの予備段階が似ているという点だ。ここで用いられるのは、結局のところ、精子と卵子を培養皿の上で受精させ、初期胚を女性の子宮に移植するという手法だけであり、そうした手法が良心の呵責を生むことはほとんどない。これは生殖細胞系列遺伝子治療の手っ取り早い方法であり、秘密のトランスヒューマニズム（新しい科学技術を使って人間の能力を前例のない形で向上させようとする思想）だ。ヒトの生殖細胞系列への遺伝子導入は、ES細胞を生殖細胞に変換させることで容易に達成できるのだ。

科学者がゲノム改変のシステムを完成させつつあったちょうどそのとき、最後の問題もほぼ解決されようとしていた。二〇一四年の冬、イギリスのケンブリッジ大学とイスラエルのワイツマン科学研究所の発生生物学者のチームがヒトES細胞から始原生殖細胞（精子や卵子のもとになる細胞）をつくるシステムを開発した。[*10] 旧バージョンのES細胞を使った過去の実験では、始原生殖細胞をつくることはできなかったが、二〇一三年、イスラエルの研究者はこうした過去の実験を改良して、生殖細胞をつくる能力の高い一群の新しいＥＳ細胞を単離した。一年後、彼らはケンブリッジ大学の科学者と共同研究をおこない、それらの新しいヒトＥＳ細胞をある特定の条件下で培養し、特別な物質で分化を促した結果、精子と卵子の前駆体の塊が形成された。

この技術は非常にむずかしいうえに、非効率的だ。ヒト胚を人為的につくることに対する厳しい規制があるために、そうした精子様の細胞と卵子様の細胞から正常に発達するヒトの胚がつくられるかどうかを確かめることはできない。しかし遺伝情報を次世代に伝える可能性のある細胞がつくられたのは確かだ。原理上は、もし遺伝子編集や、遺伝子手術や、ウイルスを使った遺伝子挿入などの技術を使って、精子や卵子になるＥＳ細胞の遺伝子を改変することができたなら、どのような遺伝的変化もヒトのゲノムに永久に、遺伝的に刻まれることになる。

† この技術を用いたならば、個々のＥＳ細胞のクローンをつくって調べることができるために、意図しない変異を持つＥＳ細胞を見つけ出し、廃棄することができる。事前に調べた結果、意図する変異を持つことが判明したＥＳ細胞だけを精子や卵子に分化させることができるのだ。

遺伝子を操作することと、ゲノムを操作することとはまったく話がちがう。一九八〇年代から一九九〇年代にかけて、DNA解読と遺伝子クローニングの技術が開発されたことによって、科学者たちは遺伝子を理解し、操作できるようになり、その結果、細胞をきわめて巧みにコントロールできるようになった。だがゲノムの自然な状態での操作、とりわけ胚細胞や生殖細胞での操作が可能になれば、それとは比べものにならないほど強力な技術への扉が開かれる。今ではもう、問題となっているのは細胞ではなく、個体、そう、われわれ自身なのだ。

一九三九年の春、プリンストン大学の書斎で核物理学の最近の進歩について熟考していたアルバート・アインシュタインは、計り知れないほど強力な武器をつくるのに必要な段階はどれもすでに完成していることに気づいた。ウランの分離、核分裂反応、連鎖反応、中和、チャンバーでの制御された放射線の放出はどれも成功しており、残るは、それらをつなげることだけだった。これらの反応を順番につなげていったなら、原子爆弾ができるはずだった。一九七二年、ポール・バーグはスタンフォード大学でゲル上のDNAバンドを眺めながら、自分がそれと同じ重要な岐路に立っていることに気づいた。遺伝子を切り貼りし、遺伝子のキメラをつくり、遺伝子キメラを細菌や哺乳類の細胞へ導入する技術によって、科学者はヒトとウイルスの遺伝子ハイブリッドをつくれるようになった。残るは、それらの反応を順番につなげることだった。

われわれは今、ヒトゲノム工学における同様の瞬間に、つまり、胎動が始まる瞬間に立ち合っている。以下の段階を順に考えてみよう。（a）本物の（精子や卵子を形成することのできる）ヒトES細胞株を樹立する。（b）精度の高い手法によって、そのヒトES細胞株の遺伝子を意図的に改変する。（c）遺伝子を改変したそのES細胞からヒトの精子や卵子を形成する。（d）遺伝子を改変したその精子と卵子を体外受精させてヒト胚をつくる……すると、かなり簡単に、遺伝子改変人間が誕生することになる。

ここでは手品は何も使われていない。どの段階も、現在の技術の手の届く範囲にある。もちろん、未開拓な部分も多く残されてはいる。たとえば、次のような問題だ。すべての遺伝子を効率的に改変することができるのだろうか？　そうした改変にはどんな副作用があるのだろう？　ES細胞から形成された精子や卵子は正常なヒト胚をつくることができるだろうか？　加えて、多くの小さな技術的障壁も残ってはいる。だが、ジグソーパズルの重要なピースがすでにしかるべき場所に収まっているのは確かだ。

予想どおり、前記の段階はどれも現在、厳しい規制や禁止令のバリケードで囲まれている。アメリカでは長年にわたって、連邦政府資金によるES細胞研究が禁止されてきた。二〇〇九年、オバマ政権は新しいES細胞株の樹立に対する禁止令を解除したが、新たに設けられた規制でも、国立衛生研究所（ＮＩＨ）は以下の二種類のヒトＥＳ細胞研究を明確に禁止している。ひとつめは、ヒトＥＳ細胞をヒトや動物に移植し、生きた胚へと成長させる研究であり、ふたつめは、ＥＳ細胞のゲノム修正を「生殖細胞系列（精子や卵子）へと伝わる可能性のある状況」でおこなう研究だ。

二〇一五年の春、私がちょうどこの本を完成させつつあるとき、ジェニファー・ダウドナとデイヴィッド・ボルティモアをはじめとする科学者グループが、遺伝子編集および遺伝子改変技術の臨床応用（とりわけヒトＥＳ細胞への応用）の一時停止を求める共同声明を発表した。[*11]「ヒト生殖細胞系列の遺伝子操作は長いあいだ、一般の人々に興奮だけでなく、懸念をもたらしてきました。とりわけ、そうした技術の治療への適用が許可されたなら、あまり説得力のない、ときに厄介ですらある使用へとつながる〝危険な坂道〟が生み出されるのではないかという心配があるからです」とその声明には書かれている。「重要な論点は、ヒトの重症疾患の治療というのはゲノム工学の責任ある使用かどうかという点であり、もしそうなりえるのなら、どのような状況で用いたなら、責任ある使用と言えるのかという点です。たとえば、病気を引き起こしている遺伝子変異を改変して、健康なヒトに典型的に見られる塩基配列にするのは適切なのでしょうか？　こうした一見単純なシナリオですら、深刻な懸念を生みます……なぜなら遺伝子と環境の相互作用や、病気の機序についての私たちの知識には限界があるからです」

多くの科学者が、一時停止の要求は妥当であり、必要なものですらあると感じた。幹細胞研究者であるジョージ・デイリーは次のように指摘している。「遺伝子編集は以下の点についての最も根本的な問題を提起している。われわれは未来の人類をどうみなすのか。自分たちの生殖細胞系列を修正するという劇的な一歩を踏み出し、そしてある意味、自分たちの遺伝的な運命をコントロールするつもりなのか。その結果、人類を途方もない危険にさらすつもりなのか」

規制を求めるこの声明は多くの点で、アシロマのモラトリアムを思い起こさせる。この声明は、新技術の倫理的、政治的、社会的、法的な意味が明確になるまではその使用を制限することを求めるとともに、新しい科学とそれがもたらす未来についての一般の人々の評価をも求めている。しかしそれと同時に、われわれが永久的に改変されたゲノムを持つ胚をつくり出す一歩手前まで来ていることを率直に認めてもいる。ES細胞から初めてマウスの胚をつくったマサチューセッツ工科大学のルドルフ・イエーニッシュはこう述べている。「将来、ヒトの遺伝子編集がおこなわれるのはまちがいない。ヒトをこの方法でエンハンスメントしたいのか、したくないのか。道義にもとづいた合意が必要だ[*12]」

この最後の文で注目すべきなのは「エンハンスメント（増強）」という言葉だ。なぜならその言葉は、それまでのゲノム工学の限界からの大胆な脱却を示唆しているからだ。ゲノム編集技術が開発される前は、われわれは胚選択によって、ヒトのゲノムからある特定の情報を取り除いていた。着床前診断（ＰＧＤ）によって胚を選択し、ある特定の家系からハンチントン病や嚢胞性線維症を引き起こす遺伝子変異を排除していたのだ。

一方、クリスパー／キャス９を使ったゲノム工学は、ゲノムに情報をつけ加えることを可能にした。つまり、遺伝子を意図的に改変し、新しい暗号をヒトゲノムに書き加えることができるようになったのだ。「この現実が意味することは、生殖細胞系列の遺伝子操作というのは〝われわれ自身を改良する〟という名目で、たいていは正当化されてしまうということだ[*13]」とフランシス・コリンズは私に書き送ってきた。「つまり何が〝改良〟かを決める権限を、誰かが持つことになるのだ。誰であれ、そのようなことをもくろんでいる者は、自分たちがいかに傲慢か気づくべきだ」

要するに、問題の核心は遺伝的な解放（遺伝性疾患による束縛を免れること）ではなく、遺伝的なエンハンスメント（ヒトゲノムにコードされている形や運命の束縛を免れること）なのだ。両者を区別するのはもろい旋回軸のようなものであり、ゲノム編集の未来はそこを中心にまわっている。われわれが歴史から学んだように、ある人にとっての病気がべつの人にとっての正常だとしたら、ある人がエンハンスメントととらえるものを、べつの人は解放ととらえるかもしれない（「われわれをもう少しよくしてもいいのでは？」とワトソンは問いかける）。

しかし、人間は責任あるやり方で自分たちのゲノムを「エンハンスメント」できるのだろうか？　自分たちの遺伝子にコードされた天然の情報を増強したら、どうなるのだろう？　自分たちを今よりも大幅に悪くしてしまうかもしれないというリスクを冒すことなしに、ゲノムを「もう少しよく」することはできるのだろうか？

二〇一五年の春、中国の研究所がこのバリケードをあっさりと越えたことを告げた。*14　広州の中山大学の黄軍就《ファンチユンチウ》率いるチームがIVFクリニックから八六個のヒト胚を入手し、クリスパー／キャス9を使って遺伝性の血液疾患を引き起こす遺伝子変異を正常な遺伝子へと修正する実験をおこなったのだ（この実験では欠陥のある胚だけが使用されたために、それらの胚が正常な胎児に成長する可能性はなかった）。そのうち七一個の胚が生き残り、その中の五四個の胚について調べた結果、正常な遺伝子が挿入された胚はたったの四個しかないことがわかった。さらに不吉なことに、クリスパー／キャス9による編集の精度の低さも判明した。調べられた五四個の胚の約三分の一で、意図しない遺伝子に変異が起きており、その中には、正常な発達と生存にとって不可欠な遺伝子も含まれていたのだ。結局、実験は中止された。

それは大きな反響を呼びそうな大胆かつ向こう見ずな実験だった。実際、世界じゅうの科学者がヒト胚を修正するというそうした試みに対して強い苦悩と懸念を示した。《ネイチャー》、《セル》、《サイエンス》といった影響力の強い科学雑誌は、安全面や倫理上の懸案事項に大きく違反したとして、研究結果の掲載を拒否した[*15]（研究結果は最終的に、ほとんど無名の電子ジャーナルである《プロテイン＋セル（*Protein + Cell*）》に掲載された[*16]）。だが、恐怖心と不安を抱きながら研究結果を読んだ生物学者たちはすでに、これは違反の第一歩にすぎないことを知っていた。中国人研究者たちの研究では、受精卵の遺伝子操作に際して最短経路がとられていたために、予想どおり、胚には予定外の変異が多数起きていた。しかし、その技術をより精度の高い、より効率的なものへと修正することは可能であり、たとえば、ES細胞や、ES細胞からつくられた精子や卵子が使われていたなら、それらの細胞をあらかじめスクリーニングして有害な変異を持つものを取り除くことができ、その結果、ねらいどおりに遺伝子改変された胚が効率的につくられていた可能性がある。

黄軍就は記者に次のように語っている。「さまざまな戦略を用いてオフターゲット（ND

Aの標的配列以外の部位）の変異を減らすつもりだ。より正確にねらった場所に導いてくれるように酵素を微調整し、作用時間を調節できるようなやり方で酵素を導入することによって、変異が蓄積する前に酵素の作用を停止させるようにする」[*17]。黄軍就は、数カ月後にはべつの形の実験をしたいと考えており、次はより効率的で精度の高い実験がおこなえるはずだと踏んでいた。彼は誇張していたわけではなかった。ヒト胚のゲノムを修正する技術は確かに複雑であり、成功率も低く、精度に欠けるが、科学の手が届かないわけではないのだ。

　ヒト胚に対する黄軍就の実験のなりゆきを当然の懸念とともに見守っている欧米の科学者とは対照的に、中国の科学者たちは、そうした実験をはるかに楽天的にとらえている。「中国はモラトリアムには応じないだろう」[*18]とある科学者は二〇一五年六月末に《ニューヨーク・タイムズ》に語った。その理由は、中国の生命倫理学者の次の説明からわかる。「儒教の思想では、人間は生まれたあとに人間になるとされており、そうした思想はキリスト教の影響を受けた欧米の人々の考え方とは異なっている。キリスト教社会の人々は、胚を使った研究は根本的に許されないと感じているが、私たちにとっての〝越えてはならない一線〟とは、一四日齢以降の胚を使ってはならないというものだ」

　ある科学者は「まずやってみて、あとで考える」というのが中国人のやり方だと書いており、数人のパブリック・コメンテーターがこの戦略を支持している。《ニューヨーク・

タイムズ》のコメント欄には、アジアに後れをとらないためにヒトゲノム工学の禁止令を撤廃し、欧米でも実験を促進すべきだという読者の声が掲載された。中国の実験は明らかに、世界じゅうに緊張感をもたらしており、そうした緊張感はある書き手の次の言葉にも表れている。「われわれがしないなら、中国がするだろう」ヒト胚のゲノム改変に向けた動きは、国際的な軍拡競争の様相を呈してきたといえる。

今これを書いている時点で、中国の他の四つのグループが次世代に受け継がれる変異をヒト胚に導入する研究をおこなっているという報告がある。本書が出版されるころに、どこかの研究所がヒト胚のゲノムをねらいどおりに改変することに初めて成功していたとしても、私は驚かないだろう。最初の「ポストゲノム」人間の誕生は差し迫っているのかもしれない（二〇一八年一一月、中国人研究者が「ゲノム編集ベイビー」を誕生させたことを報告し、科学界に衝撃を与えた）。

われわれはポストゲノム世界のための声明文《マニフェスト》（あるいは少なくともヒッチハイク・ガイド）を必要としている。歴史学者のトニー・ジャットは以前私に、アルベール・カミュの小説『ペスト』で描かれるペストは、『リア王』に登場するリアという名の王と同じ意味を持つと言った。生物学的な一大異変を人間の可謬性《かびゅうせい》、欲望、野心の試験場として描いた『ペスト』を読めば、それが人間の本質を描いた寓話であることが容易にわかる。ゲノムもまた、人間の可謬性や欲望の試験場である。しかし、ゲノムを読むのに寓話や比喩は必要ない。ゲノムに書かれているものや、われわれがゲノムに書き込むものは、われわれの可謬性や、欲望や、野心そのものであり、人間の本質そのものだからだ。

完全な声明文を書くという課題はおそらく、次世代に委ねるべきだろう。しかし、遺伝学の歴史から得られた科学的・哲学的・道徳的教訓を思い出せば、われわれにも冒頭の部分なら書けるかもしれない。

1　**遺伝子は遺伝情報の基本単位である。**遺伝子は生物をつくり、維持し、修復するために必要な情報を運んでいる。他の遺伝子や、環境からのインプットや、誘因や、偶然と相互に作用しながら、生物の最終的な形や機能を生み出す。

2　**遺伝暗号は普遍的である。**シロナガスクジラの遺伝子を微細な細菌に挿入することもできれば、その遺伝子を正確に解読することもできる。結論——ヒトの遺伝子にはなんら特別なところはない。

3　**遺伝子は形や、機能や、運命に影響を与えるが、その影響を一対一の関係で与える

わけではない。人間の特質のほとんどは複数の遺伝子によってもたらされており、その多くは、遺伝子と環境と偶然の相互作用の結果、生み出される。そうした相互作用のほとんどは系統立っておらず、予測不能な出来事とゲノムとの交差によるものである。遺伝子の中にはさらに、性向や傾向にだけ影響を与えるものがある。したがってわれわれは、ごく限られた遺伝子の変異や多型についてしか、それが個体におよぼす影響を確実に予測することはできない。

4　**遺伝子の多型は、特性や、形や、行動の多様性に寄与している。**われわれが会話の中で、「青い目の遺伝子」や「身長の遺伝子」と言う場合、実際には、目の色や身長を指定するひとつの遺伝子多型（あるは対立遺伝子）を指している。こうした多型はゲノムのごくわずかな部分を構成しているにすぎないが、ちがいを拡大させる文化的傾向や、おそらくは生物学的傾向のために、われわれは多型を大げさにとらえがちである。デンマーク出身の一八〇センチの男性と、アフリカのデンバ族の一二〇センチの男性では、体の構造も、生理機能も、生化学的機能も同じである。最も異なるヒトのタイプである男性と女性ですら、遺伝子の九九・六八八パーセントが同じなのだ。

5　**人のある特定の特性や機能「の遺伝子」を見つけたとわれわれが主張できるのは、その特性の定義が狭いためである。**血液型「の遺伝子」や、身長「の遺伝子」を定義するのは理にかなっている。なぜならそうした生物学的な特性自体の定義が狭いからだ。しかし、ある特性の定義を特性そのものと混同するというのは生物学の古くからの罪である。もしわれわれが「美」を青い目を持つこと（青い目だけ持っていればいい）と定義したならば、実際に「美の遺伝子」を発見するだろう。もしわれわれが一種類のテスト中の一種類の問題の成績で「知能」を定義したならば、実際に「知能の遺伝子」を発見するはずだ。ゲノムは人間の想像力の広さと狭さを映す鏡にすぎない。そこに映っているのは、ナルキッソスなのだ。

6　**絶対的な意味においても、抽象的な意味においても、「生まれ」か「育ち」かについて語るのは無意味である。**ある特性が生まれ（遺伝子）と育ち（環境）のどちらからより強い影響を受けているかは、それぞれの特性や状況によってちがう。胚の解剖学的・生理学的な性別は、ＳＲＹ遺伝子によって驚くほど自律的に雄に決定されるため、一〇〇パーセント「生まれ」の影響を受けているといえる。一方、ジェンダー・アイデンティティや、性的嗜好や、性役割の選択は、遺伝子と環境の交差によって決まるため、「生まれ」と「育ち」の両方の影響を受けているといえる。一方、「男らしさ」と「女らしさ」が社会でどのように決められ、受け止められるかは、環境、社会的記憶、歴史、文化によって決まるため、一〇〇パーセント「育ち」の影響を受けているといえる。

7 **新たなヒトが発生するたびに、遺伝子多型や変異が生み出される。それは、ヒトという生物から切り離すことのできない性質である。**ある変異は統計学的な意味においてのみ「異常」とされる。なぜならそれはあまり一般的ではない遺伝子変化だからである。人間を均質化し、「正常化」したいという欲求は、多様性と異常を維持するという生物学の要請によって相殺される。正常は進化のアンチテーゼなのだ。

8 **食事や、暴露や、環境や、偶然が関与していると考えられてきたいくつかの疾患も含め、人間の疾患の多くは遺伝子から強い影響を受けている。あるいは、遺伝子によって引き起こされている。**そのような疾患の多くは、複数の遺伝子の影響を受ける多因子遺伝性疾患である。複数の遺伝子変異の特定の組み合わせによって引き起こされる多因子性の遺伝性疾患は、遺伝する可能性はあるものの、遺伝子変異の組み合わせは世代ごとに変化するため、同じ組み合わせが親から子へそのまま受け継がれるわけではない。一個の遺伝子によって引き起こされる単一遺伝子疾患はまれだが、すべての単一遺伝子疾患を合計すると、予想外に多いことがわかる。現在までに一万種類以上の単一遺伝子疾患が知られており、一〇〇人から二〇〇人にひとりの子供が単一遺伝子疾患の原因となる遺伝子変異を持って生まれてくる。

9　**すべての遺伝性「疾患」はゲノムと環境のミスマッチである。**病気を和らげるための適切な医学的介入とは、個体の形に「適する」ように環境を変えることを意味する場合もあれば（低身長の人のために、通常とは異なる建築設計の領域をつくったり、自閉症の子供のために、通常とは異なる教育展望を考えたりするなど）、反対に、環境に「適する」ように遺伝子を変えることを意味する場合もある。だが、ときに、環境と遺伝子を調和させることが不可能な場合もある。重要な遺伝子が機能しないために引き起こされるきわめて重症な疾患の患者は、どのような環境にも適応できないからだ。病気の決定的な解決策は「生まれ」（遺伝子）を変えることだというのは、現代人の奇妙な誤解であり、実際には、環境を変えるほうが簡単な場合が多いのである。

10　**ときに遺伝子不適合の程度があまりに深いために、遺伝子選択やねらいを定めた遺伝子改変が正当化されるような事例もある。**しかし、遺伝子を選択したり、改変したりすることによって、どのような予定外の結果がもたらされるかが解明されるまでは、こうした事例は標準的なものではなく、例外的なものであるとみなすほうが安全である。

11　**遺伝子やゲノムには、化学的・生物学的な操作に対して遺伝子を抵抗性にしている本質的な要素は存在しない。**「人間の特性のほとんどは、遺伝子と環境の複雑な相互作用の結果であり、そのほとんどに複数の遺伝子が関与している」という考えは完全に正しい。確かに、この複雑さのせいで遺伝子操作は制限されるものの、さまざまな形で遺伝子を効果的に改変するチャンスは残されている。何十もの遺伝子に影響を与えるマスター遺伝子はヒトに共通の生物学的要素であるし、エピジェネティック修飾を施す因子もまた、一個のスイッチをオンにしたりオフにしたりするだけで、何百もの遺伝子の状態を変化させられるようにデザインされている。ゲノムにはそのような介入のためのノードが豊富に存在するのだ。

12　**人間への介入というわれわれの試みはこれまでのところ、考慮の三角形（大きな苦しみ、浸透率の高い遺伝型、正当化できる介入）によって制限されてきた。**しかし、われわれが（「大きな苦しみ」や「正当化できる介入」の基準を変えることによって）この三角形の境界線を緩めはじめている今、どのような遺伝子操作なら許され、どのような操作は制限されるべきなのかを決めたり、どのような状況でおこなう遺伝子操作なら安全かつ許容できるものになるかを決めたりするための新たな生物学的・文化的・社会的指針が必要とされている。

13　**歴史は繰り返す。ひとつには、ゲノムが繰り返すからだ。そしてゲノムが繰り返すのは、ひとつには、歴史が繰り返すからだ。**人類史を動かしてきた衝動、野心、幻想、そして欲望の少なくとも一部はヒトのゲノムにコードされており、人類史はこうした衝動や、野心や、幻想や、欲望を持つゲノムを選択してきた。この自己充足的な論理の輪こそが、ヒトという種に最もすばらしい、最も刺激的な性質をもたらすと同時に、最も非難すべき性質をもたらしている。この論理の軌道から逃れるというのは高望みしすぎかもしれない。しかし、われわれがその本質的な循環性の性質を肝に銘じ、その行きすぎに対して懐疑的になったなら、強者の意思から弱者を守れるかもしれない。「変異体《ミュータント》」が「正常」によって滅ぼされるのを防げるかもしれない。もしかしたら、そんな懐疑的な考え方すら、二万一〇〇〇個のわれわれの遺伝子のどこかに存在しているのかもしれない。そうした懐疑的な考え方がもたらす思いやりも、ヒトのゲノムに永久に刻まれているのかもしれない。

もしかしたら、それこそが、われわれを人間にしているひとつの要素なのかもしれない。

エピローグ——分割できるもの、分割できないもの

歌の音色を分割できることを示しなさい。
でもまずは、分割できるものと
できないものを
あなたが区別できることを示しなさい。

——サンクスリットの詩から発想を得た匿名の作者による楽曲

父は遺伝子を「オベード *abhed*」と呼んだ。「分割できないもの」という意味だ。その反意語である「ベード *bhed*」はさまざまな意味を持つ言葉で、動詞では「区別する、削除する、決定する、見分ける、分割する、治療する」といった意味になる。「知識」という意味の *vidya* や、「薬」という意味の *ved* や、ヒンドゥー教の聖典である『ベーダ（the Vedas）』と同じく、「知る」や「見分ける」という意味の古代インド＝ヨーロッパ語族

の言語 *uied* に語源を持つ。

科学者は分割する。われわれは区別する。科学者は遺伝子や、原子や、バイトという構成要素に分割しなければ世界を理解できず、その点は科学者という職業に潜む危険性だといえる。われわれはそれ以外に世界を理解する方法を知らない。総和をつくるためにはまず、総和を部分に分割しなければならないのだ。

だがこの方法には危険が隠れている。われわれが個体（人間）を、遺伝子と、環境と、遺伝子と環境の相互作用によってつくられるものとみなすようになったなら、人間に対するわれわれの見方は根本的に変わるからだ。バーグは私に言った。「まともな生物学者なら、われわれが遺伝子だけでつくられているなどとは考えない。だが、いったん遺伝子を登場させたなら、自分たちについての見方はもはや同じではなくなる」[*1]。部分から組み立てられた全体は、部分に分解される前の全体とはちがっている。

サンスクリットの詩にあるように。

歌の音色を分割できることを示しなさい。
でもまずは、分割できるものと
できないものを

あなたが区別できることを示しなさい。

人類遺伝学にはこの先、きわめて大きな三つのプロジェクトが待ち受けている。そのどれもが、区別、分割、最終的な復元に関わるものだ。ひとつめは、ヒトゲノムにコードされている情報の正確な性質を見極めるというプロジェクトだ。ヒトゲノム計画はこの探究の出発点となったが、それと同時に、興味深い一連の疑問を提起するきっかけにもなった。三〇億塩基対のヒトDNAには、つまるところ何が「暗号化《エンコード》」されているのだろう？　ゲノムの根本的な要素とはなんなのだろう？　ゲノムには言うまでもなく、タンパク質をコードしている遺伝子が（合計で二万一〇〇〇個から二万四〇〇〇個）存在している。だがそれ以外にも、遺伝子を調節するための領域や、遺伝子を分断しているDNA（イントロン）もある。タンパク質には翻訳されないものの、細胞の生理機能において多様な役割をはたしている何万ものRNA分子をつくる情報も存在する。「ジャンク」DNAの長いハイウェイもある。このハイウェイは実のところジャンクではなく、いまだ解明されていない、なんらかの機能をコードしているのではないかと考えられている。三次元空間において染色体の部分同士を関連づけるためのねじれや、しわの構造が存在していることもわかっている。

二〇一三年、こうしたゲノム上の要素の役割を解明するための大規模な国際的プロジェクトが始動した。ヒトゲノムのすべての機能的な要素（あらゆる染色体のあらゆる塩基配列に含まれる、暗号や指示機能を持つあらゆる部分）を網羅した一覧表をつくることを目指すプロジェクトだ。「DNA要素の百科事典 the Encyclopedia of DNA Elements（ENC‐O‐DE）」という気の利いた名前がつけられたこのプロジェクトによって、ヒトゲノムに含まれるすべての情報が塩基配列に関係づけられ、ヒトゲノムの機能要素が残らず解析されるはずだ。

そのような機能要素が特定されたなら、生物学者は次の問題へと進むことができる。それぞれの要素が時間と空間の中でどのように組み合わさって、ヒトの発生や生理機能を可能にし、解剖学的な部分を指定し、個体に特有な特性や特徴を発達させているのかという問題だ。[†] ヒトゲノムについてのわれわれの知識に関しては実のところ、ある屈辱的な事実がある。ヒトのゲノムについて、われわれは実際にはほとんど知らないという事実だ。ヒトの遺伝子やその機能に関する知識というのはそのほとんどが、酵母や、線虫や、ショウジョウバエや、マウスの遺伝子から推測されたものにすぎないのだ。デイヴィッド・ボットスタインも次のように書いている。「ヒトの遺伝子の中で、直接研究されたものはほとんどない」[*2] 新しいゲノミクスの課題には、マウスとヒトとのあいだの隙間を埋め、ヒトという個体においてヒトの遺伝子がどのように機能するかを解明することが含まれるだろう。

このプロジェクトはいくつかのとりわけ重要な報酬を遺伝医学にもたらすはずだ。ヒトゲノムのそれぞれの塩基配列の機能が解析されたなら、病気の新しいメカニズムの発見につながるからだ。新たに同定されたゲノム要素と複雑な疾患とが関連づけられ、それらの関連から、病気の究極の原因が解明されるにちがいない。遺伝情報と、行動と、偶然の交差がいかにして高血圧や、統合失調症や、うつや、肥満や、がんや、心疾患を引き起こすのかはまだわかっていないが、それらの疾患に関与するゲノム上のしかるべき機能要素が発見されれば、発症メカニズム解明の第一歩となる。

さらに、こうした関連を理解することによって、ヒトゲノムをもとにしてどの程度疾患を予測できるかも明らかになるだろう。心理学者のエリック・タークハイマーは二〇一一年、多大な影響力を持つ調査結果を発表し、その中で、次のように述べている。[*3]「双子や、

† 遺伝子がいかにして個体を生み出しているのかを理解するためには、遺伝子だけでなく、RNA、タンパク質、エピジェネティック・マークを理解する必要がある。今後の研究によって、ゲノムと、タンパク質の総体（プロテオーム）と、エピジェネティック・マークの総体（エピゲノム）がどのように協調し合ってヒトを維持しているのかが解明されなければならない。

兄弟姉妹や、親子や、養子についての、さらには家系全体についての一世紀にわたる研究から、医学的なものであれ、正常なものであれ、生物学的なものであれ、行動であれ、ヒトのあらゆるちがいを説明するうえで、遺伝子が決定的な役割をはたすのはまちがいないことがわかった」そうした強い関連があるにもかかわらず、タークハイマーが言うところの「遺伝子ワールド」の地図をつくったり、それを解析したりするのは予想以上にむずかしいことが判明している。将来の疾患の強力な予測因子となりうる唯一の遺伝子変化というのは最近まで、最も深刻な表現型をもたらす、浸透率の高い遺伝子変化だけだった。遺伝子多型や変異の組み合わせの意味を解き明かすのはとくにむずかしい。とりわけ、将来もたらされる結果が複数の遺伝子によって制御されている場合には、それらの遺伝子のある特定の並び方（つまり遺伝型）がいかにして特定の結果（つまり表現型）をもたらすかを解析するのは不可能である。

しかし、この障壁もほどなく消えるだろう。ここで、ある思考実験をしてみよう。その内容は最初、ずいぶん極端な話に感じられるかもしれない。一〇〇万人の子供を対象に、それぞれのゲノム全体を前向きに（つまり、どの子供についても、将来、その子に何が起きるかわからない時点で）完全に解読するとする。そして、ひとりひとりのゲノムに存在するすべての多様性と機能要素の組み合わせを網羅したデータベースを作成するとする（一

○万人というのは任意の数であり、子供の数は何人でもいい)。次に、この子供たちの集団の「運命地図」をつくると想像してみよう。すなわち、あらゆる疾患や生理機能の異常を並列データベースに記録するのだ。個体のすべての表現型(特質、特性、行動)のセットであるこの運命地図をヒトの「フェノム」と名づける。これらの遺伝子地図／運命地図のデータを利用して、片方の地図からもう一方を決定できるコンピューター・エンジンが存在するとする。不確かさは残るものの、一〇万人のヒトのゲノムを一〇万人のヒトのフェノムに関連づけることによって、非常に大きなデータが得られるはずであり、ゲノムにコードされた運命の性質が描き出されるにちがいない。

この運命地図の驚くべき特徴は、それが疾患だけに限定されるわけではないという点だ。われわれが望むだけ広く、深く、詳細な地図にすることができるのだ。子供の低出生体重、就学前の学習障害、思春期での一過性の混乱、十代での陶酔、衝動的な結婚、カミングアウト、不妊症、中年の危機、依存症になりやすい傾向、左目の白内障、若はげ、うつ、心臓発作、卵巣がんや乳がんによる若年での死なども運命地図に含めることが可能である。以上のような思考実験の内容は、以前はまったく非現実的なものだったが、コンピューター・テクノロジー、データ記憶、遺伝子解読を組み合わせることによって、こうしたことがいずれ実現する可能性も出てきた。このプロジェクトはいうならば、壮大な規模の双生児研究のようなものだ（実際の双子はいないものの）。時間と空間の中でゲノムをマッチングさせることによって何百万人ものバーチャルな「双子」がコンピューター上でつくり出され、塩基配列が人生の出来事と関連づけられるのだ。

重要なのは、このようなプロジェクトの本質的な限界、さらに言うならば、ゲノムから疾患や運命を予測することの本質的な限界を認識することである。ある人物は次のような懸念を述べている。「遺伝子で運命を説明することは、病気の発症プロセスを背景から切り離して考えたり、環境の影響を過小評価したりすることにつながりかねない。驚くべき医学的介入は見つかるかもしれないが、集団の運命についてはほとんど何もわからないままだろう」*4 しかし、こうした研究の利点はまさに、病気を「背景から切り離して考える」ことにある。遺伝子が発達や運命を理解するための背景を提供するのである。背景や環境の影響を受ける状況は取り除かれ、遺伝子の影響を強く受ける状況だけが残る。十分な数の対象者を用いた研究と、コンピューターの十分な能力さえあれば、原理上は、ゲノムから将来をどの程度正確に予測できるかが判明するはずである。

最後のプロジェクトはおそらく最もとっぴなものだろう。ヒトのゲノムからヒトのフェノムを予測する能力がコンピューターの技術的な限界によって制限されているのと同じく、ヒトのゲノムを意図的に改変する能力も生物学的技術の不足によって制限されている。ウイルスなどを用いて遺伝子を運ぶ方法は、よくて不完全かつあてにならず、悪くて致命的となる。

ヒト胚に遺伝子を意図的に導入するというのは実質上、不可能である。

だが、こうした障壁もまた消えつつある。新しい「ゲノム編集」技術によって、遺伝学者は今ではヒトゲノムを驚くほど正確に、驚くほど特異的に改変できるようになった。原理上は、ゲノムの残りの三〇億塩基対にはなんの影響も与えずに、DNAの一文字だけをべつの文字に直接、書き換えられるようになったのだ（その技術は、たとえるならば、六六巻のブリタニカ百科事典をスキャンして、単語を一個だけ見つけ、他の単語には手をつけずにその単語だけを削除して変えることのできる整理編集装置のようなものである）。私の研究所のポスドク研究員は二〇一〇年から二〇一四年にかけて、ある細胞株の遺伝子改変を試みた。彼女はその際に、標準的な遺伝子導入ウイルスを使ったが、うまくいかなかった。二〇一五年に、クリスパーを使う新しい技術に切り替えたところ、六カ月以内にヒトのES細胞を含む一四のヒトゲノムの一四個の遺伝子を改変することに成功した。過去には想像もできなかった偉業である。世界じゅうの遺伝学者や遺伝子治療専門医は今、ヒトゲノムのねらった場所の改変という可能性を、新たな活力と緊迫感とともに探っている。というのも、ひとつには、現在の技術がそれを可能なものにしつつあるからだ。幹細胞テクノロジーや、核移植や、エピジェネティック修飾や、遺伝子編集といった技術を組み合わせることによって、ヒトゲノムを大幅に改変したり、トランスジェニック人間を誕生させたりすることがいよいよ現実味を帯びてきた。

しかし、前記の技術の実際の精度や効率については、いまだ不明な点が多い。一個の遺伝子を意図的に変化させることによって、ゲノムのべつの場所に意図しない変化が起きる危険性はあるのだろうか？　遺伝子の中には他の遺伝子よりも「編集」が簡単なものがあるのだろうか？　だとしたら、何が遺伝子の柔軟性を決めているのだろう？　一個の遺伝子の意図的な改変によって、ゲノム全体が無調節状態に陥るのかどうかも不明なままだ。ドーキンスが考えたように、いくつかの遺伝子が実際に「レシピ」だとしたら、一個の遺伝子の改変によって、遺伝子調節全体の状態が大きく変化する可能性がある。遺伝子カスケードの下流に次々と変化が起き、寓話的なバタフライ効果に似た結果がもたらされるかもしれない。もしこのような「バタフライ効果」遺伝子がゲノム上にたくさん存在するならば、ゲノム編集という技術には根本的な限界があるということになる。遺伝子の不連続性（個々の遺伝単位の個別性と自律性）というのは、幻想にすぎないのかもしれない。遺伝子同士はわれわれが考えるよりも強く、互いに関連しあっているのかもしれない。

　でもまずは、分割できるものと
　できないものを
　あなたが区別できることを示しなさい。

　ではここで、前記の技術が日常的に使われる世界を想像してみよう。子供を妊娠すると、網羅的なゲノム解読による子宮内での胎児検査という選択肢がどの両親にも与えられる。最も深刻なタイプの障害を引き起こす変異が見つかると、両親には妊娠初期での中絶か、網羅的な遺伝子スクリーニングのあとで「正常な」胎児だけを選択的に子宮に着床させるという選択肢が与えられる（このスクリーニングを網羅的着床前遺伝子診断、c－PGDと呼ぶことにしよう）[†]。

† 胎児ゲノムの網羅的な検査はすでに、非侵襲的出生前検査（NIPT）という名称で臨床の場に登場している。二〇一四年、中国の企業が、一五万人の胎児を対象に染色体異常の有無を検査したと報告し、現在は、単一遺伝子変異の発見へとその検査を拡大していることを公表した。このような検査は、ダウン症候群などの染色体異常を羊水穿刺と同じくらいの正確さで発見できるように思える。だが、この検査には「擬陽性」という大きな問題点がある。つまり、胎児DNAに染色体異常があるという検査結果が出ても、実際には、正常である場合があるのだ。このような擬陽性率は今後、技術の進歩によって、劇的に減少すると予測される。

病気を発症しやすい傾向をもたらす、より複雑な遺伝子の組み合わせもまた、ゲノム解読によって同定される。そのような傾向が予測される子供が生まれたなら、子供時代を通じて選択的な介入がおこなわれる。たとえば、遺伝的に肥満になりやすい子供では、体格の変化をモニターし、食事療法をおこなったり、ホルモンや薬や遺伝子療法によって代謝を「再プログラム」したりする。注意欠如多動性障害（ＡＤＨＤ）の傾向がある子供には、行動療法をおこなったり、支援学級への振り分けをおこなったりする。

そうした子供が実際に病気を発症したならば、遺伝子治療がおこなわれ、障害された組織に正常な遺伝子が直接導入される。たとえば、正常な嚢胞性線維症遺伝子がエアロゾル化されて患者の肺に注入され、その結果、肺の正常機能が部分的に回復する。ＡＤＡ欠損症の少女には、正常遺伝子を持つ造血幹細胞が移植される。より複雑な遺伝性疾患の場合には、遺伝子診断とともに、遺伝子治療や、薬物療法や、「環境療法」がおこなわれる。ある特定のがんの悪性増殖を引き起こしている変異が残らず洗い出され、がんが網羅的に分析される。見つかった変異にもとづいて、悪性の細胞増殖を促している経路が特定され、正常細胞には影響を与えずに悪性細胞だけを殺す標的療法が生み出される。

精神科医のリチャード・フリードマンは二〇一五年の《ニューヨーク・タイムズ》に次のように書いている。「あなたが心的外傷後ストレス障害（ＰＴＳＤ）を患っている帰還兵だとする。遺伝子多型や変異を調べる簡単な血液検査を受ければ、あなたが生物学的に、恐怖心を消去しやすいタイプかどうかを知ることができる……恐怖心を消去する能力に障害を与えるような多型や変異が見つかった場合、担当のセラピストは、あなたにはさらなる暴露療法（治療セッション）が必要だと判断する。あるいは、変異の種類によっては、対人関係療法や薬物療法など、暴露療法とは異なるタイプのセラピーが必要だと判断するかもしれない」[*5]会話療法との併用で、エピジェネティック・マークを消去する薬が処方される可能性もある。細胞の記憶を消せば、歴史の記憶も簡単に消せるようになるかもしれない。

遺伝子診断と遺伝子操作はまた、ヒト胚の検査と修正にも用いられる。生殖細胞系列の特定の遺伝子に「改変可能な」変異が存在することがわかったなら、両親には、精子や卵子の遺伝子を改変する遺伝子手術を受けるか、あるいは変異遺伝子を持つ胚の着床を避けるための着床前スクリーニングを受けるという選択肢が与えられる。このようにして、最も重症なタイプの病気をもたらす遺伝子が、積極的な、あるいは消極的な選択によって、またはゲノム修正によって、ヒトゲノムからあらかじめ取り除かれる。

前記のシナリオを注意深く読んだ読者は、驚嘆とともに道徳的な不安を感じるにちがいない。個々の介入自体が違法の限界を押し上げることはないかもしれないが（実際、がんや、統合失調症や、嚢胞性線維症の標的療法などのいくつかの介入は、医学にとっての大きな目標である）、ここで描かれた世界はまぎれもなく、ぞっとするほどに異質なものである。それは「プリバイバー」と「ポストヒューマン」が暮らす世界だ。遺伝的な弱点を洗い出された男女と、改変された遺伝的傾向を持つ男女が暮らす世界。病気はしだいに世界から消えていくかもしれないが、それと同時に、アイデンティティも消えるだろう。悲しみは消えるかもしれないが、やさしさも消えるだろう。トラウマは消えるかもしれないが、歴史も消えるだろう。ミュータントはいなくなるが、人間の多様性もなくなるだろう。弱さはなくなるが、傷つきやすさもなくなるだろう。偶然は少なくなるが、選択の機会も避けがたく、少なくなるだろう†。

一九九〇年、ヒトゲノム計画について執筆していた線虫遺伝学者のジョン・サルストンは、「自らの仕様書を読むことができるようになった」知的な生物が提起する哲学的なジレンマについて考察した。しかしそれよりもはるかに深いジレンマは、知的生物が自らの仕様書を書けるようになったときに生じる。もし遺伝子が個体の性質と運命を決めるならば、そしてもし個体が自らの遺伝子の性質と運命を決められるようになったなら、論理の輪はおのずと閉じる。われわれが遺伝子を運命《デスティニー》や徴候《マニフェスト》とみなしはじめた時点から、ヒトゲノムを征服することは明白な運命《マニフェスト・デスティニー》になるのだ。

モニのコルカタの施設から帰る途中で、父はもう一度、自分が育った家を見たいと言った。躁状態の真っただ中で、野鳥のように手足をばたつかせていたラジェッシュを家族が連れ戻した家だ。私たちは無言のまま、車でその家に向かった。記憶が父のまわりに壁をめぐらせ、部屋をつくっていた。ハヤット・カーン通りの狭い入り口で車を停め、私たちは袋小路の中へと歩いていった。午後六時だった。家はぼんやりとくすんだ明かりに照らされ、空気には雨の気配があった。

「ベンガル人の歴史には、インド・パキスタン分離というたったひとつの出来事しかな

---

† 一見、シンプルな遺伝子スクリーニングのシナリオですら、不安をかき立てる道徳的危険性の領域へとわれわれを追いやる。帰還兵を対象に血液検査をおこなって、PTSDになりやすくする遺伝子の有無を調べるというフリードマンの例について考えてみよう。一見、このような戦略を使えば戦争のトラウマが軽減されるように思える。検査によって「恐怖記憶を消去」できないと判明した帰還兵には、強化精神療法や薬物療法をおこなって、正常を取り戻させればいいのだから。だがもし兵士が任務につく前にPTSDのリスクをスクリーニングしたらどうだろう？　それは好ましいことだろうか？　われわれはほんとうに、トラウマを心に留めることのできない兵士を選びたいのだろうか？　私にはそのような形のスクリーニングはまったく好ましいものではないように思える。「恐怖記憶を消去」することのできない心を戦争から排除するのは危険だからだ。

い」と父は言った。頭上に突き出たバルコニーを見上げながら、父はかつての隣人の名前を思い出していった。ゴーシュ、タルクダル、ムカジー、チャタジー、セン。こぬか雨が降り出した。いや、ひょっとしたら、洗濯物から水が滴っていただけだったのかもしれない。家から家へと渡された洗濯ロープに、洗濯物が危なっかしくつるされていた。「分離は、この市《まち》のすべての人々にとって、決定的な出来事だった。自分の家を失ったにしろ、自分の家に他人を住まわせたにしろ」と言って、父は頭上のずらりと並んだ窓を指差した。「ここではどの家族も、自分たちの家族の中にべつの家族を住まわせていたんだ」家庭の中に家庭があり、部屋の中に部屋があり、小宇宙の中に小宇宙があった。

「四つの金属製のトランクと、どうにか持ち出したわずかな所持品を持ってバリサルからここにやってきたとき、私は、今から新しい人生が始まるんだと思っていた。私たちが経験したのは確かに大惨事だったが、新たな出発でもあった」この通り沿いのどの家にも、それぞれの金属製のトランクと所持品の物語があることを私は知っていた。冬に根まで草を刈られた庭のように、すべての住人が均等になったかのようだったにちがいない。

父のような男たちにとって、東ベンガルから西ベンガルへの旅は、あらゆる時計を根本的にリセットすることを意味していた。かくして、「ゼロ年」は始まった。時代はふたつに分かれた。大変動の前の時代と後の時代。紀元前と紀元後。この歴史の生体解剖（インド・パキスタン分離におけるさらなる分割）は、不調和で奇妙な経験を生んだ。父の世代の男女は、自分たちがいつのまにか自然実験の参加者になっていることに気づいた。いったん時計がゼロにリセットされたあとは、まるで人生や運命や選択が出走ゲートから、そう、世界の始まりから飛び出すのを眺めているかのようだったはずだ。父にとってのこの経験は、あまりに強烈なものだった。兄のひとりが双極性障害になり、もうひとりの兄の現実感覚はばらばらになった。祖母はあらゆる形の変化に対して生涯続く懐疑心を抱くようになり、父自身は冒険を求めるようになった。あたかも、ひとりひとりの中にたたみ込まれたホムンクルスのような明白な未来が、自らの出番を待っているかのようだった。

個々の人間の運命や選択をこれほどまでに多種多様なものにしている力やメカニズムとはどんなものなのだろう？　一八世紀には、個人の運命というのは神が定めた一連の出来事として描き出された。ヒンドゥー教徒は昔から、人の運命というのはその人物の前世での善いおこないと悪いおこないからほぼ正確に算出されると信じてきた（この場合の神とは過去の投資や損失にもとづいて良い運命や悪い運命を計算して分配する栄誉ある道徳の税理士のようなものである）。一方、謎めいた思いやりと、同じく、謎めいた怒りの持ち主であるキリスト教の神は、いわば気まぐれな簿記係のようなものだ。ヒンドゥー教の神に比べて、はるかに計り知れないが、それでもやはり究極の運命の決定者であることに変わりはない。

一九世紀と二〇世紀の医学によって、運命と選択についての非宗教的な概念がもたらされた。あらゆる運命の中で最も具体的かつありふれている病気が、今ではメカニズムによって説明されるようになったのだ。神の気まぐれな怒りの結果としてではなく、危険性や、暴露や、素因や、状況や、行動の結果として説明づけられるようになった。一方の選択は、個人の心理、経験、記憶、トラウマ、個人的な歴史の表れとして理解されるようになり、二〇世紀半ばまでには、アイデンティティ、親和性、気質、好み（ストレートかゲイか、衝動的なほうか慎重なほうか）といったものも、心理的な衝動と個人の歴史と偶然の交差を原因とする現象として説明づけられていた。かくして、運命と選択の疫学が誕生したのだ。

二一世紀初頭に生きるわれわれは今、原因と結果を語る新たな言語を話せるようになり、新たな自己の疫学を生み出しはじめている。病気、アイデンティティ、親和性、気質、好み、そして最終的には、運命と選択を遺伝子やゲノムの用語で語りはじめたのだ。遺伝子がわれわれの性質や運命の根本的な側面を眺めるための唯一のレンズだなどというばかげた主張をするつもりはない。われわれの歴史や未来に関する最も刺激的な概念のひとつについて、真剣に考えてみてはどうかと提案したいのだ。われわれの人生や存在に対する遺伝子の影響は想像以上に豊かで、深く、不安をかき立てるものだという概念について。この概念は、われわれがゲノムを意図的に解釈し、改変し、操作し、それによって自分たちの未来の運命や選択を変える能力を手に入れるにつれて、さらに刺激的かつ不安をかき立てるものになっていく。「結局のところ、（自然は）きわめてとっつきやすいものなのかもしれない」[*6]とトマス・モーガンは一九一九年に書いた。「これまでさかんに言われてきた自然の不可解さというのは、今度もまた、幻想だということがわかった」われわれは今、モーガンの結論を自然だけでなく、人間の性質へと拡大しようとしている。

ジャグとラジェッシュが未来に、たとえば今から五〇年から一〇〇年後に生まれていたらどうなっていただろうと私はよく考える。彼らの遺伝的な脆弱性についてのわれわれの知識は、ふたりの人生を荒廃させた病気の治療法を発見するために使われるだろうか？　彼らを「正常化」するために使われるのだろうか？　もしそうならば、そこにはどのような道徳的、社会的、生物学的な危険性があるのだろうか？　そのような形の知識は、新しい種類の共感や理解を生み出すのだろうか？　それとも、新しい形の差別を生み出すのだろうか？　何が「自然」かを定義するのに、その知識は使われるのだろうか？

しかし実際のところ、何が「自然」なのだろう？　一方では、自然とは、多様性、変異、変化、不定、可分性、流動性であり、また一方では、不変性、永続性、不可分性、正確性である。ベード、オベード。矛盾する分子であるＤＮＡが、矛盾する個体をコードしているというのは当然のことのように思える。われわれは遺伝に不変性を求め、反対のもの、そう、多様性を見つけるのだ。われわれの本質を維持するには変異体の存在が必要であり、われわれのゲノムは相対する力のあいだのもろいバランスを保っている。鎖と鎖を対にし、過去と未来を混ぜ合わせ、記憶と欲望とを闘わせる。ゲノムはわれわれが持っているものの中で最も人間らしいものであり、それをいかに管理するかは、われわれという種の知識と判断力を示す、究極の試金石となるだろう。

謝辞

二〇一〇年の五月に六〇〇ページにわたる *The Emperor of All Maladies*（『がん－4000年の歴史－（上、下）』）の最終稿を書きおえたとき、私は自分がこの先またペンを手に取って新しい本を書くことになるとは思いもしなかった。*Emperor* の執筆による身体的な疲弊のほうは理解できるものだったし、克服することもできたが、想像力があそこまで枯渇するとは予想もしていなかった。*Emperor* がガーディアン・ファースト・ブック・プライズを受賞した際に、ある批評家は、この本は本来なら「オンリー・ブック・プライズ」とでもいったものにノミネートされるべきだったと不平を述べ、その批評が私の恐怖心の奥深くに切り込んだ。*Emperor* は私の中からすべての物語を絞り取り、私のパスポートを没収し、文筆家としての私の未来を差し押さえた。私にはもう語るべきことは何も残されていなかった。

だが実際には、べつの物語は確かに存在していた。悪性へと傾く前の、正常の物語だ。

『ベオウルフ』に登場する怪物がそうであるように、がんもまた「正常なわれわれのゆがんだバージョン」[*1]だとしたら、ゆがんではいないバージョンのわれわれをつくり出しているものはなんなのだろう？　本書 *The Gene* はまさしく、その物語である。つまり正常と、アイデンティティと、多様性と、遺伝の探究の物語であり、*Emperor* の過去を描く続篇だといえる。

　感謝を捧げたい人たちは数え切れないほどいる。家族や遺伝についての本というのは、書くというよりも、生きるようなものだ。私の最も情熱的な話し相手であり、読者でもある妻のサラ・ジー。娘のリーラとアリアは毎日のように、遺伝学と未来は私にとっての個人的な問題だということを思い出させてくれた。父のシベスワーと母のチャンダナ。ふたりの存在はこの物語から切り離すことができない。必要に応じて道徳的な助言をくれた、姉のラヌと彼女の夫のサンジェイ。家系と未来についての考察を裏づけてくれた、ジュディとチャミンのジー夫妻、デイヴィッド・ジー、キャサリン・ドナヒュー。

　とても寛大な読者たちが事実確認をしてくれ、内容についてコメントしてくれた。ポール・バーグ（遺伝学とクローニング）、デイヴィッド・ボットスタイン（遺伝子マッピング）、エリック・ランダーとロバート・ウォーターストン（ヒトゲノム計画）、ロバート・ホーヴィッツとデイヴィッド・ハーシュ（線虫の生物学）、トム・マニアティス（分子生物学）、ショーン・キャロル（進化と遺伝子調節）、ハロルド・ヴァーマス（がん）、ナンシー・シーガル（双生児研究）、インダー・バーマ（遺伝子治療）、ナンシー・ウェクスラー（ヒト遺伝子マッピング）、マーカス・フェルドマン（人類の進化）、ジェラルド・フィッシュバック（統合失調症と自閉症）、デイヴィッド・アリスとティモシー・ベスター（エピジェネティクス）、フランシス・コリンズ（遺伝子マッピングとヒトゲノム計画）、エリック・トポル（人類遺伝学）、ヒュー・ジャックマン（ミュータントのウルヴァリン）。

初期の原稿を読み、きわめて貴重なコメントをくれたアショク・ライ、ネル・ブレイヤー、ビル・ヘルマン、ガウラフ・マジュムダール、スーマン・シロッカー、メルー・ゴーカレー、チキ・サルカール、デイヴィッド・ブリスタイン、アズラ・ラザ、チェトナ・チヨープラー、スジョイ・バタチャリア。本書を執筆するうえで欠くことのできない会話を提供してくれたリサ・ユスカベージ、マトヴェイ・レーヴェンシュタイン、レイチェル・ファインスタイン、ジョン・カリン。本書の一節と私のエッセイ *The Laws of Medicine*, *2015*（『不確かな医学』）の一節を、リサ・ユスカベージの作品（「双子」）についてのエッセイの中で引用していただいたことにも感謝したい。約八〇〇もの参考文献をまとめるという非常に単調で骨の折れる作業を辛抱強く（そして鮮やかに）こなしてくれたブリトニー・ラッシュ。ある週末に原稿を読んで編集し、これを本にすることは可能なのだと証明してくれたダニエル・ローデル。印刷用の整理編集という貴重な作業を担当してくれたミア・クロウリー＝ハルドとアナ＝ソフィア・ワッツ。とびきり優秀な広報担当者のケイト・ロイド。

そしてナン・グレアム。あなたはほんとうに、六八もの草稿をすべて読んでくれたのですか？　確かに読んでくれたのですよね。たった二段落の企画書という針穴から本書を初めて眺めてくれた、スチュワート・ウィリアムズ。彼は不屈の精神の持ち主であるサラ・チャルファントとともに、本書に姿と、形と、正確さと、重さと、切迫感を与えてくれた。感謝しています。

用語解説（五十音順）

RNA　リボ核酸。細胞内でいくつかの機能をはたしている化学物質。遺伝子からタンパク質が翻訳される際の「中間」メッセージとしての役割もはたしている。糖とリン酸の骨格に沿って塩基（A、C、G、U）が並んだ構造をしている。RNAはたいてい、細胞内で一本鎖として存在しているが（つねに二本鎖として存在しているDNAとは異なる）、特殊な状況では、二本鎖のRNAが形成される場合もある。レトロウイルスなどの生物は、RNAを使って遺伝情報を運んでいる。

遺伝型（Genotype）　生物個体の形態的・化学的・生物学的・知的特性（「表現型 phenotype」の項を参照）を決定する遺伝情報の総計。

遺伝子（Gene） 遺伝情報を担う因子。通常は、タンパク質の情報やRNA鎖の情報をコードしたDNA領域からなる（遺伝子がRNAの形で担われている特殊な場合もある）。

エピジェネティクス（Epigenetics） DNAの塩基配列（A、C、T、G）の変化によらない表現型の変化を研究する学問領域。DNAの化学的な変化（メチル化）や、DNA結合タンパク質（ヒストン）の修飾による染色体の構造変化によってもたらされるそうした変化の中には子孫に受け継がれるものもある。

核（Nucleus） 動物や植物の細胞内にあって、膜に包まれ、染色体（および遺伝子）を内蔵する構造。細菌の細胞には存在しない。動物細胞では、ほとんどの遺伝子が核内に存在するが、ミトコンドリア内に存在する遺伝子もある。

逆転写（Reverse transcription） 酵素（逆転写酵素）の触媒により、RNA鎖を鋳型にしてDNA鎖が合成される反応。逆転写酵素はレトロウイルスが持つ酵素である。

クロマチン（Chromatin）　分裂期に染色体となる構造体。細胞を染色した際に発見されたことから、古代ギリシャ語の*chroma*（「色」）を語源に持つ。クロマチンはDNA、RNA、タンパク質で構成される。

形質、優性と劣性（Traits, dominant and recessive）　形質とは、個体の形態的、生物学的特性である。形質は通常、遺伝子にコードされている。複数の遺伝子が単一の形質をコードしている場合もあれば、単一の遺伝子が複数の形質をコードしている場合もある。優性形質とは、優性の対立遺伝子と劣性の対立遺伝子の両方が存在するときに、表現型として表れるほうの形質であり、劣性形質とは、対立遺伝子が両方とも劣性の場合にのみ、表現型として表れる形質である。遺伝子はまた、共優性の場合もある。この場合、優性の対立遺伝子と劣性の対立遺伝子がどちらも存在すると、その中間の形質が出現する。

形質転換（Transformation）　個体から個体への遺伝物質の水平伝搬。細菌は個体から個体へと遺伝物質を伝搬させることによって、世代を経ることなしに遺伝情報を交換することができる。

ゲノム（Genome） 生物の持つ全遺伝子情報。ゲノムには、タンパク質をコードする遺伝子、タンパク質をコードしない遺伝子、遺伝子の調節領域、いまだ機能が解明されていないDNA領域が含まれている。

細胞小器官（Organelle） 細胞の内部に存在し、特殊な形態や機能を持つ構造の総称。個々の細胞小器官はたいてい、個別の膜に包まれている。ミトコンドリアはエネルギーを産生する細胞小器官である。

酵素（Enzyme） 生化学反応を促進させるタンパク質。

浸透率（Penetrance） ある特定の遺伝子の変化が、その個体の実際の表現型として表れる割合。遺伝医学では、ある遺伝型を持つ集団のうち、その遺伝型が関与する疾患の発症者の割合を指す。

染色体（Chromosome）　DNAとタンパク質からなる細胞内の構造体で、遺伝情報を担う。

セントラルドグマ（Central dogma あるいは Central theory）　ほとんどの生物において、生物の情報はDNA↓メッセンジャーRNA↓タンパク質の順に伝達されるという分子生物学の基本原則。この原則には例外があり、レトロウイルスは、RNAの鋳型からDNAをつくるための酵素を持っている。

対立遺伝子（Allele）　相同の遺伝子座（ある特定の形質に関する遺伝情報が存在する染色体の部位）にあって、異なる遺伝情報を持つ遺伝子。対立遺伝子はたいてい変異によってつくられ、表現型の多様性をもたらしている。一個の遺伝子には複数の対立遺伝子が存在しうる。

タンパク質（Protein）　アミノ酸が鎖状につながってできた化合物で、遺伝子が翻訳されて合成される。タンパク質の機能は多岐にわたり、その中には、シグナル伝達、生体構造の形成、生化学反応の促進などが含まれる。遺伝子は通常、タンパク質の青写真を提供することで「作用」する。タンパク質はリン酸基、糖鎖、脂質などの小さな化合物の付加による化学的な修飾を受けている。

ＤＮＡ　デオキシリボ核酸。すべての細胞生物に存在する、遺伝情報を担う化学物質。通常は相補的な二本の鎖のペアとして細胞内に存在しており、それぞれの鎖が四種類の化合物（略して、Ａ、Ｃ、Ｔ、Ｇ）からなる構成単位を持つ。遺伝子はその鎖の中に遺伝的な「暗号」として担われており、暗号の配列がＲＮＡに転換（転写）され、その後、タンパク質に翻訳される。

転写（Transcription）　遺伝子のＲＮＡコピーをつくる過程。転写では、ＤＮＡの遺伝子暗号（たとえば、ＡＴＧ‐ＣＡＣ‐ＧＧＧ）を鋳型として、ＲＮＡ「コピー」（ＡＵＧ‐ＣＡＣ‐ＧＧＧ）が合成される。

突然変異（Mutation）　ＤＮＡの化学的構造の変化。突然変異にはサイレント変異（個体の機能になんの影響も与えない変異）もあれば、個体の機能や構造の変化をもたらすものもある。

表現型（Phenotype）　皮膚の色や目の色などの、個体の持つ生物学的、形態的、知的な形質。表現型にはまた、気質、人格というような複雑な形質も含まれる。表現型を決定するのは、遺伝子、エピジェネティックな変化、環境、偶然である。

翻訳（Translation）　リボソームにおいて、遺伝情報がRNAメッセージからタンパク質へと変換される過程。翻訳の過程では、RNAの三つ組みの塩基（たとえば、AUG）をもとに、アミノ酸（たとえば、メチオニン）がタンパク質に次々と付加されていく。RNA鎖はこのようにしてアミノ酸の鎖をコードしている。

リボソーム（Ribosome）　あらゆる生物の細胞内に存在する構造で、タンパク質とRNAからなる。メッセンジャーRNAの情報を読み取ってタンパク質へと変換する。

1945-1960年
遺伝子はRNAをコードすることによって作用することが解明される。遺伝子調節が発見される。

1961-1963年
遺伝暗号が解明される。

1970-1980年
遺伝子をクローニングしたり、増幅したりする新しい技術が発明される。

1976年
がんは突然変異によって引き起こされる病気であることが判明する。

1978-1988年
ヒトの病気に関連する遺伝子の染色体上の位置が突き止められる。

1990年
SRYという一個の遺伝子が男性化を決定していることが判明する。

1993年
遺伝学者のチームが「ゲイ遺伝子」の存在を断定する。

1994年
大規模な遺伝学的研究によって、人種という概念が覆される。

1998年
ヒト胚性幹（ES）細胞株が樹立される。

1999年
遺伝子治療の臨床試験でジェシー・ゲルシンガーが死亡する。

2000年
ヒトゲノム計画がヒトゲノムの概要配列を発表する。

2005-2008年
ヒトゲノム研究によって、人類の起源や移動についての概念が再編された。

2009-2013年
統合失調症、双極性障害、自閉症の遺伝子が特定される。

2010-2015年
ヒトゲノムを「編集」し、改変する新技術が発明される。

…

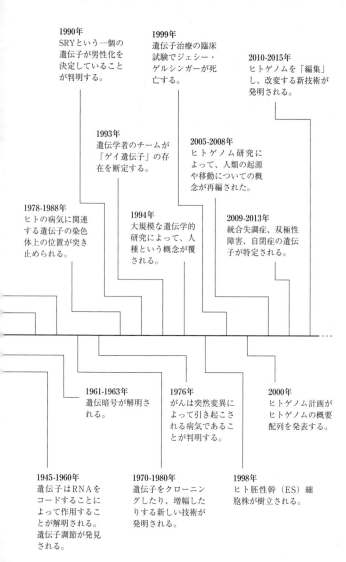

〈遺伝学と遺伝子研究の年表〉

紀元前350年
アリストテレスが遺伝情報はメッセージの形で伝達されると主張する。

1859年
ダーウィンが『種の起源』を出版。

1865年
グレゴール・メンデルが個別の遺伝単位を特定する。

1869年
ゴールトンが『遺伝的天才』を執筆し、「優生学」という用語を生み出す。

1900-1909年
メンデルの研究が再発見され、「遺伝子」という言葉がつくられる。

1908-1915年
モーガンと学生たちが遺伝的連鎖および「乗り換え」という現象を発見する。

1927年
キャリー・バックが卵管結紮《けつさつ》による断種手術を受ける。

1933-1939年
「生物学的国家」であるドイツが民族衛生のキャンペーンを始動させる。

1934-1935年
「ドイツ人の血と名誉を守るための法律」（ニュルンベルク法）が制定される。

1941-1944年
エイヴリーが、DNAが遺伝情報を担うことを発見する。

1943年
メンゲレがアウシュヴィッツでユダヤ人の双生児を対象とした実験を開始する。

1953年
ワトソン、クリック、ウィルキンズ、フランクリンがDNAの構造を解明する。

1968-1973年
バーグ、コーエン、ボイヤーが「組み換えDNA」をつくる。

1975年
アシロマ会議が組み換えDNA実験の「モラトリアム」を提案する。

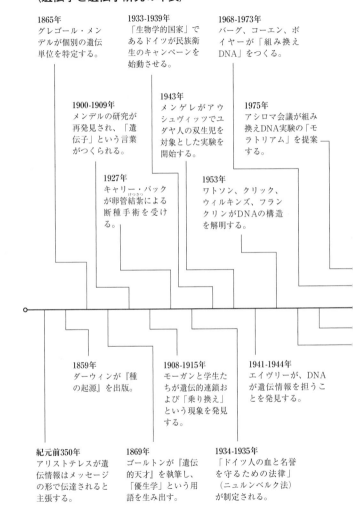

解説

『遺伝子―親密なる人類史―』から考える人類の未来

大阪大学大学院 医学系研究科・教授
仲野 徹

『遺伝子―親密なる人類史―』、タイトルのとおり遺伝子についての本である。遺伝子といえばもちろん生命科学の分野なのであるが、この本の内容はそこに留まらない。遺伝子についての科学的な解説だけでなく、人間社会におけるその意義と重要性についても広く論じられている。この本を読むと、二一世紀は、誰もが遺伝子について考えねばならない時代である、と強く印象づけられる。

著者のシッダールタ・ムカジーはインド出身で、スタンフォードからオックスフォードを経てハーバードからコロンビアと一流大学を渡り歩き、誰もがうらやむようなキャリアを積んできた腫瘍内科の専門医だ。研究者としても、造血幹細胞や白血病についての論文を、ネイチャー誌をはじめ一流雑誌に発表している。そのムカジーにとって、この本は三冊目の本である。処女作は『がん―4000年の歴史―』（ハヤカワ・ノンフィクション文庫、『病の皇帝「がん」に挑む――人類4000年の苦闘』から改題）で、「がんの伝記」をまるで壮大な大河小説のように描き、ピュリッツァー賞に輝いた。今回はテーマは違えど同じく伝記、「遺伝子の伝記」とでも呼ぶべき本だ。面白くないはずがない。

現在のチェコ、ブルノの司祭であったグレゴール・ヨハン・メンデルの物語から本書は始まる。ドイツ語で書かれたメンデルの論文『植物雑種に関する実験』（邦訳は『雑種植物の研究』〔岩槻邦男・須原準平訳、岩波文庫〕）が発表されたのは一八六六年だから、この大発見が完全に無視されていた最初の三〇年あまりを含めても、遺伝子の伝記はたかだか一世紀半の長さでしかない。しかし、その間に、遺伝子の概念は変遷し、物質基盤や制御機構が次々と明らかになり、自在に操ることすら可能になってきた。

＊

『がん―4000年の歴史―』では、カーラという白血病患者の経過が、章の節目において狂言回しのような形で紹介されていく。『遺伝子―親密なる人類史―』でも似たようなスタイルがとられている。しかし、今回語られているのは患者の経過ではなく、ムカジーの頭から一日たりとも離れることはなかったという肉親たちの遺伝性疾患だ。そのヒストリーは、狂言回しどころか、この本の主役と言えるかもしれない。

父の兄、四人のうち二人がそれぞれ統合失調症と双極性障害を患っている。さらに、その二人とは別の兄の子であるムカジーのいとこも精神疾患を発症している。精神疾患は比較的遺伝性の高い病気である。このような家族歴は、ムカジーが精神疾患を発症する可能性が一般より数十倍も高いことを示している。

高齢化が進んだ日本では、国民の約半数はがんを発症する。多いとはいえ半分である。それに対して、ムカジーほど深刻ではないかもしれないが、遺伝子の影響はすべての人におよぶ。また、がんはある程度治療することが可能で、克服できる場合もある。しかし、誰ひとりとして自分が背負っている遺伝子の宿命から逃れることは不可能だ。

このような意味において、すなわち、自分自身のことを理解するために、我々は遺伝子のことを知っておかなければならない。さらに、学ぶべきことは、遺伝子の生物学的な側面だけに留まらず、その社会的側面にもおよぶ。というのも、後述するように、我々の「遺伝子に対する向き合い方」が、人間社会の未来に大きな影響を与えるに違いないのだから。

未来のことなど誰にもわからないではないか、と言われるかもしれない。確かにそうである。しかし、未来を推し量るには過去を知ることが重要である。遺伝子を巡っては、すでに過去に悲惨な歴史があったことを忘れてはならない。それは優生学だ。

＊

生物学において真に重要な発見は二つだと言われている。ひとつはメンデルの遺伝の法則であり、もうひとつは、ほぼ同時代の人であったダーウィンによる進化論である。残念ながらダーウィンはメンデルの仕事を知ることはなかった。もし知っていたら、遺伝子の伝記は、その出だしからして、相当に違ったものになっていたはずなのだが。

それはさておき、メンデルの遺伝の法則とダーウィンの進化論が交差した時、進化における遺伝子の役割という考え方が浮上した。その考えは科学的に極めて妥当である。しかし、遺伝子の本態がわかっていない段階で、一気に人間の能力にまでそれをあてはめ、「優れた遺伝子」を選別しようとするのは行きすぎ以外の何物でもない。にもかかわらず、歴史はそのように進んでしまった。

その担い手となったのは、ダーウィンのいとこフランシス・ゴールトンであった。不完全な統計学的手法から、人間の才能は遺伝によって受け継がれるとの結論を導き出す。その誤った考えに基づき、「優れた遺伝子」を残していけば、よりよき未来が開けると確信したゴールトンは、優生学という言葉を作り、全力で展開していく。

何ら実体を伴わない「優れた遺伝子」なのだが、それを選り分けて残すという考えは、その単純さからか、多くの人に受け入れられ、驚くほどのスピードで欧米に広まっていった。さらにそれを受けて、病気を持っている、あるいは、能力的に劣っていると判断された人たちには子どもを作らせないという方法——断種——が、多くの国家において採用されるようになる。優生学はどんどん拡大解釈され、その最悪の結果として、ナチスによる「民族浄化」の遂行に至ってしまったのはご存じのとおりだ。

この例だけからでも、遺伝あるいは遺伝子というものの扱いを誤れば、とんでもない事態を招きかねないことがわかる。我々は、自分のためだけでなく、社会のためにも遺伝子のことを学ぶ必要があるというのは、こういった意味なのである。

＊

多くの人々は、よかれと思って優生学を受け入れた。しかし、その実際は、地獄への道は善意で敷き詰められている、という格言を地で行くようなものだった。優生学の看板の下、遺伝子が社会的に「誤用」されていった間にも、生物学者たちは、ショウジョウバエを用いた研究などから、遺伝子の基本的な性質を次々と解明していった。

まったく別の流れとして、遺伝子の分子的実体はＤＮＡ（デオキシリボ核酸）であることが、米国のオズワルド・エイブリーらによって一九四四年に報告された。ただ、タンパク質が複雑な構造と機能を有するのに対して、ＤＮＡは単純な物質にすぎないと考えられていたため、ＤＮＡが遺伝物質であるという大発見は、多くの科学者たちになかなか信じてもらえなかったのではあるが。

ＤＮＡには四種類の塩基、アデニン（Ａ）、シトシン（Ｃ）、グアニン（Ｇ）、チミン（Ｔ）が含まれていることは以前から知られていた。一九五三年、ワトソンとクリックにより、ＤＮＡは二重らせん構造をとり、らせんの内側でＡとＴ、ＣとＧが相補的な塩基対を作っていることが報告された。この構造はきわめて多くのことを示唆するものであった。

細胞が分裂する前に、遺伝情報は複製されなければならない。ＤＮＡに蓄えられている遺伝情報がいかにして正確無比に複製されるのかは大きな謎だったのだが、この相補的な構造からおおよそのことが推定できた。ＤＮＡの二本鎖がほどけて、片側の鎖を「鋳型」にして、ＡにはＴ、ＧにはＣというように、ペアになる塩基を当てはめていけばいいはずということが示唆されたのだ。そして、実際にそのとおりであった。

＊

このようなＤＮＡ複製をおこなう酵素――ＤＮＡポリメラーゼ――を発見したアーサー・コーンバーグはノーベル生理学・医学賞を受賞する。この本には紹介されていないが、そのＤＮＡ複製研究において、コーンバーグの弟子であった日本人科学者・岡崎令治《おかざきれいじ》が非常に大きな貢献をしたことは特筆に値する。

ＤＮＡが複製される時、ＤＮＡポリメラーゼの分子的な特性から、片側の鎖では合成がスムーズに進むが、反対側の鎖では進めないはずだ。にもかかわらず、二本の鎖が同時に合成されていく。その謎を解いたのが岡崎令治であった。説明すると長くなるので結論だけを言うと、そのスムーズに合成が進まない方の鎖では、短い不連続なＤＮＡ断片が作られ、その断片がつなぎ合わされることによって長いＤＮＡ鎖が合成されるのだ。

その断片は「岡崎フラグメント」と呼ばれ、どの教科書にも載っているほどの業績である。残念ながら、岡崎は慢性骨髄性白血病により四四歳の若さで亡くなった。その原因は広島での被曝、すなわち原子爆弾の放射線による遺伝子変異、であろうとされている。極めて優れた研究者であった岡崎であるから、もし長生きしておられたら、後にどれだけ優れた研究成果をあげられたことだろう。

*

一九四〇年代から六〇年代にかけて、遺伝子とはいかなるものかについて、ほとんどのことが解明された。最終的に機能するタンパク質へとDNAの遺伝情報がどのようにして流れて行くのか、遺伝情報の発現調節がどのようにしておこなわれていくのか、など多くのことが次々と明らかにされていったのだ。その次にやってきたのは遺伝子を利用する時代である。大腸菌を用いた遺伝子の操作法が開発され、インスリンや成長ホルモンといった有益な医薬品が生産されるようになっていった。

まことに結構なことばかりで、遺伝子の利用には負の側面などありえないのではないかと思われるかもしれない。しかし、現実はそう単純なものではない。量子力学や相対性理論が理解された後、その利用により、原子爆弾や原子力発電の時代がやってきた、というアナロジーで考えるとわかりやすいだろう。

遺伝子操作が可能であるとわかった時、もしかすると、その技術によって危険な病原体が作られ、人類にとんでもない災厄を引き起こしてしまうのではないかとの危惧が生じた。

そのことを議論するためにアシロマ会議がひらかれ、研究のモラトリアム（一時停止）が決定された。こういったことが可能であったのは、原子力研究の歴史から科学の負の側面がよく認識され、科学者の良心がうまく機能したからこそである。次に述べるように、このような、遺伝子の利用における慎重さは、今後ますます重要になっていく。

＊

生き物はすべからく遺伝子の影響から逃れることはできない。ヒトも例外ではない。遺伝子の影響を完全に理解するためには、ヒトの遺伝情報をすべて知る必要がある。バイオテクノロジーを用いて有用なタンパク質が作られるようになっていった頃、ヒトのゲノム（＝全遺伝情報）を調べ上げようというプロジェクトが立ち上げられた。

米欧日の共同研究としてスタートしたプロジェクトだが、そこへ一人で挑みかかったのがベトナム戦争帰りの一匹狼クレイグ・ベンターだった。最終的には研究チームとベンターが少なくとも表面的には和解して、二〇〇〇年にホワイトハウスでヒトゲノム解読が大々的に発表される。それに要した金額はおよそ三〇〇〇億円とされている。以後、塩基配列決定の技術は恐るべきスピードで進歩し、いまや、一人のゲノムを解析するのは一〇万円以下である。世の中に、これほどのコストダウンが急速に生じたものなどあるまい。技術開発がいかに急速に進んだかがわかる。

＊

ゲノム情報がどんどん蓄積していくと、いろいろなことがわかってくる。身長、運動能力、知能、あるいは精神疾患の発症など、遺伝性が認められるものはいくつもある。誤解のないように言っておくが、ある特定の多型や変異を持っていると背が高くなる、運動ができるようになる、知能が高くなる、精神疾患になる、というような遺伝子が存在している訳ではない。複数の遺伝子多型や変異の組み合わせが、そういったことに影響を与えるということなのだ。

現時点では、どの遺伝子のどのような多型や変異の総和が、これらのことに影響を与えるのかはわかっていない。しかし、理論的には、非常に多くの人間の表現型とゲノム情報をつきあわせて解析すれば、いずれわかるようになるはずだ。もちろん、そのための膨大な情報が正確に集められて、それを処理できる能力を持ったコンピューターがあれば、という条件付きではあるが。

もし、そのような時代になれば、ゲノムを読むことによって、個々人のポテンシャルをある程度推測することが可能になる。もちろんゲノムだけですべてが決定されるわけではなく、数多い環境要因——栄養や教育だけでなく、個人の努力など——も大きな影響を与えることはまちがいない。しかし、ゲノムの影響はそれに匹敵する、あるいは、それ以上に大きい。そこに、国家の強制による優生学ではなく、各個人が自ら望む優生学である新優生学——リベラル優生学と呼ばれることもある——が入り込む隙がある。

＊

すでに新優生学は始まっている。重篤な遺伝子疾患をもった子が生まれる可能性のある場合におこなわれる着床前診断がそのひとつの例である。体外受精をおこなった胚をある程度まで発生させ、一部の細胞をとって遺伝子検査をおこなう。そして、異常がないことが確認できた胚を母親の子宮に戻す。同じ方法は、男女の産み分けに利用することもできる。

妊婦の血液を用いた「新型出生前診断」も開発されている。血漿（血液の非細胞成分）には、微量だが遊離のＤＮＡが存在しており、妊婦では胎児由来のＤＮＡもある程度混じっている。この性質を利用して、妊婦の血漿中の遊離DNAの塩基配列を網羅的に解析することにより、ダウン症候群など胎児の染色体異常を検査できるのだ。このスクリーニング結果が陽性で、さらに検査を進めて染色体異常の確定診断をうけた妊婦の九割以上が人工妊娠中絶をうけたとの報告もある。

「優れた遺伝子」というのが何を意味するのか、また、本当にそのような遺伝子がありえるのかどうかすらわからない。しかし、新しい診断法の延長上に、かつての優生学がそうであったように、「優れた遺伝子」を持つ子を選別して欲しがる親がでてくる可能性は十分にある。このような個人の欲望による新たな優生学を社会として容認してもいいのだろうか。あるいは、制度として禁止すべきだろうか。

＊

ゲノム解析と並んで、ここ数年の間に驚異的な脚光を浴びているのは「ゲノム編集」である。クリスパー／キャス９（ＣＲＩＳＰＲ／Ｃａｓ９）という方法を用いることにより、ゲノムを自在に改変できるようになってきた。まだ改良の余地があるが、遠からず、極めて効率的に、任意にゲノムを編集できるようになると考えられている。このような方法を用いれば、ある遺伝子多型や変異を持った子どもを受動的に選別するだけでなく、より能動的に「優れた遺伝子」に改変する、すなわち、遺伝子を増強――エンハンスメント――することが可能になる。

我々は、さまざまな遺伝子多型や変異の組み合わせを持って生まれてくる。そして、その組み合わせが個人――あるいは個性と言ってもいい――を作りあげている。どのような組み合わせになるかは完全な偶然による、というのが、これまでの世の中だった。それに対して、新優生学が跋扈《ばっこ》するということは、その偶然性から逸脱し、人為的な選別がおこなわれる、あるいは、エンハンスメントまでもがおこなわれることを意味する。さて、あなたは、このようなことが人類にとって望ましいことだと思われるだろうか、それとも、とんでもないことだと思われるだろうか。

偶然だからこそ、「生まれつきだからしかたがない」とあきらめることができる。遺伝子の選別やエンハンスメントがおこなわれるようになった世の中においても、はたしてそのようなあきらめがすんなりと成り立つだろうか。子どもは親に対して、どうしてもっと「優れた遺伝子」をもたらしてくれなかったのか、と迫ることはないだろうか。また、逆に、偶然ではなく、親から「恣意的におしつけられた」ゲノムを、子どもは無条件に受け入れることができるのだろうか。

『遺伝子―親密なる人類史―』は『がん―4000年の歴史―』に勝るとも劣らない面白さだ。言うまでもなく、どちらの本も単独で十二分に面白い。しかし、両方を読んでみると、さらに面白さが立体的に浮かび上がってくる。二冊の本のテーマ、がんと遺伝子について、少し対比して考えてみよう。

＊

がんは、その患者を社会がどのように受け入れるか、あるいは、治療法をどのように提供するかなどといった側面があるとはいうものの、基本的には社会の問題というよりは個人の問題である。しかし、遺伝子は違う。遺伝子のプールには、膨大な種類の多型や変異、すなわち多様性が存在する。そして、その組み合わせによって個々の人間が作られている。そういった意味で、遺伝子は個人の所有物であると同時に、全体として人類が共有するリソース、すなわち、社会的な存在でもある。

『がん―4000年の歴史―』の解説を書いた時、がんと人類との闘いはまだ終わっていないという意味で「大いなる未完」というタイトルをつけた。しかし、その闘いの大筋は見えてきており、誰もが予想だにしていない方向へ進む可能性は非常に低い。がんについては、誰もができるだけ治療したい、治療すべきだと思う、といった方向性のコンセンサスが揺らぐことなど考えられないのである。

では、遺伝子あるいはゲノムについてはどうだろう。その選別や操作を受け入れるかどうか、すなわち、遺伝子エンハンスメントを含めた新優生学を容認する方向に進むかどうか。もし容認した場合、人類にどのような影響を与えるか、その将来がどうなるかは、予見することがきわめて困難である。そのような現状において、コンセンサスを得ることなど不可能だ。

すなわち、「遺伝子の未来」は「がんの未来」よりもはるかに不透明なのである。しかし、この遺伝子というものが引き起こすであろう不透明感は、なにも今に始まったことではない。この本には、いくつもの予言的な文章がおさめられている。

「遺伝子という概念は自然界についてのわれわれの理解を変えるにちがいない」（上巻三六頁）

この言葉は、一九〇〇年にメンデルの法則を再発見した三人のうちのひとり、ド・フリースによるものである。研究者として優れていただけではなく、将来を見通す目も持っていたようだ。しかし、現実はド・フリースの予言を超えた。先に述べたように、遺伝子は、我々の理解だけでなく、我々のあり方さえ変えかねない時代になってきている。

「(いったん遺伝子を支配する力が利用されるようになったら)どんな信条も、価値観も、制度も、確かなものではなくなる」(下巻八九頁)

遺伝学においても卓越した業績を残した生物学の鬼才J・B・S・ホールデンは一九二三年にこう論じている。あのマイケル・サンデルが『完全な人間を目指さなくてもよい理由——遺伝子操作とエンハンスメントの倫理』(ナカニシヤ出版)で鋭く指摘しているように、つきつめて考えると、新優生学が広くおこなわれるようになれば、人間のあり方や考え方までもが根本的に変わってしまう危険性さえはらんでいることを認識すべきである。

「ある力が発見されたなら、人間は必ずそれを手に入れようとする」
「その国にとって、あるいは人類全体にとって、そうした(遺伝子に対する)操作が最終的に善となるか悪となるかはまた別の問題である」(上巻一三五頁)

ゴールトンの優生学が燎原の火のごとく広がっていく中、それに対して警告を発し続けた遺伝学者ウィリアム・ベイトソンはこう記している。一〇〇年も前、遺伝子の操作法はおろか、その実体すらわかっていなかった時代において発せられたこの達見には心底驚かされる。未来予想図が極めて不確実な遺伝子について、今こそ、この言葉をしっかりとかみしめるべきだ。このような問題提起がなされていたにもかかわらず、かつて優生学がたどってしまった歴史を振り返りながら。

＊

大きな話題になったユヴァル・ノア・ハラリの『サピエンス全史——文明の構造と人類の幸福』（河出書房新社）の最後は「私たちが直面している真の疑問は、『私たちは何になりたいのか？』ではなく、『私たちは何を望みたいのか？』かもしれない」で結ばれている。そこにある、文明全体に投げかけられた「私たちは何になりたいのか？」と「私たちは何を望みたいのか？」という二つの疑問は、遺伝子やゲノムに対しても、まったくそのまま当てはめることができる。

最初にも書いたように、この本の際だった特徴は、単なる科学読み物でなく、遺伝子やゲノムに対する人文学的な内容や考察が広く取り上げられていることだ。科学に興味がないという人がいても、我々の未来に興味がない人などいないだろう。その未来、いや、近未来は、「遺伝子」をどう取り扱うか、どう操作するかによって大きく変わってしまう可能性が大きい。期せずして、その節目が現代なのである。

まさに時宜を得たこの本『遺伝子――親密なる人類史――』を手に取り、一人でも多くの人が、我々ひとりひとりの内なる存在であると同時に、人類全体にひらかれた「遺伝子」というものをしっかりと理解し、それを通して、はたして「私たちは何になりたいのか？」、そして、「私たちは何を望みたいのか？」について考えてもらいたい。その考えこそが我々の未来を決するのである。

二〇一七年一〇月

文庫版解説

単行本が出てから約三年。「遺伝子」に関係する大きな話題は、なんといっても新型コロナウイルスでしょう。もうひとつは、この本でもとりあげられている「新優生学」で、技術革新により、現実味を帯びた、大きな問題になりつつあります。文庫版解説では、この二つのテーマについて本篇に付け加える補遺のような形で書いていきます。すでに本書を読み終えられたことを前提にしているので、用語の解説など、読むために必要な基礎知識は最低限にしてあることをご理解いただければ幸いです。

1．遺伝子から見た新型コロナウイルス

新型コロナウイルスSARS-CoV-2

日本では新型コロナウイルスと称されることがほとんどだが、その正式名称はSARS－CoV－2である。SARSは二〇〇二年にアウトブレイクした重症急性呼吸器症候群のことで、CoVはコロナウイルスの略。なので、訳すとSARSコロナウイルス2型といったところである。SARSウイルスから直接進化してできたものではないけれども、遺伝子が類似しているのでそのように名付けられている。また、そのウイルスによる感染症の正式名称がCOVID－19である。

コロナウイルスは、ヒトの病原体としては、風邪を引き起こすウイルスとして一九六〇年代に同定されている。以来、ヒトの風邪の原因として計四種類のコロナウイルスが報告された。さらに、SARSウイルス、それから、二〇一二年に感染爆発のあった中東呼吸器症候群（MERS）の原因であるMERSウイルスが知られていた。そこへ新たに出現したので、新型コロナウイルスと呼ばれているのだ。

新型コロナウイルスとその遺伝子

まずはウイルスとは何かについて説明しよう。ウイルスとは、タンパク質と遺伝子からできた感染性の微粒子である。細胞に侵入し、細胞の力を借りて複製することはできるが、ウイルスだけで複製することはできない。また、細胞膜と代謝という生命の基準も満たさない。なので、一般的には、生命と非生命の中間的なものと考えられている。

この本で詳しく書かれているように、我々の遺伝物質はＤＮＡである。しかし、ウイルスの遺伝子はＤＮＡの場合とＲＮＡの場合があって、それぞれＤＮＡウイルスとＲＮＡウイルスと呼ばれている。本文に出てくるＳＶ40ウイルスや、子宮頸がんの原因になるヒトパピローマウイルス（ＨＰＶ）、風邪の原因のひとつであるアデノウイルスなどがＤＮＡウイルスである。それに対して、ＲＮＡウイルスには、コロナウイルスやインフルエンザウイルス、あるいは、後天性免疫不全症候群（ＡＩＤＳ）の原因になるヒト免疫不全ウイルス（ＨＩＶ）などがある。

新型コロナウイルスは、エンベロープという、細胞から放出される時に細胞からいただいてきた脂質の膜で覆われている。そして、そのエンベロープにはスパイクタンパク質というタンパク質が突き刺さっている。スパイクタンパク質が、呼吸上皮細胞などの表面にあるＡＣＥ２（アンギオテンシン変換酵素２）に結合して、新型コロナウイルスは細胞内に侵入する。

細胞内において、ウイルスの遺伝子であるＲＮＡが複製される。フランシス・クリックのセントラルドグマ、中心教義を思い出してほしい。我々の細胞における遺伝情報の流れは、ＤＮＡからＲＮＡ、そしてタンパク質である。ここにＤＮＡの複製が加わる。しかし、新型コロナウイルスの場合は違う。遺伝子がRNAなのだから、RNAを元にしてRNAを合成しなければならない。そのためにはRNA依存性RNA合成酵素が必要であり、その酵素の遺伝子は新型コロナウイルスが持っている。我々の細胞では、セントラルドグマにある通り、RNAはDNAを元に合成されるだけなので、新型コロナウイルスのようにRNA依存性RNA合成酵素は存在しない。

新型コロナウイルスの遺伝子変異

RNAウイルスには遺伝子の変異が生じやすいことが知られている。その理由のひとつは、RNA依存性RNA合成酵素によるRNAの複製は、DNAの複製に比べて変異が生じやすいことによる。というのは、DNA複製には「校正」のメカニズムがあるのだが、RNA複製酵素にはそのようなメカニズムがふつうは存在しないからだ。ただし、コロナウイルスだけは例外で、不十分とはいえ校正機能を持っている。なので、変異しやすいとはいえ、他のRNAウイルスほどではない、ということになる。

RNAウイルスであるインフルエンザウイルスやHIVは変異率が非常に高いことが知られている。インフルエンザウイルスの場合は、RNA依存性RNA合成酵素による変異——連続変異——のみでなく、遺伝子の組み換えというまったく違った現象による変異——

―非連続変異――があることによる。また、HIVはコロナウイルスやインフルエンザウイルスと違って、RNA依存性RNA合成酵素ではなく、RNAを鋳型にしてDNAを合成する逆転写酵素という酵素の働きが必要なのだが、その酵素による反応において変異が生じやすいことによる。

あまり変異率が高くない新型コロナウイルスとはいえ、一定の頻度で必ず変異は生じる。変異がどこに生じるかはまったくランダムなので、変異を持ったウイルスの性質はさまざまだ。中には、ウイルスの複製に必要な酵素に異常が生じたり、エンベロープの遺伝子に異常が生じたりして、増えることができなくなるウイルスもあるだろう。おそらくは、そういった変異がほとんどのはずだ。

それとは逆に、感染力が増したり、重症化しやすいといった変異が生じる可能性がある。後者をもって、新型コロナウイルスは「賢い」とか「タチが悪い」と言われることがあるが、それはあくまでも人間からそう見える、ということにすぎない。新型コロナウイルスは、あくまでもRNAとタンパク質とエンベロープからなる粒子にすぎないことをきちんと認識しておく必要がある。

実際に、感染力が強くなるような変異を持った新型コロナウイルスが出現してしまった。英国で報告された新しい変異ウイルスのひとつは、遺伝子のRNAレベルで二九塩基に変異があり、その結果、タンパク質レベルでは一七個のアミノ酸に変異がはいっている。ちなみに、新型コロナウイルスのゲノムサイズは約三万塩基である（一本鎖のＲＮＡなので、「塩基対」ではなくて「塩基」）。

これらの変異のうちのいくつかは、新型コロナウイルスが細胞に侵入する時に必要なスパイクタンパク質の変異であり、そういった変異が感染力の強さに影響を与えているのではないかと考えられている。

ＰＣＲ検査と抗体検査

新型コロナウイルスの代表的な検査は、ＰＣＲ（ポリメラーゼ連鎖反応）と抗体検査である。ＰＣＲについては本文で簡単に紹介されているが、ある特定のＤＮＡ断片をどんどんと増やす方法である。原理的には、一回の反応で、特定のＤＮＡ断片を二倍に増やすことができる。なので、「連鎖」的に三〇回の反応を繰り返せば、二の三〇乗、すなわち、もともとあったＤＮＡ断片をおおよそ一〇億倍に増幅させることが可能なのだ。

鼻の粘膜などを採取して検査をするのだが、そこに存在するウイルスの量はごくわずかでしかない。なので、ウイルスの遺伝子をうんと増幅して、ウイルス感染があるかどうかを調べてやろうという方法である。

「おや？」と思われた方がおられるかもしれない。ＰＣＲはＤＮＡを増やす方法である。新型コロナウイルスの遺伝子はＲＮＡなのに、どうして増やすのかと。ごもっともだ。じつは、ＰＣＲ反応の前に、もうひとつ別の反応をおこなうのである。ＨＩＶには逆転写酵素がある、という話を思い出してほしい。セントラルドグマからわかるように、通常の転写とは、ＤＮＡを鋳型にしてＲＮＡが合成される反応である。それとは逆に、ＲＮＡを鋳型にしてＤＮＡを合成する反応だから逆転写、そのための酵素で逆転写酵素だ。

感染の疑いがある細胞をとってくる。そこからＲＮＡをまず抽出し、逆転写酵素による反応で、同じ塩基配列を持ったＤＮＡを作る。そして、ＰＣＲ反応をおこなうのである。逆転写は英語で reverse transcription というので、その頭文字をとって全体の反応をＲＴ－ＰＣＲという。だから、新型コロナウイルスのＰＣＲ検査は、より正しくはＲＴ－ＰＣＲなのである。

このように、ＰＣＲ検査は新型コロナウイルスの遺伝子ＲＮＡが存在するかどうかを調べる検査である。それに対して、抗体検査は、新型コロナウイルスが持つタンパク質を認識する抗体が血液中に存在するかどうかを調べる検査である。体内に侵入した異物に対して、特異的に反応する抗体が産生される。そして、その抗体は長期間にわたって作り続けられる。だから、抗体検査は、過去に新型コロナウイルスに感染したことがあるかどうかを知るための検査なのだ。

遺伝子から眺める新型コロナウイルスワクチン

ワクチンとは、感染症を予防するための医薬品である。病原性を持たない病原体、あるいは感染性をなくした病原体などを接種し、抗体など、その病原体に対する免疫能を獲得させるのがワクチンの作用機序である。

新型コロナウイルスに対しても、その武器、より正しくは「盾」というべきか、としてワクチン開発がおこなわれた。歴史的には、生ワクチンと不活化ワクチンの二種類があった。世界で最初に開発されたワクチンは、種痘、すなわち、天然痘に対するワクチンで、一八世紀の最後、英国のエドワード・ジェンナーによるものである。

ジェンナーは、牛痘——ウシに発生する天然痘に似た病気——に感染した乳搾りの女たちは天然痘に罹らないことにヒントを得て、牛痘の水疱を接種することにより天然痘を予防できることを発見した。これは、生きたままのウイルスを接種するのだから、生ワクチンである。

不活化ワクチンの典型例はインフルエンザワクチンである。インフルエンザウイルスを有精卵や培養細胞を使って増やす。そうしてできたウイルスを含んだ液を集めて、ウイルスを精製、凝縮させ、化学物質によって感染性をなくしたものがインフルエンザワクチンだ。感染性がなくなっているので、活性がない、すなわち不活化されたワクチンということになる。

新型コロナウイルスのワクチンで先陣を切って開発されたのはＲＮＡワクチンだった。従来のワクチンは、生ワクチンであっても不活化ワクチンであってもウイルス粒子を利用したものである。しかし、ＲＮＡワクチンは、そうではなくて、ＲＮＡをワクチンとして利用するというまったく新しい概念によるものだ。

かといって、接続したＲＮＡに対して免疫反応が生じて抗体ができる訳ではない。では、どういうメカニズムなのか。新型コロナウイルスの場合、スパイクタンパク質に対する免疫反応を惹起させるＲＮＡワクチンが開発されたので、それを例にとって説明しよう。

まずスパイクタンパク質のメッセンジャーＲＮＡを合成する。それを体内に接種するのだが、ＲＮＡは生体内では非常に分解されやすいので、安定化させるために脂質のナノ粒子やポリマー粒子が用いられる。また、そうすることにより、細胞にＲＮＡが取り込まれやすくなる。そうして細胞内にはいったＲＮＡの遺伝情報を元に、細胞内でスパイクタンパク質が作られ、それが異物として認識され、免疫反応が生じる、というシナリオだ。

従来のワクチンを開発する手間に比べると、基本的にはＲＮＡを合成するだけなので、手間は非常に少なくてすむ。また、元のスパイクタンパク質を改変して、分解されにくくするなどの人工的な変異を導入することも容易である。こういったことから、RNAワクチンが最速で開発されるのではないかと考えられていた。ただ、問題もあった。なにしろ実用化の経験がなかったのである。だが、実際に有効性が確認され認可されたワクチンのトップと二番手はRNAワクチンであった。

DNAワクチンも、DNAを細胞に取り込ませて、遺伝子を発現させるという基本的なメカニズムは同じである。しかし、RNAからタンパク質への翻訳は細胞質でおこなわれるのに対して、DNAの場合はRNAへの転写も必要で、この過程は核内だ。なので、接種したDNAが核内に到達する必要がある。おそらく、タンパク質の発現量ではRNAウイルスに軍配があがるだろうし、RNAワクチンは免疫能の賦活に有効であるという報告もある。現時点では何ともいえないが、DNAワクチンの道のりは遠そうだ。

新型コロナウイルスワクチンレースでRNAワクチンに次いで認可されたのは、ウイルスベクターワクチンだった。ベクターは「運び屋」のこと。病原性のないウイルスを運び屋にして、目的とするタンパク質であるスパイクタンパク質を発現させるものだ。

運び屋ウイルスとしてはいくつかの可能性があるが、チンパンジーに風邪をおこすアデノウイルスに新型コロナウイルスのスパイクタンパク質を遺伝子工学の手法で組み込んだウイルスの開発が最も速かった。
このように、新型コロナウイルスのワクチン開発には、遺伝子の知識と操作技術がフルで動員されたのである。

以上、「遺伝子」という切り口から、新型コロナウイルスを眺めてみました。新聞やテレビなどで繰り返し繰り返し報道されていますが、たいがいは断片的で、なかなか本質的なところがつかみにくいことが多いでしょう。しかし、ムカジーのこの本を読んで、新型コロナウイルスを遺伝子から解釈すると非常にスッキリすることがおわかりいただけたかと思います。さて、次はもうひとつのトピック、新優生学について解説していきます。

2. 「新優生学」の拡大

新優生学とは

この本の大きな主題のひとつである古典的な優生学は、ある集団の遺伝的な素因を改善するために、「劣った」遺伝子をもった子どもが生まれないようにする「消極的優生学」と、「優れた」遺伝子をもった子どもの出生を促進する「積極的優生学」という政策であった。しかし、遺伝子に優劣がないことは、本書で繰り返し述べられているとおりだ。

そのような誤った考えに基づいた、まったく科学的な根拠がなかった優生学、政策によるトップダウンの優生学が古い優生学だった。いまではよく知られているように、たとえば知能などは遺伝要因だけでなく、環境要因も大きく影響しているが、古い優生学は遺伝性が曖昧な個人の形質を指標におこなわれたものであった。それに対して、遺伝子そのものを標的にした、科学の後ろ盾を持った優生学が新優生学である。

また、新優生学は国家が強制するものではなく、個人が希望して選択するものである。そういった意味で、リベラル優生学と呼ばれることもある。現在おこなわれているのは、着床前診断と出生前診断によるもので、消極的優生学に属するものである。しかし、ゲノム編集技術の進歩などにより、遺伝子エンハンスメントといった積極的優生学も将来的には可能になっていくかもしれない。

体外受精と着床前診断

こういった倫理問題を考える時に何よりも参考になるのは体外受精の歴史である。世界で最初に体外受精で生まれたのは英国のルイーズ・ブラウン、一九七八年のことだ。「試験管ベビー」として報じられた第一例であったが、宗教界や医学界をはじめ、多くの人が、倫理的に問題があると考えていた。ところが今やどうだろう。二〇一〇年には、体外受精技術の発展に寄与したとして開発者のエドワーズがノーベル生理学・医学賞を受賞しているし、二〇一八年の統計では、日本で生まれてくる赤ちゃんの一六人に一人が生殖医療によると報告されている。

倫理というと、なんとなく堅固なものと捉えがちだが、決してそのようなことはない。体外受精の例が示すように、安全であることがわかり、それほど費用がかからず、多くの人が望むようになれば、かつては倫理的に問題であったと考えられたことであっても、広くおこなわれるようになるのだ。

こういったことを説明するのに「滑りやすい坂」という考えが用いられることがある。最初は慎重で厳しく規制されていた、すなわち、ゆっくりと滑っていたものでも、どんどん加速度がついていってしまう、という喩えである。かといって慎重になりすぎると、なにひとつ進まない。生命倫理にはこういった難しさがつきまとう。

精子と卵子が融合して受精卵となり、一個の細胞が二個、四個、八個と分裂し、胚盤胞と呼ばれる段階に至って子宮壁に着床する。着床前診断（着床前検査）とは、着床する前の初期胚を使った遺伝子診断（検査）のことである。

体外受精をおこなった受精卵を培養し、四～八細胞になった時点で、細胞を一、二個採取する。その細胞を用いて、遺伝子や染色体の検査をおこない、目的とする遺伝子や染色体に異常がないかどうかの検査をおこなう。そして、異常がないことが確認された胚を子宮に戻すという方法である。この段階の胚だと、一個や二個の細胞を失ってもまったく正常に発生できる。

医療目的とはいえ、「命の選別」であることは間違いない。以前から、重篤な遺伝性疾患や習慣性流産に限定して認められてきた。それなら問題ないと考えられるかもしれない。しかし、はたしてそうだろうか。もしあなたがその重篤な遺伝性疾患の患者だとすると、どう考えられるだろう。自分は生まれてこなかったほうが良かったということなのかと考えはしないだろうか。非常に難しい問題である。

日本産婦人科学会は、二〇二〇年に、「現時点で有効な治療法がない」「高度かつ（体への負担が大きい）侵襲度の高い医療が必要」といった条件で対象を広げること、また、これまで学会が審査・認可していたものを実施施設の倫理委員会で判断することを提案している。「命の選別」が、滑りやすい坂を転がり始めているのかどうか、見守っていく必要がありそうだ。

出生前診断と人工妊娠中絶

出生前診断とは、妊娠中に実施する胎児の診断全般のことであるが、ここでは、胎児由来の細胞を羊水あるいは胎盤の絨毛から採取しておこなう出生前遺伝子検査にしぼって話をしていく。母体の血液を用いる新型出生前診断については次項で説明する。

出生前診断は、胎児の遺伝子や染色体に異常があると疑われる場合におこなわれる。その結果、異常があれば、人工妊娠中絶が選択されることがある。異常な遺伝子を持った胎児の排除であるから、優生的な見地からの措置と見なすことができる。もちろん、着床前診断と同じく「命の選別」である。

この件に該当する法律は、以前は優生保護法、現在では母体保護法である。その母体保護法に「胎児条項」は設けられていない。胎児条項とは、人工中絶を許可する条件として、胎児の要因、すなわち、致死的あるいは不治の疾患であることを示す条項である。厳密には、この条項がないのに、出生前診断によってわかった胎児の要因で中絶をおこなうのはおかしいはずだ。しかし、実際には「身体的又は経済的理由により母体の健康を著しく害するおそれ」という母体保護法の条文を適用して実施されている。

『選べなかった命――出生前診断の誤診で生まれた子』（河合香織著、文藝春秋）という大宅壮一ノンフィクション賞と新潮ドキュメント賞のダブル受賞作がある。出生前診断を受けた女性、染色体検査の結果は異常だったが、医師のミスで正常と伝えられる。生まれてきた子は二一番染色体が三本あるトリソミー21、ダウン症だった。異常があれば人工中絶するつもりで受けた検査だったが、生まれてきた子が次第に愛おしくなってくる。しかし、悲しいことに、多くの先天性異常のあったその子は生後三か月で亡くなった。このケースだけでも、命の選別というのはいかに複雑なものであるかがわかるだろう。

新型出生前診断

新型出生前診断と次節でとりあげる遺伝子エンハンスメントほど、科学の進歩と倫理という面で、この本のテーマにマッチしたものはないだろう。新型出生前診断の英語名称はＮＩＰＴ（non-invasive prenatal testing）＝非侵襲的出生前診断で、胎児の細胞を用いずに、妊婦の血液で可能な、したがって、非常に簡便な検査である。

胎児のゲノムの二分の一は父親由来なので、子宮内の胎児は母親にとって半分は異物である。しかし、免疫反応は生じない。それは、胎盤の働きによって、母体と胎児の血流が混じり合わないようになっているからだ。しかし、妊娠中は妊婦の血漿（血液の細胞以外の液体成分）中に胎児由来の遊離ＤＮＡも流れていて、妊娠一〇週では一〇％程度にもなる。

母体の血漿中にあるＤＮＡの塩基配列を次世代シークエンシングで決定して解析すると

いうのが、新型出生前診断の基本原理だ。ダウン症、トリソミー21を例にとって説明しよう。次世代シークエンシングによって塩基配列を決定した血漿中の遊離DNA断片は、どの染色体に由来するかがわかる。もし胎児がトリソミー21ならば、正常に比べて、二一番染色体に由来するDNA断片がわずかとはいえ、多く存在するはずだ。これを利用したのが新型出生前診断、次世代シークエンシング技術があってこその方法だ。

原理的にはどの染色体でも可能なのだが、主におこなわれるのは、二一番に加えて、一八番、一三番である。というのは、この三つの染色体トリソミー以外はほとんど生まれてこないからだ。それ以外の染色体ではトリソミーにならないのではなくて、トリソミーになると胎児の異常が大きくなりすぎて、自然流産してしまうためである。

精度が九九％と高いとはいえ、新型出生前診断によって異常を確定することはできない。陽性と診断された場合は、胎児の細胞を用いた出生前診断によって確定する。羊水中の細胞にしろ何にしろ、胎児の細胞採取にはある程度の危険を伴うが、新型出生前診断はそのような侵襲のないのが大きなメリットなのだ。

陽性の診断を受けた場合、確定検査を受けるかどうか、そして、人工中絶をするかどうかの決断が迫られる。そういった場合、遺伝カウンセリングが必要なのだが、日本ではその数が不足している。また、これまでの調査では、確定検査で陽性と判明した場合、九割以上が人工妊娠中絶を選択している。異常があれば中絶ということを視野に入れている人が検査を受けているだろうから、高いのは当然かもしれないが、相当な高率である。

今後、新型出生前診断は一気に広まっていくことが予想されている。そして、いまと同じような率で人工妊娠中絶が選ばれれば、ダウン症の出生数は激減していくだろう。実際、アイスランドではダウン症の出生がゼロになっている。

日本ではそこまでいかないだろうが、相当に減少することは間違いないと考えられている。そうなったときにダウン症に対する差別が生じないだろうかということも懸念されている。もちろんあってはならないことだが、そういった社会がきちんと構築できるかどうかは、我々自身にかかっている。

遺伝子エンハンスメント

ここまでは消極的優生学の話であったが、遺伝子エンハンスメントは積極的優生学、遺伝子的に優れた形質を作りだそうという話である。ただし、これは現実の話ではない。かといって完全なフィクションでもない。そう遠くない将来に可能になるかもしれない話である。

受精卵の段階である遺伝子を改変することにより、あらたな形質を導入する。つい一〇年ほど前まではSFでしかありえないストーリーだった。しかし、二〇二〇年にノーベル化学賞を受賞したゲノム編集の技術をもってすれば、それが可能になったのだ。技術的な問題があるし、それ以上に倫理的な問題が大きいので世界中で禁止されている。

知能や運動能力に遺伝性があることは間違いないのだが、そういった能力に決定的な影響を与える遺伝子はわかっていない。だから少なくとも現時点では、ある特定の遺伝子を改変することにより、知能をよくするとか運動能力を高めるというようなことは不可能である。かといって、未来永劫にわたって不可能という訳でもない。おそらく知能や運動能力には複数の遺伝子多型が関係していると考えられているが、少数の決定的な遺伝子多型が影響を与える可能性は残されている。もしそうならば、ゲノム編集による遺伝子エンハンスメントができるようになるかもしれないのだ。

頭のいい子ができるような遺伝子エンハンスメントを親が望んだ場合を考えてみよう。にもかかわらず、その子の出来がいまひとつだったとする。親は純粋にその子を愛することができるだろうか。どんな子どもが生まれるかわからないという偶然性があるから、どのような子どもであっても愛することができる。それが人類の歩んで来た道だ。それが、遺伝子エンハンスメントによって崩れる可能性すらあるのだ。

すこし大げさと思われるかもしれないが、命の選択や遺伝子エンハンスメントというのは、人類のあり方を変えてしまうかもしれない技術なのである。どうなるかは、何百年というスパンで考える必要があるが、いま、我々がどう考えるかがその結果に大きな影響をもたらすことは間違いない。

さて、いかがだったでしょう。新型コロナウイルスと新優生学という人類のあり方に大きな影響を与えるであろう出来事がリアルタイムで進行しているのが現在です。そして、この二つをきちんと理解するには、遺伝子の知識が絶対的に必要です。

本書をお読みいただいた方には申し上げるまでもないことですが、遺伝子についての知識を常にアップデートして、こういった問題を考え続けていただけたらなによりです。

二〇二一年一月

仲野　徹

索　引

＊「n」は傍注内の記述を指す。

■数字・欧文

■あ行

■か行

■さ行

■た行

■な行

■は行

■ま行

■や行

■ら行

■わ

原　注

第４部「人間の正しい研究題目は人間である」

1 Alexander Pope, *Essay on Man* (Oxford: Clarendon Press, 1869).〔アレグザンダー・ポウプ『人間論』（上田勤訳、岩波文庫）〕
2 William Shakespeare, *The Tempest*, act 5, sc. 1.〔ウィリアム・シェイクスピア『テンペスト』（小田島雄志訳、白水Ｕブックス）〕

父の苦難

1 William Shakespeare and Jay L. Halio, The *Tragedy of King Lear* (Cambridge: Cambridge University Press, 1992), act 5, sc. 3.〔ウィリアム・シェイクスピア『リア王』（福田恆存訳、新潮社）〕

診療所の誕生

1 Lyon and Gorner, *Altered Fates.*
2 John A. Osmundsen, "Biologist hopeful in solving secrets of heredity this year," *New York Times*, February 2, 1962.
3 Thomas Morgan, "The relation of genetics to physiology and medicine," Nobel Lecture, June 4, 1934, Nobelprize.org, http://www.nobelprize.org/nobel_prizes/medicine/laureates/1933/morgan-lecture.html.
4 "From 'musical murmurs' to medical genetics, 1945–1960," Victor A. McKusick Papers, NIH, http://profiles.nlm.nih.gov/ps/retrieve/narrative/jq/p-nid/305.
5 Harold Jeghers, Victor A. McKusick, and Kermit H. Katz, "Generalized intestinal polyposis and melanin spots of the oral mucosa, lips and digits," *New England Journal of Medicine* 241, no. 25 (1949): 993–1005, doi:10.1056/nejm194912222412501.
6 Archibald E. Garrod, "A contribution to the study of alkaptonuria," *Medico-chirurgical Transactions* 82 (1899): 367.
7 Archibald E. Garrod, "The incidence of alkaptonuria: A study in chemical individuality," *Lancet* 160, no. 4137 (1902): 1616–20,

doi:10.1016/s0140-6736(01)41972-6.

8 Harold Schwartz, *Abraham Lincoln and the Marfan Syndrome* (Chicago: American Medical Association, 1964).

9 J. Amberger et al., "McKusick's Online Mendelian Inheritance in Man," *Nucleic Acids Research* 37 (2009): (database issue) D793–D796, fig. 1 and 2, doi:10.1093/nar/gkn665.

10 "Beyond the clinic: Genetic studies of the Amish and little people, 1960–1980s," Victor A. McKusick Papers, NIH, http://profiles.nlm.nih.gov/ps/retrieve/narrative/jq/p-nid/307.

11 Wallace Stevens, *The Collected Poems of Wallace Stevens* (New York: Alfred A. Knopf, 1954), "The Poems of Our Climate," 193–94.

12 *Fantastic Four #1* (New York: Marvel Comics, 1961), http://marvel.com/comics/issue/12894/fantastic_four_1961_1.

13 Stan Lee et al., *Marvel Masterworks: The Amazing Spider-Man* (New York: Marvel Publishing, 2009), "The Secrets of Spider-Man."

14 *Uncanny X-Men #1* (New York: Marvel Comics, 1963), http://marvel.com/comics/issue/12413/uncanny_x-men_1963_1.

15 Alexandra Stern, *Telling Genes: The Story of Genetic Counseling in America* (Baltimore: Johns Hopkins University Press, 2012), 146.

16 Leo Sachs, David M. Serr, and Mathilde Danon, "Analysis of amniotic fluid cells for diagnosis of foetal sex," *British Medical Journal* 2, no. 4996 (1956): 795.

17 Carlo Valenti, "Cytogenetic diagnosis of down's syndrome in utero," *Journal of the American Medical Association* 207, no. 8 (1969): 1513, doi:10.1001/jama.1969.03150210097018.

18 Details of McCorvey's life are from Norma McCorvey with Andy Meisler, *I Am Roe: My Life,* Roe v. Wade*, and Freedom of Choice* (New York: HarperCollins, 1994).

19 同上。

20 *Roe v. Wade*, Legal Information Institute, https://www.law.cornell.edu/supremecourt/text/410/113.

21 Alexander M. Bickel, *The Morality of Consent* (New Haven: Yale University Press, 1975), 28.

22 Jeffrey Toobin, "The people's choice," *New Yorker*, January 28, 2013,

19–20.
23 H. Hansen, "Brief reports decline of Down's syndrome after abortion reform in New York State," *American Journal of Mental Deficiency* 83, no. 2 (1978): 185–88.
24 Daniel J. Kevles, *In the Name of Eugenics: Genetics and the Uses of Human Heredity* (New York: Alfred A. Knopf, 1985), 257.
25 M. Susan Lindee, *Moments of Truth in Genetic Medicine* (Baltimore: Johns Hopkins University Press, 2005), 24.
26 V. A. McKusick and R. Claiborne, eds., *Medical Genetics* (New York: HP Publishing, 1973).
27 Ibid., Joseph Dancis, "The prenatal detection of hereditary defects," 247.
28 Mark Zhang, "*Park v. Chessin* (1977)," *The Embryo Project Encyclopedia*, January 31, 2014, https://embryo.asu.edu/pages/park-v-chessin-1977.
29 同上。

「介入しろ、介入しろ、介入しろ」

1 Gerald Leach, "Breeding Better People," *Observer*, April 12, 1970.
2 Michelle Morgante, "DNA scientist Francis Crick dies at 88," *Miami Herald*, July 29, 2004.
3 Lily E. Kay, *The Molecular Vision of Life: Caltech, the Rockefeller Foundation, and the Rise of the New Biology* (New York: Oxford University Press, 1993), 276.
4 David Plotz, "Darwin's Engineer," *Los Angeles Times*, June 5, 2005, http://www.latimes.com/la-tm-spermbank23jun05-story.html#page=1.
5 Joel N. Shurkin, *Broken Genius:The Rise and Fall of William Shockley, Creator of the Electronic Age* (London: Macmillan, 2006), 256.
6 Kevles, *In the Name of Eugenics*, 263.
7 *Departments of Labor and Health, Education, and Welfare Appropriations for 1967* (Washington, DC: Government Printing Office, 1966), 249.
8 Victor McKusick, in *Legal and Ethical Issues Raised by the Human Genome Project: Proceedings of the Conference in Houston, Texas, March*

7–9, 1991, ed. Mark A. Rothstein (Houston: University of Houston, Health Law and Policy Institute, 1991).

9 Matthew R. Walker and Ralph Rapley, *Route Maps in Gene Technology* (Oxford: Blackwell Science, 1997), 144.

ダンサーたちの村、モグラの地図

1 W. H. Gardner, *Gerard Manley Hopkins: Poems and Prose* (Taipei: Shu lin, 1968), "Pied Beauty."〔『ホプキンズの世界』（ピーター・ミルワード、緒方登摩編、研究社出版）〕

2 George Huntington, "Recollections of Huntington's chorea as I saw it at East Hampton, Long Island, during my boyhood," *Journal of Nervous and Mental Disease* 37 (1910): 255–57.

3 Robert M. Cook-Deegan, *The Gene Wars: Science, Politics, and the Human Genome* (New York: W. W. Norton, 1994), 38.

4 K. Kravitz et al., "Genetic linkage between hereditary hemochromatosis and HLA," *American Journal of Human Genetics* 31, no. 5 (1979): 601.

5 Y. Wai Kan and Andree M. Dozy, "Polymorphism of DNA sequence adjacent to human beta-globin structural gene: Relationship to sickle mutation," *Proceedings of the National Academy of Sciences* 75, no. 11 (1978): 5631–35.

6 David Botstein et al., "Construction of a genetic linkage map in man using restriction fragment length polymorphisms," *American Journal of Human Genetics* 32, no. 3 (1980): 314.

7 Louis MacNeice, "Snow," in *The New Cambridge Bibliography of English Literature*, vol. 3, ed. George Watson (Cambridge: Cambridge University Press, 1971).

8 Victor K. McElheny, *Drawing the Map of Life: Inside the Human Genome Project* (New York: Basic Books, 2010), 29.

9 Botstein et al., "Construction of a genetic linkage map," 314.

10 N. Wexler, "Huntington's Disease: Advocacy Driving Science," *Annual Review of Medicine*, no. 63 (2012): 1–22.

11 N. S. Wexler, "Genetic 'Russian Roulette': The Experience of Being At Risk for Huntington's Disease," in *Genetic Counseling: Psychological Dimensions*, ed. S. Kessler (New York, Academic Press, 1979).

12 “New discovery in fight against Huntington’s disease,” NUI Galway, February 22, 2012, http://www.nuigalway.ie/about-us/news-and-events/news-archive/2012/february2012/new-discovery-in-fight-against-huntingtons-disease-1.html.

13 Gene Veritas, “At risk for Huntington’s disease,” September 21, 2011, http://curehd.blogspot.com/2011_09_01_archive.html.

14 ウェクスラー家の詳細については以下を参考にした。Alice Wexler, *Mapping Fate: A Memoir of Family, Risk, and Genetic Research* (Berkeley: University of California Press, 1995); Lyon and Gorner, *Altered Fates*; and “Makers profile: Nancy Wexler, neuropsychologist & president, Hereditary Disease Foundation,” MAKERS: The Largest Video Collection of Women’s Stories, http://www.makers.com/nancy-wexler.

15 同上。

16 “History of the HDF,” Hereditary Disease Foundation, http://hdfoundation.org/history-of-the-hdf/.

17 Wexler, Nancy, “Life In The Lab,” *Los Angeles Times Magazine*, February 10, 1991.

18 Associated Press, “Milton Wexler; Promoted Huntington’s Research,” *Washington Post*, March 23, 2007, http://www.washingtonpost.com/wp-dyn/content/article/2007/03/22/AR2007032202068.html.

19 Wexler, *Mapping Fate*, 177.

20 同上。178.

21 Description of Barranquitas from “Nancy Wexler in Venezuela Huntington’s disease,” BBC, 2010, YouTube, https://www.youtube.com/watch?v=D6LbkTW8fDU.

22 M. S. Okun and N. Thommi, “Américo Negrette (1924 to 2003): Diagnosing Huntington disease in Venezuela,” *Neurology* 63, no. 2 (2004): 340–43, doi:10.1212/01.wnl.0000129827.16522.78.

23 有病率についてのデータは以下を参照されたい。http://www.cmmt.ubc.ca/research/diseases/huntingtons/HD_Prevalence.

24 以下を参照されたい。“What Is a Homozygote?,” Nancy Wexler, *Gene Hunter: The Story of Neuropsychologist Nancy Wexler,* (Women’s Adventures in Science, Joseph Henry Press), October 30, 2006: 51.

25 Jerry E. Bishop and Michael Waldholz, *Genome: The Story of the Most Astonishing Scientific Adventure of Our Time* (New York: Simon & Schuster, 1990), 82–86.

26 この家系図は最終的に、10 世代以上にわたる 1 万 8000 人を含んだものへと拡大し、その全員が、マリア・コンセピヨンという、コンセプション（受胎）に似た響きを持つ、奇妙なほどにぴったりな名前の女性の子孫であることが判明した。彼女の子供が 19 世紀に異常遺伝子を持つ最初の家族をつくり、その遺伝子がこれらの村に広がった。

27 アメリカの家系の規模は関連を証明できるほど大きくはなかったが、ベネズエラの家系の規模は十分に大きかった。両国の家系のデータの統合によって、ハンチントン病と一緒に伝わる DNA マーカーの存在が証明された。以下を参照されたい。J. F. Gusella, N. S. Wexler, P. M. Conneally, S. L. Naylor, M. A. Anderson, R. E. Tanzi, P. C. Watkins, K. Ottina, M. R. Wallace, A. Y. Sakaguchi, A. B. Young, I. Shoulson, E. Bonilla, and J. B. Martin. "A Polymorphic DNA Marker Genetically Linked to Huntington's Disease," *Nature*, 1983 Nov 17-23; 306, (5940): 234–8.

28 James F. Gusella et al., "A polymorphic DNA marker genetically linked to Huntington's disease," *Nature* 306, no. 5940 (1983): 234–38, doi:10.1038/306234a0.

29 Karl Kieburtz et al., "Trinucleotide repeat length and progression of illness in Huntington's disease," *Journal of Medical Genetics* 31, no. 11 (1994): 872–74.

30 Lyon and Gorner, *Altered Fates*, 424.

31 Nancy S. Wexler, "Venezuelan kindreds reveal that genetic and environmental factors modulate Huntington's disease age of onset," *Proceedings of the National Academy of Sciences* 101, no. 10 (2004): 3498–503.

32 *The Almanac of Children's Songs and Games from Switzerland* (Leipzig: J. J. Weber, 1857).

33 "The History of Cystic Fibrosis," cysticfibrosismedicine.com, http://www.cfmedicine.com/history/earlyyears.htm.

34 Lap-Chee Tsui et al., "Cystic fibrosis locus defined by a genetically linked polymorphic DNA marker," *Science* 230, no. 4729 (1985): 1054–

57.
35 Wanda K. Lemna et al., "Mutation analysis for heterozygote detection and the prenatal diagnosis of cystic fibrosis," *New England Journal of Medicine* 322, no. 5 (1990): 291–96.
36 V. Scotet et al., "Impact of public health strategies on the birth prevalence of cystic fibrosis in Brittany, France," *Human Genetics* 113, no. 3 (2003): 280–85.
37 D. Kronn, V. Jansen, and H. Ostrer, "Carrier screening for cystic fibrosis, Gaucher disease, and Tay-Sachs disease in the Ashkenazi Jewish population: The first 1,000 cases at New York University Medical Center, New York, NY," *Archives of Internal Medicine* 158, no. 7 (1998): 777–81.
38 Elinor S. Shaffer, ed., *The Third Culture: Literature and Science*, vol. 9 (Berlin: Walter de Gruyter, 1998), 21.
39 Robert L. Sinsheimer, "The prospect for designed genetic change," *American Scientist* 57, no. 1 (1969): 134–42.
40 Jay Katz, Alexander Morgan Capron, and Eleanor Swift Glass, *Experimentation with Human Beings: The Authority of the Investigator, Subject, Professions, and State in the Human Experimentation Process* (New York: Russell Sage Foundation, 1972), 488.
41 John Burdon Sanderson Haldane, *Daedalus or Science and the Future* (New York: E. P. Dutton, 1924), 48.

「ゲノムを捕まえる」

1 Sulston and Ferry, *Common Thread*, 264.
2 Cook-Deegan, *The Gene Wars*, 62.
3 "OrganismView: Search organisms and genomes," CoGe: OrganismView, https://genomevolution.org/coge//organismview.pl?gid=7029.
4 Yoshio Miki et al., "A strong candidate for the breast and ovarian cancer susceptibility gene *BRCA1*," *Science* 266, no. 5182 (1994): 66–71.
5 F. Collins et al., "Construction of a general human chromosome jumping library, with application to cystic fibrosis," *Science* 235, no.4792 (1987): 1046–49, doi:10.1126/science.2950591.

6 Mark Henderson, "Sir John Sulston and the Human Genome Project," Wellcome Trust, May 3, 2011, http://genome.wellcome.ac.uk/doc_wtvm051500.html.

7 *Departments of Labor, Health and Human Services, Education, and Related Agencies Appropriations for 1996: Hearings before a Subcommittee of the Committee on Appropriations, House of Representatives, One Hundred Fourth Congress, First Session* (Washington, DC: Government Printing Office, 1995), http://catalog.hathitrust.org/Record/003483817.

8 Alvaro N. A. Monteiro and Ricardo Waizbort, "The accidental cancer geneticist: Hilário de Gouvêa and hereditary retinoblastoma," *Cancer Biology & Therapy* 6, no. 5 (2007): 811–13, doi:10.4161/cbt.6.5.4420.

9 Bert Vogelstein and Kenneth W. Kinzler, "The multistep nature of cancer," *Trends in Genetics* 9, no. 4 (1993): 138–41.

10 Valrie Plaza, *American Mass Murderers* (Raleigh, NC: Lulu Press, 2015), "Chapter 57: James Oliver Huberty."

11 "Schizophrenia in the National Academy of Sciences–National Research Council Twin Registry: A 16-year update," *American Journal of Psychiatry* 140, no. 12 (1983): 1551–63, doi:10.1176/ajp.140.12.1551.

12 D. H. O'Rourke et al., "Refutation of the general singlelocus model for the etiology of schizophrenia," *American Journal of Human Genetics* 34, no. 4 (1982): 630.

13 Peter McGuffin et al., "Twin concordance for operationally defined schizophrenia: Confirmation of familiality and heritability," *Archives of General Psychiatry* 41, no. 6 (1984): 541–45.

14 James Q. Wilson and Richard J. Herrnstein, *Crime and Human Nature: The Definitive Study of the Causes of Crime* (New York: Simon & Schuster, 1985).

15 Matt DeLisi, "James Q. Wilson," in *Fifty Key Thinkers in Criminology*, ed. Keith Hayward, Jayne Mooney, and Shadd Maruna (London: Routledge, 2010), 192–96.

16 Doug Struck, "The Sun (1837–1988)," *Baltimore Sun*, February 2, 1986, 79.

17 Kary Mullis, "Nobel Lecture: The polymerase chain reaction,"

December 8, 1993, Nobelprize.org, http://www.nobelprize.org/nobel_prizes/chemistry/laureates/1993/mullis-lecture.html.

18 Sharyl J. Nass and Bruce Stillman, *Large-Scale Biomedical Science: Exploring Strategies for Future Research* (Washington, DC: National Academies Press, 2003), 33.

19 McElheny, *Drawing the Map of Life,* 65.

20 "About NHGRI: A Brief History and Timeline," Genome.gov, http://www.genome.gov/10001763.

21 McElheny, *Drawing the Map of Life*, 89.

22 同上。

23 J. David Smith, "Carrie Elizabeth Buck (1906–1983)," *Encyclopedia Virginia*, http://www.encyclopediavirginia.org/Buck_Carrie_Elizabeth_1906-1983.

24 同上。

地理学者

1 Jonathan Swift and Thomas Roscoe, *The Works of Jonathan Swift , DD: With Copious Notes and Additions and a Memoir of the Author*, vol. 1 (New York: Derby, 1859), 247–48.

2 Justin Gillis, "Gene-mapping controversy escalates; Rockville firm says government officials seek to undercut its effort," *Washington Post*, March 7, 2000.

3 L. Roberts, "Gambling on a Shortcut to Genome Sequencing," *Science* 252, no. 5013 (1991): 1618–19.

4 Lisa Yount, *A to Z of Biologists* (New York: Facts On File, 2003), 312.

5 J. Craig Venter, *A Life Decoded: My Genome, My Life* (New York: Viking, 2007), 97.

6 R. Cook-Deegan and C. Heaney, "Patents in genomics and human genetics," *Annual Review of Genomics and Human Genetics* 11 (2010): 383–425, doi:10.1146/annurev-genom-082509-141811.

7 Edmund L. Andrews, "Patents; Unaddressed Question in Amgen Case," *New York Times*, March 9, 1991.

8 Sulston and Ferry, *Common Thread*, 87.

9 Pamela R. Winnick, *A Jealous God: Science's Crusade against Religion*

(Nashville, TN: Nelson Current, 2005), 225.

10 Eric Lander, author interview, 2015.

11 L. Roberts, "Genome Patent Fight Erupts," *Science* 254, no. 5029 (1991): 184–86.

12 Venter, *Life Decoded*, 153.

13 Hamilton O. Smith et al., "Frequency and distribution of DNA uptake signal sequences in the *Haemophilus influenzae* Rd genome," *Science* 269, no. 5223 (1995): 538–40.

14 Venter, *Life Decoded*, 212.

15 同上。219.

16 2015年10月に著者がエリック・ランダーにおこなったインタビューより。

17 同上。

18 HGSを立ち上げたのはハーバード大学の元教授ウィリアム・ハゼルタインである。彼は創薬標的の発見のためにゲノミクスを利用したいと考えた。

19 "1998: Genome of roundworm *C. elegans* sequenced," Genome.gov, http://www.genome.gov/25520394.

20 Borbála Tihanyi et al., "The *C. elegans Hox* gene *ceh-13* regulates cell migration and fusion in a non-colinear way. Implications for the early evolution of *Hox* clusters," *BMC Developmental Biology* 10, no. 78 (2010), doi:10.1186/1471-213X-10-78.

21 *Science* 282, no. 5396 (1998): 1945–2140.

22 ゲノム解読における重要な技術の開発、すなわち何千もの塩基対を迅速に解読する半自動式シークエンサーの開発に貢献したのはマイケル・ハンカピラーである。

23 David Dickson and Colin Macilwain, " 'It's a G': The one-billionth nucleotide," *Nature* 402, no. 6760 (1999): 331.

24 Declan Butler, "Venter's *Drosophila* 'success' set to boost human genome efforts," *Nature* 401, no. 6755 (1999): 729–30.

25 "The *Drosophila* genome," *Science* 287, no. 5461 (2000): 2105–364.

26 David N. Cooper, *Human Gene Evolution* (Oxford: BIOS Scientific Publishers, 1999), 21.

27 William K. Purves, *Life: The Science of Biology* (Sunderland, MA:

Sinauer Associates, 2001), 262.
28 Marsh, *William Blake*, 56.
29 バークレーのショウジョウバエゲノム計画の主任ジェラルド・ルービンの言葉からの引用。ロバート・サンダースの以下の記事より。"UC Berkeley collaboration with Celera Genomics concludes with publication of nearly complete sequence of the genome of the fruit fly," press release, UC Berkeley, March 24, 2000, http://www.berkeley.edu/news/media/releases/2000/03/03-24-2000.html.
30 *The Age of the Genome*, BBC Radio 4, http://www.bbc.co.uk/programmes/b00ss2rk.
31 James Shreeve, *The Genome War: How Craig Venter Tried to Capture the Code of Life and Save the World* (New York: Alfred A. Knopf, 2004), 350.
32 この物語の詳細については、上記を参照されたい。また、以下も参照されたい。Venter, *Life Decoded*, 97.
33 "June 2000 White House Event," Genome.gov, https://www.genome.gov/10001356.
34 "President Clinton, British Prime Minister Tony Blair deliver remarks on human genome milestone," CNN.com Transcripts, June 26, 2000.
35 ベンターのチームが解読したゲノムにはそれぞれの人種の男女のものが含まれていたが、どの人物のゲノムも完全には解読されていなかった。
36 Shreeve, *Genome War*, 360.
37 McElheny, *Drawing the Map of Life*, 163.
38 Eric Lander, author interview, October 2015.
39 Shreeve, *Genome War*, 364.

ヒトの本（全二三巻）

1 William Shakespeare, King Lear, act3, sc. 4〔ウィリアム・シェイクスピア『リア王』（第三幕第四場）（福田恆存訳、新潮社）〕
2 ヒトゲノム計画についての詳細は以下から得た。"Human genome far more active than thought," Wellcome Trust, Sanger Institute, September 5, 2012, http://www.sanger.ac.uk/about/press/2012/120905.html; Venter, *Life Decoded*; and Committee on Mapping and

Sequencing the Human Genome, *Mapping and Sequencing the Human Genome* (Washington, DC: National Academy Press, 1988), http://www.nap.edu/read/1097/chapter/1.

第5部　鏡の国

1 Lewis Carroll, *Alice in Wonderland* (New York: W. W. Norton, 2013). 〔ルイス・キャロル『鏡の国のアリス』（河合祥一郎訳、角川文庫）〕

「それなら、わたしたちは同じね」

1 Kathryn Stockett, *The Help* (New York: Amy Einhorn Books/Putnam, 2009), 235.〔キャスリン・ストケット『ヘルプ―心がつなぐストーリー―（上、下）』（栗原百代訳、集英社文庫）〕
2 "Who is blacker Charles Barkley or Snoop Dogg," YouTube, January 19, 2010, https://www.youtube.com/watch?v=yHfX-11ZHXM.
3 Franz Kafka, *The Basic Kafka* (New York: Pocket Books, 1979), 259.
4 Everett Hughes, "The making of a physician: General statement of ideas and problems," *Human Organization* 14, no. 4 (1955): 21–25.
5 Allen Verhey, *Nature and Altering It* (Grand Rapids, MI: William B. Eerdmans, 2010), 19. 以下も参照されたい。Matt Ridley, *Genome: The Autobiography of a Species In 23 Chapters* (New York: HarperCollins, 1999), 54.
6 Committee on Mapping and Sequencing, *Mapping and Sequencing*, 11.
7 Louis Agassiz, "On the origins of species," *American Journal of Science and Arts* 30 (1860): 142–54.
8 Douglas Palmer, Paul Pettitt, and Paul G. Bahn, *Unearthing the Past: The Great Archaeological Discoveries That Have Changed History* (Guilford, CT: Globe Pequot, 2005), 20.
9 *Popular Science Monthly* 100 (1922).
10 Rebecca L. Cann, Mork Stoneking, and Allan C. Wilson, "Mitochondrial DNA and human evolution," *Nature* 325 (1987): 31–36.
11 以下を参照されたい。Chuan Ku et al., "Endosymbiotic origin and differential loss of eukaryotic genes," *Nature* 524 (2015): 427–32.
12 Thomas D. Kocher et al., "Dynamics of mitochondrial DNA evolution

in animals: Amplification and sequencing with conserved primers," *Proceedings of the National Academy of Sciences* 86, no. 16 (1989): 6196–200.

13 David M. Irwin, Thomas D. Kocher, and Allan C. Wilson, "Evolution of the cytochrome-b gene of mammals," *Journal of Molecular Evolution* 32, no. 2 (1991): 128–44; Linda Vigilant et al., "African populations and the evolution of human mitochondrial DNA," *Science* 253, no. 5027 (1991): 1503–7; and Anna Di Rienzo and Allan C. Wilson, "Branching pattern in the evolutionary tree for human mitochondrial DNA," *Proceedings of the National Academy of Sciences* 88, no. 5 (1991): 1597–601.

14 Jun Z. Li et al., "Worldwide human relationships inferred from genome-wide patterns of variation," *Science* 319, no. 5866 (2008): 1100–104.

15 John Roach, "Massive genetic study supports 'out of Africa' theory," *National Geographic News*, February 21, 2008.

16 Lev A. Zhivotovsky, Noah A. Rosenberg, and Marcus W. Feldman, "Features of evolution and expansion of modern humans, inferred from genomewide microsatellite markers," *American Journal of Human Genetics* 72, no. 5 (2003): 1171–86.

17 Noah Rosenberg et al., "Genetic structure of human populations," *Science* 298, no. 5602 (2002): 2381–85. A map of human migrations can be found in L. L. Cavalli-Sforza and Marcus W. Feldman, "The application of molecular genetic approaches to the study of human evolution," *Nature Genetics* 33 (2003): 266–75.

18 人類の南アフリカ起源説については以下を参照されたい。Brenna M. Henn et al., "Hunter-gatherer genomic diversity suggests a southern African origin for modern humans," *Proceedings of the National Academy of Sciences* 108, no. 13 (2011): 5154–62. Also see Brenna M. Henn, L. L. Cavalli-Sforza, and Marcus W. Feldman, "The great human expansion," *Proceedings of the National Academy of Sciences* 109, no. 44 (2012): 17758–64.

19 Philip Larkin, "Annus Mirabilis," *High Windows*. 〔『フィリップ・ラーキン詩集』（国文社）〕

20 Christopher Stringer, "Rethinking 'out of Africa,' " editorial, *Edge*,

November 12, 2011, http://edge.org/conversation/rethinking-out-of-africa.

21 H. C. Harpending et al., "Genetic traces of ancient demography," *Proceedings of the National Academy of Sciences* 95 (1998): 1961–67; R. Gonser et al., "Microsatellite mutations and inferences about human demography," *Genetics* 154 (2000): 1793–1807; A. M. Bowcock et al., "High resolution of human evolutionary trees with polymorphic microsatellites," *Nature* 368 (1994): 455–57; and C. Dib et al., "A comprehensive genetic map of the human genome based on 5,264 microsatellites," *Nature* 380 (1996): 152–54.

22 Anthony P. Polednak, *Racial and Ethnic Differences in Disease* (Oxford: Oxford University Press, 1989), 32–33.

23 M. W. Feldman and R. C. Lewontin, "Race, ancestry, and medicine," in *Revisiting Race in a Genomic Age*, ed. B. A. Koenig, S. S. Lee, and S. S. Richardson (New Brunswick, NJ: Rutgers University Press, 2008). Also see Li et al., "Worldwide human relationships inferred from genome-wide patterns of variation," 1100–104.

24 L. Cavalli-Sforza, Paola Menozzi, and Alberto Piazza, *The History and Geography of Human Genes* (Princeton, NJ: Princeton University Press, 1994), 19.

25 Stockett, *Help*. 〔ストケット『ヘルプ』〕

26 Cavalli-Sforza, Menozzi, and Piazza, *The History and Geography*.

27 Richard Herrnstein and Charles Murray, *The Bell Curve* (New York: Simon & Schuster, 1994).

28 "The 'Bell Curve' agenda," *New York Times*, October 24, 1994.

29 Wilson and Herrnstein. *Crime and Human Nature*.

30 Charles Spearman, " 'General Intelligence,' objectively determined and measured," *American Journal of Psychology* 15, no. 2 (1904): 201–92.

31 The concept of IQ was initially developed by William Stern, the German psychologist.

32 Louis Leon Thurstone, "The absolute zero in intelligence measurement," *Psychological Review* 35, no. 3 (1928): 175; and L. Thurstone, "Some primary abilities in visual thinking," *Proceedings of the American Philosophical Society* (1950): 517–21. Also see Howard

Gardner and Thomas Hatch, "Educational implications of the theory of multiple intelligences," *Educational Researcher* 18, no. 8 (1989): 4–10.

33 Herrnstein and Murray, *Bell Curve*, 284.

34 George A. Jervis, "The mental deficiencies," *Annals of the American Academy of Political and Social Science* (1953): 25–33. Also see Otis Dudley Duncan, "Is the intelligence of the general population declining?" *American Sociological Review* 17, no. 4 (1952): 401–7.

35 マレーとハーンスタインが評価した特殊な変数は特筆に値する。テストやスコアに対する冷めた気持ちがあるために、アフリカ系アメリカ人はIQテストに熱心に取り組まないのではないかとふたりは考えた。しかし、「テストに対する冷めた気持ち」を評価し、削除するための巧妙な実験をおこなっても、15ポイントの差はなくならなかった。ふたりは、テストには文化的なバイアスがかかっているのではないかと考え（最も悪名高き例は、「漕ぎ手oarsman」と「レガッタregatta」の類似点を答えよというようなSAT試験の問題だ。言語や文化の専門家でなくとも、白人であれ、黒人であれ、スラム地区に住む子供たちの中にレガッタの意味がわかる子などほとんどいないことくらいわかる。ましてや、漕ぎ手の意味がわかる子などいるはずがないことも）。このような文化や階級の影響を受ける問題をテストから排除しても、約15ポイントの差は残ったとマレーとハーンスタインは書いている。

36 Eric Turkheimer, "Consensus and controversy about IQ," *Contemporary Psychology* 35, no. 5 (1990): 428–30. Also see Eric Turkheimer et al., "Socioeconomic status modifies heritability of IQ in young children," *Psychological Science* 14, no. 6 (2003): 623–28.

37 Stephen Jay Gould, "Curve ball," *New Yorker*, November 28, 1994, 139–40.

38 Orlando Patterson, "For Whom the Bell Curves," in *The Bell Curve Wars: Race, Intelligence, and the Future of America*, ed. Steven Fraser (New York: Basic Books, 1995).

39 William Wright, *Born That Way: Genes, Behavior, Personality* (London: Routledge, 2013), 195.

40 Herrnstein and Murray, *Bell Curve*, 300–305.

41 Sandra Scarr and Richard A. Weinberg, "Intellectual similarities within

families of both adopted and biological children," *Intelligence* 1, no. 2 (1977): 170–91.

42 Alison Gopnik, "To drug or not to drug," *Slate*, February 22, 2010, http://www.slate.com/articles/arts/books/2010/02/to_drug_or_not_to_drug.2.html.

アイデンティティの一次導関数

1 Paul Brodwin, "Genetics, identity, and the anthropology of essentialism," *Anthropological Quarterly* 75, no. 2 (2002): 323–30.

2 William Shakespeare, The Comedy of Errors, act 5, sc. 1.〔ウィリアム・シェイクスピア『間違いの喜劇』（第五幕第一場）（『シェイクスピア全集（4）』松岡和子訳、ちくま文庫）〕

3 Frederick Augustus Rhodes, *The Next Generation* (Boston: R. G. Badger, 1915), 74.

4 Editorials, *Journal of the American Medical Association* 41 (1903): 1579.

5 Nettie Maria Stevens, *Studies in Spermatogenesis: A Comparative Study of the Heterochromosomes in Certain Species of Coleoptera, Hemiptera and Lepidoptera, with Especial Reference to Sex Determination* (Baltimore: Carnegie Institution of Washington, 1906).

6 Kathleen M. Weston, *Blue Skies and Bench Space: Adventures in Cancer Research* (Cold Spring Harbor, NY: Cold Spring Harbor Laboratory Press, 2012), "Chapter 8: Walk This Way."

7 G. I. M. Swyer, "Male pseudohermaphroditism: A hitherto undescribed form," *British Medical Journal* 2, no. 4941 (1955): 709.

8 Ansbert Schneider-Gädicke et al., "*ZFX* has a gene structure similar to *ZFY*, the putative human sex determinant, and escapes X inactivation," *Cell* 57, no. 7 (1989): 1247–58.

9 Philippe Berta et al., "Genetic evidence equating *SRY* and the testis-determining factor," *Nature* 348, no. 6300 (1990): 448–50.

10 同上。John Gubbay et al., "A gene mapping to the sex-determining region of the mouse Y chromosome is a member of a novel family of embryonically expressed genes," *Nature* 346 (1990): 245–50; Ralf J. Jäger et al., "A human XY female with a frame shift mutation in the candidate testis-determining gene *SRY* gene," *Nature* 348 (1990): 452–

54; Peter Koopman et al., "Expression of a candidate sex-determining gene during mouse testis differentiation," *Nature* 348 (1990): 450–52; Peter Koopman et al., "Male development of chromosomally female mice transgenic for *SRY* gene," *Nature* 351 (1991): 117–21; and Andrew H. Sinclair et al., "A gene from the human sex-determining region encodes a protein with homology to a conserved DNA-binding motif," *Nature* 346 (1990): 240–44.

11 "IAmA young woman with Swyer syndrome (also called XY gonadal dysgenesis)," Reddit, 2011, https://www.reddit.com/r/IAmA/comments/e792p/iama_young_woman_with_swyer_syndrome_also_called/.

12 デイヴィッド・ライマーについての詳細は以下から得た。*As Nature Made Him: The Boy Who Was Raised as a Girl* (New York: HarperCollins, 2000).〔ジョン・コラピント『ブレンダと呼ばれた少年』（村井智之訳、扶桑社）〕

13 John Money, *A First Person History of Pediatric Psychoendocrinology* (Dordrecht: Springer Science & Business Media, 2002), "Chapter 6: David and Goliath."

14 Gerald N. Callahan, *Between XX and XY* (Chicago: Chicago Review Press, 2009), 129.

15 J. Michael Bostwick and Kari A. Martin, "A man's brain in an ambiguous body: A case of mistaken gender identity," *American Journal of Psychiatry* 164, no. 10 (2007): 1499–505.

16 同上。

17 Heino F. L. Meyer-Bahlburg, "Gender identity outcome in female-raised 46, XY persons with penile agenesis, cloacal exstrophy of the bladder, or penile ablation," *Archives of Sexual Behavior* 34, no. 4 (2005): 423–38.

18 Otto Weininger, *Sex and Character: An Investigation of Fundamental Principles* (Bloomington: Indiana University Press, 2005), 2.〔オットー・ヴァイニンガー『性と性格』（竹内章訳、村松書館）〕

19 Carey Reed, "Brain 'gender' more flexible than once believed, study finds," *PBS NewsHour*, April 5, 2015, http://www.pbs.org/newshour/rundown/brain-gender-flexible-believed-study-finds/. 以下も参照され

たい。Bridget M. Nugent et al., "Brain feminization requires active repression of masculinization via DNA methylation," *Nature Neuroscience* 18 (2015): 690–97.

最終マイル

1 Wright, *Born That Way*, 27.

2 Sándor Lorand and Michael Balint, ed., *Perversions: Psychodynamics and Therapy* (New York: Random House, 1956; repr., London: Ortolan Press, 1965), 75.

3 Bernard J. Oliver Jr., *Sexual Deviation in American Society* (New Haven, CT: New College and University Press, 1967), 146.

4 Irving Bieber, *Homosexuality: A Psychoanalytic Study* (Lanham, MD: Jason Aronson, 1962), 52.

5 Jack Drescher, Ariel Shidlo, and Michael Schroeder, *Sexual Conversion Therapy: Ethical, Clinical and Research Perspectives* (Boca Raton, FL: CRC Press, 2002), 33.

6 "The 1992 campaign: The vice president; Quayle contends homosexuality is a matter of choice, not biology," *New York Times*, September 14, 1992, http://www.nytimes.com/1992/09/14/us/1992-campaign-vice-president-quayle-contends-homosexuality-matter-choice-not.html.

7 David Miller, "Introducing the 'gay gene': Media and scientific representations," *Public Understanding of Science* 4, no. 3 (1995): 269–84, http://www.academia.edu/3172354/Introducing_the_Gay_Gene_Media_and_Scientific_Representations.

8 C. Sarler, "Moral majority gets its genes all in a twist," *People*, July 1993, 27.

9 Richard C. Lewontin, Steven P. R. Rose, and Leon J. Kamin, *Not in Our Genes: Biology, Ideology, and Human Nature* (New York: Pantheon Books, 1984).〔リチャード・C・レウォンティン『遺伝子という神話』（川口啓朗ほか訳、大月書店）〕

10 同上。261.

11 J. Michael Bailey and Richard C. Pillard, "A genetic study of male sexual orientation," *Archives of General Psychiatry* 48, no. 12 (1991):

1089–96.
12 Frederick L. Whitam, Milton Diamond, and James Martin, “Homosexual orientation in twins: A report on 61 pairs and three triplet sets,” *Archives of Sexual Behavior* 22, no. 3 (1993): 187–206.
13 Dean Hamer, *Science of Desire: The Gay Gene and the Biology of Behavior* (New York: Simon & Schuster, 2011), 40.
14 同上。91–104.
15 “The ‘gay gene’ debate,” *Frontline*, PBS, http://www.pbs.org/wgbh/pages/frontline/shows/assault/genetics/.
16 Richard Horton, “Is homosexuality inherited?” *Frontline*, PBS, http://www.pbs.org/wgbh/pages/frontline/shows/assault/genetics/nyreview.html.
17 Timothy F. Murphy, *Gay Science: The Ethics of Sexual Orientation Research* (New York: Columbia University Press, 1997), 144.
18 M. Philip, “A review of Xq28 and the effect on homosexuality,” *Interdisciplinary Journal of Health Science* 1 (2010): 44–48.
19 Dean H. Hamer et al., “A linkage between DNA markers on the X chromosome and male sexual orientation,” *Science* 261, no. 5119 (1993): 321–27.
20 Brian S. Mustanski et al., “A genomewide scan of male sexual orientation,” *Human Genetics* 116, no. 4 (2005): 272–78.
21 A. R. Sanders et al., “Genome-wide scan demonstrates significant linkage for male sexual orientation,” *Psychological Medicine* 45, no. 7 (2015): 1379–88.
22 Elizabeth M. Wilson, “Androgen receptor molecular biology and potential targets in prostate cancer,” *Therapeutic Advances in Urol*ogy 2, no. 3 (2010): 105–17.
23 Macfarlane Burnet, *Genes, Dreams and Realities* (Dordrecht: Springer Science & Business Media, 1971), 170.〔バーネット・マクファーレン『遺伝子・夢・現実』（野島徳吉ほか訳、蒼樹書房）〕
24 Nancy L. Segal, *Born Together—Reared Apart: The Landmark Minnesota Twin Study* (Cambridge: Harvard University Press, 2012), 4.
25 Wright, *Born That Way*, viii.
26 同上。vii.

27 Thomas J. Bouchard et al., "Sources of human psychological differences: The Minnesota study of twins reared apart," *Science* 250, no. 4978 (1990): 223–28.

28 Richard P. Ebstein et al., "Genetics of human social behavior," *Neuron* 65, no. 6 (2010): 831–44.

29 Wright, *Born That Way*, 52.

30 同上。63–67.

31 同上。28.

32 同上。74.

33 同上。70.

34 同上。65.

35 同上。80.

36 Richard P. Ebstein et al., "Dopamine D4 receptor (*D4DR*) exon III polymorphism associated with the human personality trait of novelty seeking," *Nature Genetics* 12, no. 1 (1996): 78–80.

37 Luke J. Matthews and Paul M. Butler, "Novelty-seeking *DRD4* polymorphisms are associated with human migration distance out-of-Africa after controlling for neutral population gene structure," *American Journal of Physical Anthropology* 145, no. 3 (2011): 382–89.

38 Lewis Carroll, *Alice in Wonderland* (New York: W. W. Norton, 2013).〔ルイス・キャロル『不思議の国のアリス』（河合祥一郎訳、角川文庫）〕

39 Eric Turkheimer, "Three laws of behavior genetics and what they mean," *Current Directions in Psychological Science* 9, no. 5 (2000): 160–64; and E. Turkheimer and M. C. Waldron, "Nonshared environment: A theoretical, methodological, and quantitative review," *Psychological Bulletin* 126 (2000): 78–108.

40 Robert Plomin and Denise Daniels, "Why are children in the same family so different from one another?" *Behavioral and Brain Sciences* 10, no. 1 (1987): 1–16.

41 William Shakespeare, *The Tempest*, act 4, scene. 1.〔ウィリアム・シェイクスピア『テンペスト』（小田島雄志訳、白水Ｕブックス）〕

飢餓の冬

1 Nessa Carey, *The Epigenetics Revolution: How Modern Biology Is Rewriting Our Understanding of Genetics, Disease, and Inheritance* (New York: Columbia University Press, 2012), 5. 〔ネッサ・キャリー『エピジェネティクス革命』（中山潤一訳、丸善出版）〕

2 Evelyn Fox Keller, quoted in Margaret Lock and Vinh-Kim Nguyen, *An Anthropology of Biomedicine* (Hoboken, NJ: John Wiley & Sons, 2010).

3 Erich D. Jarvis et al., "For whom the bird sings: Context-dependent gene expression," *Neuron* 21, no. 4 (1998): 775–88.

4 Conrad Hal Waddington, *The Strategy of the Genes: A Discussion of Some Aspects of Theoretical Biology* (London: Allen & Unwin, 1957), ix, 262.

5 Max Hastings, *Armageddon: The Battle for Germany, 1944–1945* (New York: Alfred A. Knopf, 2004), 414.

6 Bastiaan T. Heijmans et al., "Persistent epigenetic differences associated with prenatal exposure to famine in humans," *Proceedings of the National Academy of Sciences* 105, no. 44 (2008): 17046–49.

7 John Gurdon, "Nuclear reprogramming in eggs," *Nature Medicine* 15, no. 10 (2009): 1141–44.

8 J. B. Gurdon and H. R. Woodland, "The cytoplasmic control of nuclear activity in animal development," *Biological Reviews* 43, no. 2 (1968): 233–67.

9 "Sir John B. Gurdon—facts," Nobelprize.org, http://www.nobelprize.org/nobel_prizes/medicine/laureates/2012/gurdon-facts.html.

10 John Maynard Smith, interview in the *Web of Stories*. www.webofstories.com/play/john.maynard.smith/78.

11 この現象が発見される前に、日本人科学者の大野乾がすでにX不活性化についての仮説を立てていた。

12 K. Raghunathan et al., "Epigenetic inheritance uncoupled from sequence-specific recruitment," *Science* 348 (April 3, 2015): 6230.

13 Jorge Luis Borges, *Labyrinths*, trans. James E. Irby (New York: New Directions, 1962), 59–66. 〔J. L. ボルヘス『伝奇集』（鼓直訳、岩波文庫）〕

14 K. Takahashi and S. Yamanaka, "Induction of pluripotent stem cells from mouse embryonic and adult fibroblast cultures by defined factors,"

Cell 126, no. 4 (2006): 663–76. Also see M. Nakagawa et al., “Generation of induced pluripotent stem cells without *Myc* from mouse and human fibroblasts,” *Nature Biotechnology* 26, no. 1 (2008): 101–6.

15 James Gleick, *The Information: A History, a Theory, a Flood* (New York: Pantheon Books, 2011).〔ジェイムズ・グリック『インフォメーション――情報技術の人類史』(楡井浩一訳、新潮社)〕

16 Itay Budin and Jack W. Szostak, “Expanding roles for diverse physical phenomena during the origin of life,” *Annual Review of Biophysics* 39 (2010): 245–63; and Alonso Ricardo and Jack W. Szostak, “Origin of life on Earth,” *Scientific American* 301, no. 3 (2009): 54–61.

17 最初の実験はミラーがシカゴ大学でハロルド・ユーリーとおこなった。マンチェスターのジョン・サザーランドも重要な実験をおこなっている。

18 Ricardo and Szostak, “Origin of life on Earth,” 54–61.

19 Jack W. Szostak, David P. Bartel, and P. Luigi Luisi, “Synthesizing life,” *Nature* 409, no. 6818 (2001): 387–90. Also see Martin M. Hanczyc, Shelly M. Fujikawa, and Jack W. Szostak, “Experimental models of primitive cellular compartments: Encapsulation, growth, and division,” *Science* 302, no. 5645 (2003): 618–22.

20 Ricardo and Szostak, “Origin of life on Earth,” 54–61.

第6部　ポストゲノム

1 Elias G. Carayannis and Ali Pirzadeh, *The Knowledge of Culture and the Culture of Knowledge: Implications for Theory, Policy and Practice* (London: Palgrave Macmillan, 2013), 90.

2 Tom Stoppard, *The Coast of Utopia* (New York: Grove Press, 2007), “Act Two, August 1852.”〔トム・ストッパード『コースト・オブ・ユートピア――ユートピアの岸へ』(広田敦郎訳、ハヤカワ演劇文庫)〕

未来の未来

1 Gina Smith, *The Genomics Age: How DNA Technology Is Transforming the Way We Live and Who We Are* (New York: AMACOM, 2004).

2 Thomas Stearns Eliot, *Murder in the Cathedral* (Boston: Houghton Mifflin Harcourt, 2014).〔T・S・エリオット『寺院の殺人』（高橋康也訳、《リキエスタ》の会）〕
3 Rudolf Jaenisch and Beatrice Mintz, "Simian virus 40 DNA sequences in DNA of healthy adult mice derived from preimplantation blastocysts injected with viral DNA," *Proceedings of the National Academy of Sciences* 71, no. 4 (1974): 1250–54.
4 M. J. Evans and M. H. Kaufman, "Establishment in culture of pluripotential cells from mouse embryos," *Nature* 292 (1981): 154–56.
5 M. Capecchi, "The first transgenic mice: An interview with Mario Capecchi. Interview by Kristin Kain," *Disease Models & Mechanisms* 1, no. 4–5 (2008): 197.
6 例として、以下を参照されたい。M. R. Capecchi, "High efficiency transformation by direct microinjection of DNA into cultured mammalian cells," *Cell* 22 (1980): 479–88; and K. R. Thomas and M. R. Capecchi, "Site-directed mutagenesis by gene targeting in mouse embryo–derived stem cells," *Cell* 51 (1987): 503–12.
7 O. Smithies et al., "Insertion of DNA sequences into the human chromosomal-globin locus by homologous re-combination," *Nature* 317 (1985): 230–34.
8 Richard Dawkins, *The Blind Watchmaker: Why the Evidence of Evolution Reveals a Universe without Design* (W. W. Norton, 1986).〔リチャード・ドーキンス『盲目の時計職人』（日高敏隆監修、中嶋・遠藤他訳、早川書房）〕
9 Kiyohito Murai et al., "Nuclear receptor TLX stimulates hippocampal neurogenesis and enhances learning and memory in a transgenic mouse model," *Proceedings of the National Academy of Sciences* 111, no. 25 (2014): 9115–20.
10 Karen Hopkin, "Ready, reset, go," *The Scientist*, March 11, 2011, http://www.the-scientist.com/?articles.view/articleno/29550/title/ready—reset—go/.
11 アシャンティ・デシルヴァについての詳細は以下から得た。W. French Anderson, "The best of times, the worst of times," *Science* 288, no. 5466 (2000): 627; Lyon and Gorner, *Altered Fates*; and Nelson A. Wivel

and W. French Anderson, "24: Human gene therapy: Public policy and regulatory issues," *Cold Spring Harbor Monograph Archive* 36 (1999): 671–89.

12 Lyon and Gorner, *Altered Fates*, 107.

13 "David Phillip Vetter (1971–1984)," *American Experience*, PBS, http://www.pbs.org/wgbh/amex/bubble/peopleevents/p_vetter.html.

14 Luigi Naldini et al., "In vivo gene delivery and stable transduction of nondividing cells by a lentiviral vector," *Science* 272, no. 5259 (1996): 263–67.

15 "Hope for gene therapy," *Scientific American Frontiers*, PBS, http://www.pbs.org/saf/1202/features/genetherapy.htm.

16 W. French Anderson et al., "Gene transfer and expression in nonhuman primates using retroviral vectors," *Cold Spring Harbor Symposia on Quantitative Biology* 51 (1986): 1073–81.

17 Lyon and Gorner, *Altered Fates*, 124.

18 Lisa Yount, *Modern Genetics: Engineering Life* (New York: Infobase Publishing, 2006), 70.

19 Lyon and Gorner, *Altered Fates*, 239.

20 同上。240.

21 同上。268.

22 Barbara Sibbald, "Death but one unintended consequence of gene-therapy trial," *Canadian Medical Association Journal* 164, no. 11 (2001): 1612.

23 ジェシー・ゲルシンガーについての詳細は以下を参照されたい。Evelyn B. Kelly, *Gene Therapy* (Westport, CT: Greenwood Press, 2007); Lyon and Gorner, *Altered Fates*; and Sally Lehrman, "Virus treatment questioned after gene therapy death," *Nature* 401, no. 6753 (1999): 517–18.

24 James M. Wilson, "Lessons learned from the gene therapy trial for ornithine transcarbamylase deficiency," *Molecular Genetics and Metabolism* 96, no. 4 (2009): 151–57.

25 2014年11月と2015年4月におこなったポール・ゲルシンガーへのインタビューより。

26 Robin Fretwell Wilson, "Death of Jesse Gelsinger: New evidence of the

influence of money and prestige in human research," *American Journal of Law and Medicine* 36 (2010): 295.
27 Sibbald, "Death but one unintended consequence," 1612.
28 Carl Zimmer, "Gene therapy emerges from disgrace to be the next big thing, again," *Wired*, August 13, 2013.
29 Sheryl Gay Stolberg, "The biotech death of Jesse Gelsinger," *New York Times*, November 27, 1999, http://www.nytimes.com/1999/11/28/magazine/the-biotech-death-of-jesse-gelsinger.html.
30 Zimmer, "Gene therapy emerges."

遺伝子診断――「プリバイバー」

1 W. B. Yeats, *The Collected Poems of W. B. Yeats*, ed. Richard Finneran (New York: Simon & Schuster, 1996), "Byzantium," 248.〔W・B・イェイツ『対訳 イェイツ詩集』(高松雄一訳、岩波文庫)〕
2 Jim Kozubek, "The birth of 'transhumans,'" *Providence (RI) Journal*, September 29, 2013.
3 2013年におこなったエリック・トポルへのインタビューより。
4 Mary-Claire King, "Using pedigrees in the hunt for *BRCA1*," DNA Learning Center, https://www.dnalc.org/view/15126-Using-pedigress-in-the-hunt-for-BRCA1-Mary-Claire-King.html.
5 Jeff M. Hall et al., "Linkage of early-onset familial breast cancer to chromosome 17q21," *Science* 250, no. 4988 (1990): 1684–89.
6 Jane Gitschier, "Evidence is evidence: An interview with Mary-Claire King," *PLOS*, September 26, 2013.
7 E. Richard Gold and Julia Carbone, "Myriad Genetics: In the eye of the policy storm," *Genetics in Medicine* 12 (2010): S39–S70.
8 Masha Gessen, *Blood Matters: From* BRCA1 *to Designer Babies, How the World and I Found Ourselves in the Future of the Gene* (Boston: Houghton Mifflin Harcourt, 2009), 8.
9 Eugen Bleuler and Carl Gustav Jung, "Komplexe und Krankheitsursachen bei Dementia praecox," *Zentralblatt für Nervenheilkunde und Psychiatrie* 31 (1908): 220–27.
10 Susan Folstein and Michael Rutte, "Infantile autism: A genetic study of 21 twin pairs," *Journal of Child Psychology and Psychiatry* 18, no. 4

(1977): 297–321.

11 Silvano Arieti and Eugene B. Brody, *Adult Clinical Psychiatry* (New York: Basic Books, 1974), 553.

12 "1975: *Interpretation of Schizophrenia* by Silvano Arieti," National Book Award Winners: 1950–2014, National Book Foundation, http://www.nationalbook.org/nbawinners_category.html#.vcnit7fxhom.〔シルヴァーノ・アリエティ『精神分裂病の解釈〈1、2〉』（笠原嘉他訳、みすず書房）〕

13 Menachem Fromer et al., "De novo mutations in schizophrenia implicate synaptic networks," *Nature* 506, no. 7487 (2014): 179–84.

14 Schizophrenia Working Group of the Psychiatric Genomics, *Nature* 511 (2014): 421–27.

15 "Schizophrenia risk from complex variation of complement component 4," Sekar et al. *Nature* 530, 177–183.

16 Benjamin Neale, quoted in Simon Makin, "Massive study reveals schizophrenia's genetic roots: The largest-ever genetic study of mental illness reveals a complex set of factors," *Scientific American*, November 1, 2014.

17 *Carey's Library of Choice Literature*, vol. 2 (Philadelphia: E. L. Carey & A. Hart, 1836), 458.

18 Kay Redfield Jamison, *Touched with Fire* (New York: Simon & Schuster, 1996).

19 Tony Attwood, *The Complete Guide to Asperger's Syndrome* (London: Jessica Kingsley, 2006).

20 Adrienne Sussman, "Mental illness and creativity: A neurological view of the 'tortured artist,'" *Stanford Journal of Neuroscience* 1, no. 1 (2007): 21–24.

21 Susan Sontag, *Illness as Metaphor and AIDS and Its Metaphors* (New York: Macmillan, 2001).〔スーザン・ソンタグ『隠喩としての病い エイズとその隠喩（始まりの本）』（富山太佳夫訳、みすず書房）〕

22 学会についての詳細は以下を参照されたい。"The future of genomic medicine VI," Scripps Translational Science Institute, http://www.slideshare.net/mdconferencefinder/the-future-of-genomic-medicine-vi-23895019; Eryne Brown, "Gene mutation didn't slow down high

school senior," *Los Angeles Times*, July 5, 2015, http://www.latimes.com/local/california/la-me-lilly-grossman-update-20150702-story.html; and Konrad J. Karczewski, "The future of genomic medicine is here," *Genome Biology* 14, no. 3 (2013): 304.

23 "Genome maps solve medical mystery for California twins," National Public Radio broadcast, June 16, 2011.

24 Matthew N. Bainbridge et al., "Whole-genome sequencing for optimized patient management," *Science Translational Medicine* 3, no. 87 (2011): 87re3.

25 Antonio M. Persico and Valerio Napolioni, "Autism genetics," *Behavioural Brain Research* 251 (2013): 95–112; and Guillaume Huguet, Elodie Ey, and Thomas Bourgeron, "The genetic landscapes of autism spectrum disorders," *Annual Review of Genomics and Human Genetics* 14 (2013): 191–213.

26 Albert H. C. Wong, Irving I. Gottesman, and Arturas Petronis, "Phenotypic differences in genetically identical organisms: The epigenetic perspective," *Human Molecular Genetics* 14, suppl. 1 (2005): R11–R18. 以下も参照されたい。Nicholas J. Roberts et al., "The predictive capacity of personal genome sequencing," *Science Translational Medicine* 4, no. 133 (2012): 133ra58.

27 Alan H. Handyside et al., "Pregnancies from biopsied human preimplantation embryos sexed by Y-specific DNA amplification," *Nature* 344, no. 6268 (1990): 768–70.

28 D. King, "The state of eugenics," *New Statesman & Society* 25 (1995): 25–26.

29 K. P. Lesch et al., "Association of anxiety-related traits with a polymorphism in the serotonergic transporter gene regulatory region," *Science* 274 (1996): 1527–31.

30 Douglas F. Levinson, "The genetics of depression: A review," *Biological Psychiatry* 60, no. 2 (2006): 84–92.

31 "Strong African American Families Program," Blueprints for Healthy Youth Development, http://www.blueprintsprograms.com/evaluationAbstracts.php?pid=f76b2ea6b45eff3bc8e4399145cc17a0601f5c8d.

32 Gene H. Brody et al., "Prevention effects moderate the association of *5-HTTLPR* and youth risk behavior initiation: Gene × environment hypotheses tested via a randomized prevention design," *Child Development* 80, no. 3 (2009): 645–61; and Gene H. Brody, Yi-fu Chen, and Steven R. H. Beach, "Differential susceptibility to prevention: GABAergic, dopaminergic, and multilocus effects," *Journal of Child Psychology and Psychiatry* 54, no. 8 (2013): 863–71.

33 Jay Belsky, "The downside of resilience," *New York Times*, November 28, 2014.

34 Michel Foucault, *Abnormal: Lectures at the Collège de France, 1974–1975*, vol. 2 (New York: Macmillan, 2007).〔ミシェル・フーコー『ミシェル・フーコー講義集成（5）異常者たち』（慎改康之訳、筑摩書房）〕

遺伝子治療——ポストヒューマン

1 William Shakespeare, *Richard III*, act 5, sc. 3.〔ウィリアム・シェイクスピア『リチャード三世』（第五幕第三場）（福田恆存訳、新潮社）〕

2 "Biology's Big Bang," *Economist*, June 14, 2007.

3 Lyon and Gorner, *Altered Fates*, 537.

4 Stolberg, "Biotech death of Jesse Gelsinger," 136–40.

5 Amit C. Nathwani et al., "Long-term safety and efficacy of factor IX gene therapy in hemophilia B," *New England Journal of Medicine* 371, no. 21 (2014): 1994–2004.

6 James A. Thomson et al., "Embryonic stem cell lines derived from human blastocysts," *Science* 282, no. 5391 (1998): 1145–47.

7 Dorothy C. Wertz, "Embryo and stem cell research in the United States: History and politics," *Gene Therapy* 9, no. 11 (2002): 674–78.

8 Martin Jinek et al., "A programmable dual-RNA-guided DNA endonuclease in adaptive bacterial immunity," *Science* 337, no. 6096 (2012): 816–21.

9 ヒト細胞へのクリスパー／キャス９の使用に貢献した主な人物にはフェン・チャン（マサチューセッツ工科大学）、ジョージ・チャーチ（ハーバード大学）も含まれる。例として、以下を参照されたい。L. Cong et al., "Multiplex genome engineering using CRISPR/Cas

systems," *Science* 339, no. 6121 (2013): 819–23; and F. A. Ran, "Genome engineering using the CRISPR-Cas9 system," *Nature Protocols* 11 (2013): 2281–308. 以下も参照されたい。P. Mali et al., "RNA-Guided Human Genome Engineering via Cas9," *Science* 339, no. 6121 (2013): 823-26.

10 Walfred W. C. Tang et al., "A unique gene regulatory network resets the human germline epigenome for development," *Cell* 161, no. 6 (2015): 1453–67; and "In a first, Weizmann Institute and Cambridge University scientists create human primordial germ cells," Weizmann Institute of Science, December 24, 2014, http://www.newswise.com/articles/in-a-first-weizmann-institute-and-cambridge-university-scientists-create-human-primordial-germ-cells.

11 B. D. Baltimore et al., "A prudent path forward for genomic engineering and germline gene modification," *Science* 348, no. 6230 (2015): 36–38; and Cormac Sheridan, "CRISPR germline editing reverberates through biotech industry," *Nature Biotechnology* 33, no. 5 (2015): 431–32.

12 Nicholas Wade, "Scientists seek ban on method of editing the human genome," *New York Times*, March 19, 2015.

13 フランシス・コリンズから著者への 2015 年 10 月の手紙より。

14 David Cyranoski and Sara Reardon, "Chinese scientists genetically modify human embryos," *Nature* (April 22, 2015).

15 Chris Gyngell and Julian Savulescu, "The moral imperative to research editing embryos: The need to modify nature and science," Oxford University, April 23, 2015, Blog.Practicalethics.Ox.Ac.Uk/2015/04/the-Moral-Imperative-to-Research-Editing-Embryos-the-Need-to-Modify-Nature-and-Science/.

16 Puping Liang et al., "CRISPR/Cas9-mediated gene editing in human tripronuclear zygotes," *Protein & Cell 6*, no. 5 (2015): 1–10.

17 Cyranoski and Reardon, "Chinese scientists genetically modify human embryos."

18 Didi Kristen Tatlow, "A scientific ethical divide between China and West," *New York Times*, June 29, 2015.

エピローグ——分割できるもの、分割できないもの

1 1993年におこなったポール・バーグへのインタビューより。
2 デイヴィッド・ボットスタインから著者への2015年10月の手紙より。
3 Eric Turkheimer, "Still missing," *Research in Human Development* 8, nos. 3–4 (2011): 227–41.
4 Peter Conrad, "A mirage of genes," *Sociology of Health & Illness* 21, no. 2 (1999): 228–41.
5 Richard A. Friedman, "The feel-good gene," *New York Times*, March 6, 2015.
6 Morgan, *Physical Basis of Heredity*, 15.

謝　辞

1 H.Varmus, Nobel lecture, 1989. http://www.nobelprize.org/nobel_prizes/medicine/laureates/1989/varmus-lecture.html. For the paper describing the existence of endogenous proto-oncogenes in cells see D. Stehelin et al., "DNA related to the transforming genes of avian sarcoma viruses is present in normal DNA," *Nature* 260, no. 5547 (1976): 170–73. Also see Harold Varmus to Dominique Stehelin, February 3, 1976, Harold Varmus Papers, National Library of Medicine Archives.

参考文献

Arendt, Hannah. *Eichmann in Jerusalem: A Report on the Banality of Evil.* New York: Viking, 1963.〔ハンナ・アーレント『エルサレムのアイヒマン――悪の陳腐さについての報告　新版』（大久保和郎訳、みすず書房）〕

Aristotle. *Generation of Animals.* Leiden: Brill Archive, 1943.〔アリストテレス『新版　アリストテレス全集』（内山勝利他編集、岩波書店）〕

Aristotle, and D. M. Balme, ed. *History of Animals.* Cambridge: Harvard University Press, 1991.〔アリストテレース『動物誌（上、下）』（島崎三郎訳、岩波文庫）〕

Aristotle, and Jonathan Barnes, ed. *The Complete Works of Aristotle.* Revised Oxford Translation. Princeton, NJ: Princeton University Press, 1984.〔アリストテレス『新版　アリストテレス全集』（内山勝利他編集、岩波書店）〕

Berg, Paul, and Maxine Singer. *Dealing with Genes: The Language of Heredity.* Mill Valley, CA: University Science Books, 1992.

———. *George Beadle, An Uncommon Farmer: The Emergence of Genetics in the 20th Century.* Cold Spring Harbor, NY: Cold Spring Harbor Laboratory Press, 2003.

Bliss, Catherine. *Race Decoded: The Genomic Fight for Social Justice.* Palo Alto, CA: Stanford University Press, 2012.

Browne, E. J. *Charles Darwin: A Biography.* New York: Alfred A. Knopf, 1995.

Cairns, John, Gunther Siegmund Stent, and James D. Watson, eds. *Phage and the Origins of Molecular Biology.* Cold Spring Harbor, NY: Cold Spring Harbor Laboratory Press, 1968.

Carey, Nessa. *The Epigenetics Revolution: How Modern Biology Is Rewriting Our Understanding of Genetics, Disease, and Inheritance.* New York: Columbia University Press, 2012.〔ネッサ・キャリー『エピジェネティクス革命』（中山潤一訳、丸善出版）〕

Chesterton, G. K. *Eugenics and Other Evils.* London: Cassell, 1922.

Cobb, Matthew. *Generation: The Seventeenth-Century Scientists Who Unraveled the Secrets of Sex, Life, and Growth.* New York: Bloomsbury Publishing, 2006.

Cook-Deegan, Robert M. *The Gene Wars: Science, Politics, and the Human Genome.* New York: W. W. Norton, 1994.

Crick, Francis. *What Mad Pursuit: A Personal View of Scientific Discovery.* New York: Basic Books, 1988.〔フランシス・クリック『熱き探究の日々——DNA二重らせん発見者の記録』（中村桂子訳、ティビーエス・ブリタニカ）〕

Crotty, Shane. *Ahead of the Curve: David Baltimore's Life in Science.* Berkeley: University of California Press, 2001.

Darwin, Charles. *On the Origin of Species by Means of Natural Selection.* London: Murray, 1859.〔チャールズ・ダーウィン『種の起原（上、下）』（八杉龍一訳、岩波文庫）〕

Darwin, Charles, and Francis Darwin, ed. *The Autobiography of Charles Darwin.* Amherst, NY: Prometheus Books, 2000.

Dawkins, Richard. *The Blind Watchmaker: Why the Evidence of Evolution Reveals a Universe without Design.* New York: W. W. Norton, 1986.〔リチャード・ドーキンス『盲目の時計職人』（日高敏隆監修、中嶋・遠藤他訳、早川書房）〕

———. *The Selfish Gene.* Oxford: Oxford University Press, 1989.〔リチャード・ドーキンス『利己的な遺伝子』（日高敏隆訳、紀伊國屋書店）〕

Desmond, Adrian, and James Moore. *Darwin.* New York: Warner Books, 1991.〔エイドリアン・デズモンド、ジェイムズ・ムーア『ダーウィンが信じた道——進化論に隠されたメッセージ』（矢野真千子、野下祥子訳、日本放送出版協会）〕

De Vries, Hugo. *The Mutation Theory.* Vol. 1. Chicago: Open Court, 1909.

Dobzhansky, Theodosius. *Genetics and the Origin of Species.* New York: Columbia University Press, 1937.

———. *Heredity and the Nature of Man.* New York: New American Library, 1966.

Edelson, Edward. *Gregor Mendel, and the Roots of Genetics.* New York: Oxford University Press, 1999.

Feinstein, Adam. *A History of Autism: Conversations with the Pioneers.*

West Sussex: Wiley-Blackwell, 2010.

Flynn, James. *Intelligence and Human Progress: The Story of What Was Hidden in Our Genes.* Oxford: Elsevier, 2013.

Fox Keller, Evelyn. *The Century of the Gene.* Cambridge: Harvard University Press, 2009.

Fredrickson, Donald S. *The Recombinant DNA Controversy: A Memoir: Science, Politics, and the Public Interest 1974–1981.* Washington, DC: American Society for Microbiology Press, 2001.

Friedberg, Errol C. *A Biography of Paul Berg: The Recombinant DNA Controversy Revisited.* Singapore: World Scientific Publishing, 2014.

Gardner, Howard E. *Frames of Mind: The Theory of Multiple Intelligences.* New York: Basic Books, 2011.

———. *Intelligence Reframed: Multiple Intelligences for the 21st Century.* New York: Perseus Books Group, 2000.

Glimm, Adele. *Gene Hunter: The Story of Neuropsychologist Nancy Wexler.* New York: Franklin Watts, 2005.

Hamer, Dean. *Science of Desire: The Gay Gene and the Biology of Behavior.* New York: Simon & Schuster, 2011.

Happe, Kelly E. *The Material Gene: Gender, Race, and Heredity after the Human Genome Project.* New York: NYU Press, 2013.

Harper, Peter S. *A Short History of Medical Genetics.* Oxford: Oxford University Press, 2008.

Hausmann, Rudolf. *To Grasp the Essence of Life: A History of Molecular Biology.* Berlin: Springer Science & Business Media, 2013.

Henig, Robin Marantz. *The Monk in the Garden: The Lost and Found Genius of Gregor Mendel, the Father of Genetics.* Boston: Houghton Mifflin, 2000.

Herring, Mark Youngblood. *Genetic Engineering.* Westport, CT: Greenwood, 2006.

Herrnstein, Richard, and Charles Murray. *The Bell Curve.* New York: Simon & Schuster, 1994.

Herschel, John F. W. *A Preliminary Discourse on the Study of Natural Philosophy. A Facsim. of the 1830 Ed.* New York: Johnson Reprint, 1966.

Hodge, Russ. *The Future of Genetics: Beyond the Human Genome Project.*

New York: Facts on File, 2010.

Hughes, Sally Smith. *Genentech: The Beginnings of Biotech.* Chicago: University of Chicago Press, 2011.

Jamison, Kay Redfield. *Touched with Fire.* New York: Simon & Schuster, 1996.

Judson, Horace Freeland. *The Eighth Day of Creation.* New York: Simon & Schuster, 1979.

———. *The Search for Solutions.* New York: Holt, Rinehart, and Winston, 1980.

Kevles, Daniel J. *In the Name of Eugenics: Genetics and the Uses of Human Heredity.* New York: Alfred A. Knopf, 1985.

Kornberg, Arthur. *For the Love of Enzymes: The Odyssey of a Biochemist.* Cambridge: Harvard University Press, 1991.〔アーサー・コーンバーグ『それは失敗からはじまった——生命分子の合成に賭けた男』（新井賢一他訳、羊土社）〕

———. *The Golden Helix: Inside Biotech Ventures.* Sausalito, CA: University Science Books, 2002.〔アーサー・コーンバーグ『輝く二重らせん——バイオテクベンチャーの誕生』（宮島郁子他訳、メディカルサイエンスインターナショナル）〕

Kornberg, Arthur, Adam Alaniz, and Roberto Kolter. *Germ Stories.* Sausalito, CA: University Science Books, 2007.〔アーサー・コーンバーグ『ミクロの世界の仲間たち——微生物のふしぎなおはなし』（宮島郁子訳、羊土社）〕

Kornberg, Arthur, and Tania A. Baker. *DNA Replication.* San Francisco: W. H. Freeman, 1980.

Krimsky, Sheldon. *Genetic Alchemy: The Social History of the Recombinant DNA Controversy.* Cambridge: MIT Press, 1982.

———. *Race and the Genetic Revolution: Science, Myth, and Culture.* New York: Columbia University Press, 2011.

Kush, Joseph C., ed. *Intelligence Quotient: Testing, Role of Genetics and the Environment and Social Outcomes.* New York: Nova Science, 2013.

Larson, Edward John. *Evolution: The Remarkable History of a Scientific Theory.* Vol. 17. New York: Random House Digital, 2004.

Lombardo, Paul A. *Three Generations, No Imbeciles: Eugenics, the Supreme*

Court, and Buck v. Bell. Baltimore: Johns Hopkins University Press, 2008.

Lyell, Charles. *Principles of Geology: Or, The Modern Changes of the Earth and Its Inhabitants Considered as Illustrative of Geology.* New York: D. Appleton & Company, 1872.

Lyon, Jeff , and Peter Gorner. *Altered Fates: Gene Therapy and the Retooling of Human Life.* New York: W. W. Norton, 1996.

Maddox, Brenda. *Rosalind Franklin: The Dark Lady of DNA.* UK: HarperCollins, 2002.

McCabe, Linda L., and Edward R. B. McCabe. *DNA: Promise and Peril.* Berkeley: University of California Press, 2008.

McElheny, Victor K. *Drawing the Map of Life: Inside the Human Genome Project.* New York: Basic Books, 2012.

———. *Watson and DNA: Making a Scientific Revolution.* Cambridge: Perseus, 2003.

Mendel, Gregor, Alain F. Corcos, and Floyd V. Monaghan, eds. *Gregor Mendel's Experiments on Plant Hybrids: A Guided Study.* New Brunswick, NJ: Rutgers University Press, 1993.

Morange, Michel. *A History of Molecular Biology.* Trans. Matthew Cobb. Cambridge: Harvard University Press, 1998.

Morgan, Thomas Hunt. *The Mechanism of Mendelian Heredity.* New York: Holt, 1915.

———. *The Physical Basis of Heredity.* Philadelphia: J. B. Lippincott, 1919.

Müller-Wille, Staffan, and Hans-Jörg Rheinberger. *A Cultural History of Heredity.* Chicago: University of Chicago Press, 2012.

Olby, Robert C. *The Path to the Double Helix: The Discovery of DNA.* New York: Dover Publications, 1994.

Paley, William. *The Works of William Paley.* Philadelphia: J. J. Woodward, 1836.

Patterson, Paul H. *The Origins of Schizophrenia.* New York: Columbia University Press, 2013.

Portugal, Franklin H., and Jack S. Cohen. *A Century of DNA: A History of the Discovery of the Structure and Function of the Genetic Substance.* Cambridge: MIT Press, 1977.

Posner, Gerald L., and John Ware. *Mengele: The Complete Story.* New York: McGrawHill, 1986.

Ridley, Matt. *Genome: The Autobiography of a Species in 23 Chapters.* New York: HarperCollins, 1999.

Sambrook, Joseph, Edward F. Fritsch, and Tom Maniatis. *Molecular Cloning.* Vol. 2. Cold Spring Harbor, NY: Cold Spring Harbor Laboratory Press, 1989.

Sayre, Anne. *Rosalind Franklin and DNA.* New York: W. W. Norton, 2000.

Schrödinger, Erwin. *What Is Life?: The Physical Aspect of the Living Cell.* Cambridge: Cambridge University Press, 1945.〔エルヴィン・シュレーディンガー『生命とは何か――物理的に見た生細胞』（岡小天他訳、岩波文庫）〕

Schwartz, James. *In Pursuit of the Gene: From Darwin to DNA.* Cambridge: Harvard University Press, 2008.

Seedhouse, Erik. *Beyond Human: Engineering Our Future Evolution.* New York: Springer, 2014.

Shapshay, Sandra. *Bioethics at the Movies.* Baltimore: Johns Hopkins University Press, 2009.

Shreeve, James. *The Genome War: How Craig Venter Tried to Capture the Code of Life and Save the World.* New York: Alfred A. Knopf, 2004.

Singer, Maxine, and Paul Berg. *Genes & Genomes: a Changing Perspective.* Sausalito, CA: University Science Books, 1991.

Stacey, Jackie. *The Cinematic Life of the Gene.* Durham, NC: Duke University Press, 2010.

Sturtevant, A. H. *A History of Genetics.* New York: Harper & Row, 1965.

Sulston, John, and Georgina Ferry. *The Common Thread: A Story of Science, Politics, Ethics, and the Human Genome.* Washington, DC: Joseph Henry Press, 2002.

Thurstone, Louis L. *Learning Curve Equation.* Princeton, NJ: Psychological Review Company, 1919.

———. *Multiple-Factor Analysis: A Development & Expansion of the Vectors of Mind.* Chicago: University of Chicago Press, 1947.

———. *The Nature of Intelligence.* London: Routledge, Trench, Trubner, 1924.

Venter, J. Craig. *A Life Decoded: My Genome, My Life.* New York: Viking, 2007.

Wade, Nicholas. *Before the Dawn: Recovering the Lost History of Our Ancestors.* New York: Penguin, 2006.

Wailoo, Keith, Alondra Nelson, and Catherine Lee, eds. *Genetics and the Unsettled Past: The Collision of DNA, Race, and History.* New Brunswick, NJ: Rutgers University Press, 2012.

Watson, James D. *The Double Helix: A Personal Account of the Discovery of the Structure of DNA.* London: Weidenfeld & Nicolson, 1981.〔ジェームス・D・ワトソン『二重らせん』（江上不二夫、中村桂子訳、講談社）〕

———. *Recombinant DNA: Genes and Genomes: A Short Course.* New York: W. H. Freeman, 2007.〔ジェームズ・D・ワトソン『ワトソン組換えDNAの分子生物学　第3版　遺伝子とゲノム』（鮎沢大他訳、丸善）〕

Watson, James D., and John Tooze. *The DNA Story: A Documentary History of Gene Cloning.* San Francisco: W. H. Freeman, 1981.

Wells, Herbert G. *Mankind in the Making.* Leipzig: Tauchnitz, 1903.

Wells, Spencer, and Mark Read. *The Journey of Man: A Genetic Odyssey.* Princeton, NJ: Princeton University Press, 2002.

Wexler, Alice. *Mapping Fate: A Memoir of Family, Risk, and Genetic Research.* Berkeley: University of California Press, 1995.

Wilkins, Maurice. *Maurice Wilkins: The Third Man of the Double Helix: An Autobiography.* Oxford: Oxford University Press, 2003.〔モーリス・ウィルキンズ『二重らせん 第三の男』（長野敬、丸山敬訳、岩波書店）〕

Wright, William. *Born That Way: Genes, Behavior, Personality.* London: Routledge, 2013.

Yi, Doogab. *The Recombinant University: Genetic Engineering and the Emergence of Stanford Biotechnology.* Chicago: University of Chicago Press, 2015.

〈監修にあたって〉

仲野　徹

平成29年9月に、日本遺伝学会から遺伝学用語の改訂が提案された。また、平成21年には、日本人類遺伝学会からも提案が出されている。両者をあわせると、

英語	旧来の訳語	新たに改訂された訳語
dominant	優性	顕性
recessive	劣性	潜性
mutation	突然変異	（突然）変異
variation	変異、彷徨変異	多様性、変動
variant	変異体	多様体、バリアント

というようになっている。このような提案をどのように翻訳にとりいれるか、いささか難しいところがあったので、簡単に説明しておきたい。

「優性・劣性」については、遺伝子の優劣との誤解を与えかねないと以前から指摘されており、いずれ教科書も含めて「顕性・潜性」になっていく可能性がある。しかし、現時点ではあまりに聞き慣れない用語であることから、本書では、従来通りの「優性・劣性」を用いた。

「突然変異」については、もともとの用語に「突然」の意味が含まれていないことから、「変異」とすることが望ましいと提案されている。その点はできるだけとりいれ、可能な限り「突然変異」よりも「変異」という言葉を用いた。ただし、低頻度に「変異」が新たに生じるような場合などは、単なる「変異」よりも「突然変異」の方がわかりやすいと判断し、「突然変異」という用語を使った場合もある。また、何カ所かでは、そのいずれもがそぐわない、あるいは、誤解を招きかねないので「ミュータント」とカタカナ書きを使用している。

「variation」は「多様性」で問題がないのだが、「variant」の訳はいささか困難であった。「多様体」という訳語が平成21年に提案されているが、ほとんど見たことがないし、専門家に確認しても同様であった。「多様体」ではあまりに不自然で、何のことかがイメージしづらいので、文脈に応じて、「変異」、「多型」、あるいは、「変異」および「多型」

と使い分けた。「変異」と「多型」の間には明確な線引きはないのだが、「変異」は低頻度あるいは例外的な「(突然) 変異」で、「多型」は個体差ともいえるような比較的高頻度に認められる「変異」あるいは塩基配列の差異である、とお考えいただきたい。

何度も読み返し、誤解を招いたり、難解であったりするようなことはないと考えているが、もし問題があるようならば、監修者である私の責任である。また、ほんの数カ所ではあるが、原著において明らかに誤解されて記述されていると思われる点は、監修者の責任において削除あるいは訂正したことを記しておきたい。

本書は、二〇一八年二月に早川書房より単行本として刊行された作品を文庫化したものです。

◎監修者紹介
仲野徹（なかの・とおる）
大阪大学大学院医学系研究科教授。1957年大阪生まれ。1981年大阪大学医学部卒業。内科医としての勤務、大阪大学医学部助手、ヨーロッパ分子生物学研究所研究員、京都大学医学部講師、大阪大学微生物病研究所教授をへて現職。専門はエピジェネティクス、幹細胞学。著書に『こわいもの知らずの病理学講義』『エピジェネティクス』『みんなに話したくなる感染症のはなし』など。

◎訳者略歴
田中文（たなか・ふみ）
東北大学医学部卒業。医師、翻訳家。訳書にムカジー『がん－4000年の歴史－』、リー『健康食大全』、ワトスン『わたしが看護師だったころ』（以上、早川書房刊）など。

HM=Hayakawa Mystery
SF=Science Fiction
JA=Japanese Author
NV=Novel
NF=Nonfiction
FT=Fantasy

遺伝子《いでんし》 —親密《しんみつ》なる人類史《じんるいし》—
〔下〕

〈NF572〉

二〇二一年三月十日 印刷
二〇二一年三月十五日 発行

（定価はカバーに表示してあります）

著者 シッダールタ・ムカジー
監修者 仲《なか》野《の》徹《とおる》
訳者 田《た》中《なか》文《ふみ》
発行者 早川浩
発行所 株式会社 早川書房
郵便番号 一〇一 - 〇〇四六
東京都千代田区神田多町二ノ二
電話 〇三 - 三二五二 - 三一一一
振替 〇〇一六〇 - 三 - 四七七九九
https://www.hayakawa-online.co.jp

乱丁・落丁本は小社制作部宛お送り下さい。送料小社負担にてお取りかえいたします。

印刷・株式会社精興社　製本・株式会社明光社
Printed and bound in Japan
ISBN978-4-15-050572-1 C0145

本書は活字が大きく読みやすい〈トールサイズ〉です。